MARIE-MONIQUE ROBIN

Marie-Monique Robin, journaliste et réalisatrice, lauréate du prix Albert-Londres (1995), est l'auteure de nombreux documentaires et ouvrages dont *Le Monde selon Monsanto* (2008), *Notre poison quotidien* (2011) et *Sacrée croissance !* (2014) parus aux éditions La Découverte, ainsi que *La Fabrique des pandémies* (2021), repris chez Pocket.

LA FABRIQUE DES PANDÉMIES

MARIE-MONIQUE ROBIN
Avec la collaboration de Serge Morand

LA FABRIQUE DES PANDÉMIES

Préserver la biodiversité, un impératif pour la santé planétaire

Préface de Serge Morand

Postface pour l'édition de poche de l'auteure

La Découverte

L'édition de cet ouvrage a été assurée par François Gèze.
Pour les références en note des documents cités disponibles en ligne, les adresses url correspondantes sont données dans leur version raccourcie produite grâce au précieux site non marchand <https://frama.link/>.

FSC
www.fsc.org
MIXTE
Papier issu de sources responsables
FSC® C003309

L'éditeur de cet ouvrage s'engage dans une démarche de certification FSC® qui contribue à la préservation des forêts pour les générations futures.

Pour en savoir plus :
www.editis.com/engagement-rse/

ISBN : 978-2-266-32602-5
Dépôt légal : janvier 2022

À mes parents, Jeannette et Joël Robin,
qui ont quitté ce monde

Préface

Pour agir face aux épidémies : un livre salutaire

par Serge Morand

Fin 2019, un nouveau coronavirus issu d'un réservoir animal, probablement une chauve-souris, émerge dans la ville de Wuhan en Chine. L'épidémie se propage rapidement. Le 17 janvier, les chercheurs de l'Imperial College de Londres estiment que plus de 1 700 personnes ont été contaminées à Wuhan. La propagation de l'épidémie s'accélère. Le 23 janvier, la Chine décrète le confinement de 18 millions de personnes. Mais l'épidémie se propage hors de Chine. Le 11 mars 2020, l'Organisation mondiale de la santé (OMS) déclare la maladie, nommée covid-19 et causée par le virus SARS-CoV-2, comme « pandémie ». Au moment d'écrire ces lignes, le 30 novembre 2020, plus de 60 millions de personnes ont été officiellement infectées dans le monde et près de 1,5 million en sont décédées.

Dès le début de l'épidémie, le « *wet market* » (marché d'animaux vivants) de Wuhan est désigné comme le lieu d'émergence d'un virus issu d'animaux sauvages, en l'occurrence le pangolin. Pour le SARS-CoV-1, il s'agissait d'un autre « *wet market* » à Guangzhou et de la civette. Cependant, la piste du pangolin et notamment d'un pangolin issu d'un trafic provenant de Malaisie a été ensuite sérieusement mise en doute.

Les questions s'accumulent sur l'origine du virus

Un an après l'émergence de la covid-19 à Wuhan, de nombreuses questions fondamentales restaient toujours sans réponse. Elles concernaient en particulier l'origine du SARS-CoV-2 et les conditions de son apparition au cœur d'une région favorable à l'émergence de virus issus de la faune sauvage. D'autres concernaient le rôle du trafic illégal d'animaux sauvages et des « *wet markets* » comme foyers de débordement d'un virus de l'animal sauvage à l'humain ; et aussi, on l'oublie trop souvent, le rôle essentiel de la mise en élevage de nombreux animaux de la faune sauvage comme des rongeurs, des pangolins, des civettes, des visons, des chiens viverrins… Il ne faut pas non plus oublier les inquiétudes concernant l'éventuel échappement du virus d'un laboratoire de Wuhan habilité à les manipuler, une installation classifiée P4 (pour « pathogène de classe 4 ») car les biologistes y travaillent sur des microorganismes potentiellement très dangereux, dans un environnement en principe hautement sécurisé.

La région de Chine du Sud, d'Asie du Sud et d'Asie du Sud-Est, riche en biodiversité, est aussi apparue au cours des dernières décennies comme un foyer majeur de maladies zoonotiques. Avec l'émergence du virus Nipah en Malaisie en 1999 impliquant un réservoir chauve-souris et des cochons d'élevage comme hôtes intermédiaires, puis du SARS-CoV-1 dans le sud de la Chine en 2003 impliquant encore une fois une chauve-souris, de nombreux travaux de recherche sur les virus émergents de la faune sauvage y ont été lancés avec le support du programme PREDICT, financé par l'Agence d'aide au développement des États-Unis. La course à la description de nouveaux virus était engagée et se poursuivait depuis avec le lancement en 2018 du projet américain de séquençage global de tous les virus, le « Global Virome Project ». Celui-ci mentionne sur son site qu'il faut séquencer tous les virus afin de se préparer à la prochaine pandémie, alors même que, comme on va le voir dans ce livre, l'enjeu majeur est bien plutôt d'en finir avec les pratiques des grandes firmes de l'agro-industrie à l'origine des pandémies : élevage industriel, déforestation, réduction de la biodiversité, etc.

L'émergence du SARS-CoV-2 à Wuhan n'a pas semblé, dans un premier temps, étonner la chercheuse Shi Zhengli de l'Institut de virologie de Wuhan, connue en Chine sous le surnom de « Batwoman » (femme chauve-souris), qui a révélé que le nouveau virus était identique à 96 % à un virus de chauve-souris caractérisé (en 2013, semble-t-il, mais décrit en 2020) par son équipe – une équipe financée par le programme américain PREDICT et l'organisation EcoHealth Alliance. Les suspicions d'un éventuel échappement de ce virus de son laboratoire se sont fait jour d'abord en Chine, où Shi Zhengli est surnommée « Lady of Evil » (dame du mal) par ses compatriotes.

La culture du secret des laboratoires de virologie de haute sécurité, le manque de transparence et les conflits d'intérêts vont dès lors entraîner une montée en puissance d'une « théorie de l'échappement » doublée de diverses théories complotistes. Tant que nous ne saurons pas ce que contenaient les congélateurs du laboratoire P4 de Wuhan, les types de manipulations de virus pratiquées, la liste des accidents répertoriés, nous ne pouvons raisonnablement exclure la piste de l'accident par infection involontaire et à son insu d'une personne travaillant dans le P4. Pourtant, dès le 19 février, des chercheurs renommés, dont certains sont impliqués dans les projets financés par le programme PREDICT, ont publié un article dans *The Lancet* qui excluait de fait d'enquêter sur la théorie de l'échappement au prétexte qu'elle serait « conspirationniste ». Cela ne va pas s'arranger par la suite. L'atelier « biodiversité et pandémies » créé le 13 juillet 2020 par la Plateforme intergouvernementale d'expertise sur la biodiversité et les services écosystémiques (IPBES, organisme international pour la biodiversité équivalent du Groupe d'experts intergouvernemental sur l'évolution du climat) élude le sujet d'un accident de laboratoire, de même que la commission mise en place par *The Lancet* fin novembre 2020 sur l'origine de l'épidémie. Tout cela n'est pas un gage de transparence assurée ni de conflits d'intérêts évités.

Reste que, en tant que scientifiques, il nous faut surtout identifier les causes et les ressorts des théories conspirationnistes plutôt que de vouloir uniquement en soigner les symptômes. Il nous faut regagner la confiance dans la science de nos concitoyens. Confiance malmenée par les manquements à la transparence et à l'éthique, par les conflits d'intérêts occultés dans les recherches ou dans les expertises menées. Il ne faut donc pas balayer d'un revers de main une « théorie de l'échappement » du virus d'un laboratoire P4 : il faut au contraire l'étudier sérieusement, ce qui n'a pas été fait.

Mais même si le virus était sorti accidentellement d'un laboratoire, cela changerait-il notre compréhension des émergences et des épidémies à répétition de zoonoses des dernières décennies ? Assurément non, comme le montre très bien Marie-Monique Robin dans son enquête, où elle a efficacement restitué les expertises de dizaines de scientifiques de diverses disciplines, des expertises remarquablement convergentes. Nous construisons des laboratoires de virologie en raison justement de l'augmentation des risques sanitaires liés à ces virus et autres bactéries pathogènes émergents ou réémergents. Cela n'empêche pas, cependant, de s'interroger sur cette débauche de constructions de ce type d'installation qui ne sont pas sans risques, comme l'attestent de nombreux incidents plus ou moins bien renseignés. Cela n'empêche pas non plus, bien évidemment, de reprendre les données disponibles pour explorer les arguments d'une origine naturelle du virus et de multiplier les études en la matière, notamment sur le rôle des élevages intensifs, comme les mégafermes d'animaux sauvages en Chine. Et, au-delà, de rappeler à quel point les périls pandémiques étaient de longue date bien identifiés par les chercheurs, comme on le découvrira avec étonnement dans ce livre.

Et pourtant, on savait tout

On connaissait ainsi depuis longtemps les risques sanitaires liés à l'élevage industriel comme source majeure de sélection et d'amplification d'agents pathogènes à potentiel pandémique. Dès 2005, ce risque a été souligné dans un rapport commandité auprès d'experts de l'industrie, de l'OMS, de l'Organisation mondiale de la santé animale et de l'Agence américaine pour l'agriculture. Ce rapport, intitulé *Les Risques globaux des maladies infectieuses animales*, soulignait le rôle central de l'élevage industriel pour la santé animale et humaine, en s'appuyant sur les exemples des crises de la fièvre aphteuse de 2000-2001 et de la grippe aviaire H5N1 de 2004. Il faut y ajouter la pandémie de grippe porcine, renommée AH1N1, qui a émergé d'une mégaferme porcine des États-Unis en 2009.

Pourtant, force est de constater l'échec des stratégies de préparation au risque sanitaire pandémique par les acteurs publics, comme d'ailleurs des stratégies de prédiction des émergences. Un échec déjà noté lors de l'épidémie d'Ebola en Afrique de l'Ouest en 2014. Les réponses biopolitiques aux crises sanitaires à répétition n'ont pas remis en cause ces stratégies, mais ont surtout conduit à accroître les mesures de biosurveillance et de biosécurité : chaque fois, l'impératif de répondre à la crise sanitaire conduit au final à ignorer les causes de l'émergence. On ne répond pas à la question de savoir pourquoi et comment un virus circulant dans des populations de chauves-souris quelque part en Asie a pu se retrouver en l'espace de quelques mois dans l'ensemble des populations humaines de la planète.

On le verra bien dans les pages qui suivent, les écologues de la santé ont montré que les émergences croissantes de nouvelles maladies infectieuses sont associées en majorité aux interfaces entre animaux domestiques et faune sauvage. Leurs travaux montrent que la transformation des habitats en faveur d'une agriculture industrielle – élevage intensif ou plantations commerciales – est la cause de multiples risques sanitaires infectieux. Les écologues de la santé s'inquiètent également de l'augmentation spectaculaire des élevages d'animaux de « rente » (bovins, volailles, etc.), conjuguée à l'uniformisation génétique (afin de complaire à l'industrialisation) et à la disparition concomitante de l'élevage familial qui entretient une diversité de races locales adaptées aux environnements locaux. L'effondrement de cette diversité bioculturelle laisse place aux quelques races commerciales standardisées génétiquement, physiologiquement adaptées pour la rentabilité des grandes firmes de l'agro-industrie, mais au risque de l'accroissement de leur susceptibilité aux maladies infectieuses nécessitant une surconsommation de médicaments.

Ce n'est pas tout, il faut aussi nourrir tous ces animaux et donc augmenter les surfaces agricoles nécessaires à leur alimentation. D'où une accélération de la déforestation en Amazonie pour nourrir les élevages nord-américains ou européens, ou bien encore la conversion d'une agriculture familiale polyvalente entretenant des paysages multifonctionnels au bénéfice d'une agriculture industrielle grande consommatrice d'eau, d'intrants et de biocides. Les données démontrent là aussi une augmentation des épidémies de zoonoses dans les pays soumis à une forte déforestation ou ayant fortement développé des plantations commerciales comme le palmier à huile. La mondialisation de la marchandise agricole est donc une cause majeure des pandémies affectant humains et animaux. C'est ce que démontre de façon remarquablement pédagogique et convaincante, preuves et témoignages de scientifiques à l'appui, Marie-Monique Robin dans ce livre : si la crise actuelle n'entraîne pas un profond changement dans notre économie mondialisée prédatrice des ressources de la planète, cause des crises climatique, écologique, sanitaire, économique, énergétique et financière, alors, oui, préparons-nous, mais mieux, aux prochaines pandémies.

La solution n'est donc pas de se préparer au pire d'une prochaine pandémie, mais de l'éviter en s'attaquant aux causes, c'est-à-dire aux dysfonctionnements des relations entre les humains et les non-humains, dont les animaux domestiques et la faune sauvage. La mobilité globale des marchandises, des produits de l'agriculture, du capital, des humains comme des connaissances dans un monde de plus en plus urbanisé doit se repenser en considérant que la biodiversité, l'agriculture, la diversité culturelle, mais aussi la justice sociale, économique et sanitaire sont des biens pour les citoyens et leurs communautés. Le futur commun que nous voulons nous oblige à réorienter les relations actuelles de nos sociétés à notre environnement naturel. C'est un appel pour fonder une social-écologie de la santé et du bien vivre ensemble. Tel est le message majeur, que je partage totalement, de ce livre salutaire. Mon grand espoir est qu'il soit mieux entendu que les milliers d'articles scientifiques bien documentés que nous autres chercheurs spécialistes de ces questions publions depuis des décennies. Et dont Marie-Monique Robin a su restituer ici avec brio l'essentiel, sous une forme accessible.

Introduction

Une « épidémie de pandémies »

« Voir un lien entre la pollution de l'air, la biodiversité et le covid-19 relève du surréalisme, pas de la science », a affirmé l'ancien ministre de l'Éducation nationale et de la Recherche Luc Ferry dans *L'Express* du 30 mars 2020, où il a fustigé les écologistes qui « confondent crise sanitaire et crise environnementale dans un but de récupération politique ». Ce livre entend montrer à quel point l'auteur du pamphlet *Le Nouvel Ordre écologique* est un philosophe bien mal informé[1][a].

On savait...

Depuis le milieu des années 2000, en effet, des dizaines de scientifiques internationaux tirent la sonnette d'alarme : la pression qu'exercent les activités humaines sur la biodiversité crée les conditions d'une

a Toutes les notes de référence sont classées par chapitres à la fin de ce livre, p. 395.

« épidémie de pandémies », pour reprendre les termes de Serge Morand, parasitologue et écologue de la santé qui travaille pour le Centre de coopération internationale en recherche agronomique pour le développement (CIRAD) et le CNRS, et qui vit en Thaïlande depuis 2012 – il a écrit les encadrés « pédagogiques » figurant dans cet ouvrage, ce dont je le remercie vivement, ainsi que de son soutien décisif pour l'écriture de ce livre. Le cocktail qui favorise les émergences de maladies infectieuses est bien identifié, documenté et expliqué : la déforestation, pratiquée à large échelle dans les pays du Sud pour implanter des monocultures de soja, qui nourriront les animaux des élevages industriels européens ou de palmiers à huile qui alimenteront les réservoirs de nos voitures ; la fragmentation des forêts tropicales et espaces naturels, causée par le développement du réseau routier, des barrages et des exploitations minières, mais aussi par l'urbanisation ; et la globalisation, qui encourage le déplacement de milliards d'humains, d'animaux et de marchandises d'un bout à l'autre de la planète. Toutes ces activités provoquent le dysfonctionnement, voire la destruction, des services écosystémiques, ce qui menace la santé des humains, des animaux et des plantes.

Syndrome respiratoire aigu sévère (SARS selon l'acronyme anglais), fièvres hémorragiques de Congo-Crimée et du virus Ebola, fièvre de Lassa, syndrome respiratoire du Moyen-Orient (dû au coronavirus MERS-CoV), Nipah, grippe aviaire H1N1, fièvre de la vallée du Rift, Zika, chikungunya et, maintenant, covid-19 : toutes ces maladies sont des « zoonoses », c'est-à-dire qu'elles sont transmises par des animaux aux humains. Elles font partie des « nouvelles maladies émergentes », dont le nombre a littéralement explosé au cours des cinquante dernières années : alors que, dans les années 1970, une nouvelle pathologie infectieuse était découverte tous les dix à quinze ans, depuis les années 2000, le rythme s'est considérablement accéléré pour passer à au moins cinq émergences identifiées par an. La pandémie qui paralyse le monde depuis le début 2020 n'est donc que la face émergée de l'iceberg. D'autres pandémies vont suivre : là-dessus, les soixante-deux scientifiques interrogés pour ce livre sont formels. Et c'est pourquoi, de manière unanime, ils affirment que la solution n'est pas de courir après un énième vaccin, censé protéger contre une énième maladie infectieuse, au risque d'entrer dans une ère de confinement chronique de la population mondiale, mais de s'interroger sur la place des humains sur la planète, sur leur lien avec le reste du monde vivant, dont ils ne représentent qu'une espèce parmi d'autres. À l'unisson aussi, ils clament : « On ne peut pas dire qu'on ne savait pas. »

On savait. Sur tous les continents, en effet, des scientifiques de différentes disciplines (infectiologues, parasitologues, écologues, géographes, mathématiciens, démographes, ethnobotanistes, médecins, vétérinaires, etc.) ont montré que le meilleur antidote contre l'émergence de maladies infectieuses est la préservation de la biodiversité. Ils ont identifié les mécanismes à l'œuvre, comme l'« effet dilution » grâce auquel une riche biodiversité locale a un effet régulateur sur la prévalence et la virulence des agents pathogènes, dont l'activité est maintenue à bas bruit dans les écosystèmes équilibrés.

On savait. Mais les politiques font la sourde oreille, en continuant de promouvoir une vision techniciste et anthropocentrée de la santé, qui fait la part belle aux intérêts des multinationales pharmaceutiques et de l'agrobusiness, lesquelles partagent les mêmes actionnaires et fonds de pension, dont les dirigeants sont lobotomisés par la recherche de profits à court terme. Ce grand aveuglement collectif est entretenu par la balkanisation des disciplines scientifiques et des instances ministérielles, qui fonctionnent en « silos », sans aucune connexion entre elles. Les témoins de ce livre déplorent ainsi le manque de vision globale qui seule permettra de sortir de l'« ignorantisme » dénoncé par le sociologue Edgar Morin[2] et donc de pouvoir agir efficacement contre le retour des pestes. À l'heure des grands défis de l'anthropocène – dérèglement climatique, extinction de la biodiversité, explosion des inégalités –, dont le risque pandémique constitue le dernier avatar, ils préconisent une conception holistique de la santé à l'interface hommes-animaux-écosystèmes, telle que proposée par les promoteurs de One Health (Une seule santé) ou de Planetary Health (La santé planétaire).

On savait. Mais la politique de l'autruche signe un manque de courage, évitant d'emprunter la seule issue qui vaille : la remise en cause du modèle économique dominant, fondé sur l'emprise prédatrice des humains sur les écosystèmes, qui pourrait conduire à l'effondrement de la vie sur Terre. La majorité des scientifiques qui s'expriment dans ce livre sont convaincus que non seulement l'effondrement est possible, mais qu'il est déjà en marche.

Un livre de confinement

L'idée de ce livre est née après la lecture d'un article publié dans le *New York Times* le 28 janvier 2020 et intitulé « We made the coronavirus epidemic » (c'est nous qui avons fait l'épidémie de coronavirus). Intriguée, j'ai plongé dans Internet pour comprendre pourquoi le journaliste et écrivain scientifique David Quammen affirmait avec force arguments que nous, les humains, étions responsables de la pandémie qui allait mettre à genoux l'économie mondiale. C'est ainsi que, au fil de ma recherche, j'ai découvert l'œuvre de Serge Morand.

Le 12 mars 2020, je l'ai contacté par Skype – confinement oblige – et je n'oublierai jamais son accueil : « Vous tombez bien, m'a-t-il dit, ça fait longtemps que j'attends qu'un réalisateur fasse ce que vous avez fait dans *Le Monde selon Monsanto*, à savoir réunir dans un même film tous les scientifiques qui, comme moi, essaient de tirer la sonnette d'alarme, en montrant par leurs travaux qu'il y a un lien direct entre la crise de la biodiversité et la crise sanitaire. » Serge m'a ouvert son carnet d'adresses et, pendant plus de trois mois, nous avons multiplié les échanges virtuels. Grâce à son aide, j'ai pu identifier et contacter soixante-deux scientifiques, qui m'ont permis d'écrire un projet de documentaire, dont le tournage a débuté au printemps 2021[a].

En raison de la pandémie, j'ai dû modifier ma pratique : d'habitude, je tourne d'abord un film, qui

a Le film est programmé sur Ushuaïa TV (première diffusion) le 22 mai 2022, lors de la Journée internationale de la biodiversité.

nourrit l'écriture d'un livre mais, pour la première fois, j'ai fait l'inverse. Et je dois dire que ce fut une expérience exceptionnelle. Pendant cinq mois, jonglant avec les décalages horaires, j'ai échangé longuement, par écrans interposés, avec des femmes et des hommes issus des cinq continents, qui m'ont décrit avec passion leurs études de terrain ou de laboratoire et m'ont transmis leur amour de la Science. La Science avec un grand « S », celle qui ne passe pas de compromis douteux avec les puissances d'argent et qui ambitionne de servir l'humanité. Je les remercie du fond du cœur pour la confiance qu'ils et elles m'ont accordée.

Avant que le lecteur n'entame la lecture de ces pages, je voudrais rendre hommage à mes vieux parents, qui sont tombés gravement malades pendant l'été 2020. J'ai décidé de les rejoindre dans la maison de mon enfance, pour prendre soin d'eux. Ma mère nous a quittés un soir d'octobre. Je ne sais combien de temps mon père lui survivra. Mais tous les deux m'ont beaucoup soutenue pour que je termine ce « livre de confinement », qui « remet de la cohérence dans les désordres angoissants qui nous assaillent ». Je dois même dire que cette expérience nécessaire et douloureuse de l'accompagnement d'êtres très chers en fin de vie a fortement résonné avec la parole des scientifiques qui constitue la matière de ce livre : « Réapprenons à prendre soin », nous disent-ils avec un respect de la vie qui m'a tout simplement fait un bien fou.

Marie-Monique Robin,
Gourgé, novembre 2020.

1
Le retour des pestes

« Je suis extrêmement déprimé… Si vous ne m'aviez pas envoyé la jolie photo du mulet, je n'aurais jamais répondu à vos mails. » Après ces mots, Stephen Morse a marqué une longue pause et baissé la tête, visiblement ému. Il m'a fallu effectivement plus d'un mois pour obtenir cet entretien sur Skype, le 15 juin 2020. De guerre lasse, j'avais risqué le tout pour le tout en envoyant un dernier courriel, dont l'objet était intitulé « Demande d'interview avec une journaliste têtue ». J'y écrivais : « Désolée d'insister, mais je suis aussi têtue que le baudet du Poitou, une espèce d'équidé longtemps menacée d'extinction, aux poils extraordinairement longs, originaire de la province où je suis née (PJ). C'est *vous* qui avez inventé l'expression "virus émergents". Je dois donc *vous* interviewer, car *vous* serez le principal expert du premier chapitre de mon livre. » Et ça a marché !

« Cette pandémie de covid-19 est une catastrophe, a poursuivi le virologue américain, qui occupe la chaire d'épidémiologie à l'université Columbia de New York. À la mi-juin, le virus a déjà tué 436 000 personnes dans le monde, dont 116 000 aux États-Unis. J'ai passé une grande partie de ma carrière à concevoir et diriger les programmes de préparation aux urgences sanitaires de mon pays et d'ailleurs – ce que nous appelons la *preparedness* – et cela n'a servi à rien ! À soixante-huit ans, cela fait plus de trois mois que je suis confiné avec mon épouse dans notre appartement, car nous faisons partie des personnes à risque, et j'observe impuissant la progression de la pandémie sur le site de ProMED[a]. »

On croyait les maladies infectieuses éradiquées…

Quand, dans les années 1980, le jeune Stephen Morse débute sa carrière de virologue à l'université Rockefeller de New York, on lui recommande vivement de changer de spécialité. « J'avais une collègue, Ruth Berkelman, qui travaillait au Center for Disease Control d'Atlanta, m'a-t-il raconté. On lui a dit d'arrêter de travailler sur les maladies infectieuses, parce que c'était considéré comme une discipline du passé. À l'époque, la communauté médicale vivait dans ce que j'appelle l'autosatisfaction (*complacency*),

---

a Le Program for Monitoring Emerging Diseases (Programme de surveillance des maladies émergentes) est un réseau international de veille épidémiologique. Créé en 1994, en étroite collaboration avec Stephen Morse, ce système d'information médical est alimenté quotidiennement par 80 000 correspondants qui rapportent les cas de maladies animales, humaines ou végétales.

car elle pensait que l'humanité allait être définitivement débarrassée de ces fléaux. »

De fait, après la Seconde Guerre mondiale, le combat contre les épidémies infectieuses qui avaient décimé l'humanité au cours des siècles passés semblait sur le point d'être gagné. Partout, la médecine moderne – avec ses antibiotiques et ses vaccins – et l'agro-industrie – avec ses insecticides – grignotent alors l'empire des pestes. En 1951, sir Frank MacFarlane Burnet (1899-1985), un virologue australien qui recevra le prix Nobel de médecine en 1960, écrit dans le *Scientific American* : « Si on observe le milieu médical en Amérique du Nord ou en Australie, on peut constater que nombre d'hôpitaux dédiés aux traitements des fièvres ont fermé ou ont été convertis à d'autres usages. [...] Le contrôle effectif des maladies infectieuses les plus importantes, à l'exception notoire de la poliomyélite, est possible[1]. » Onze ans plus tard, le découvreur de la tolérance immunologique (qui ouvrira la voie aux transplantations d'organes) enfonce le clou dans un livre intitulé *Natural History of Infectious Disease*, qui a inspiré l'étudiant Stephen Morse : « Nous pouvons considérer le milieu du XXe siècle comme l'aboutissement de l'une des révolutions sociales les plus importantes de l'histoire, à savoir l'élimination presque complète des maladies infectieuses[2]. » Le 4 décembre 1967, William Stewart, directeur général de la santé (*Surgeon General*) des États-Unis, déclare devant l'association des directeurs des services sanitaires : « Le chapitre des maladies infectieuses est clos », en annonçant une réorientation des crédits vers l'étude des pathologies non transmissibles ou chroniques, telles que le cancer ou les maladies cardiovasculaires[3]. De fait, tout indique que l'« autosatisfaction » est en passe de devenir une prophétie autoréalisatrice : en 1980, après une campagne de vaccination massive, doublée d'un programme de surveillance et de confinement systématique des foyers infectieux, l'Organisation mondiale de la santé (OMS) déclare officiellement la variole éradiquée. Le dernier cas de cette maladie virale redoutée, qui tuait 2 millions de personnes par an au milieu du XXe siècle et laissait les survivants à jamais défigurés, fut diagnostiqué en Somalie le 26 octobre 1977.

« C'était assurément une grande victoire, car c'était la première fois – et jusqu'à maintenant la seule – qu'un agent infectieux était intentionnellement éliminé de la planète, m'a expliqué le 26 juin 2020 Patrick Zylberman, professeur émérite d'histoire de la santé à l'École des hautes études en santé publique de Paris et auteur de *Tempêtes microbiennes*. Forte de ce succès attribué aux équipes de l'épidémiologiste américain Donald Henderson (1928-2016), l'OMS a commencé à démanteler son bureau de la tuberculose et des maladies infectieuses, tout comme d'ailleurs les États-Unis qui ont fermé leurs unités de recherche sur les maladies infectieuses. Du coup, un vent de panique a soufflé outre-Atlantique quand sont apparus, quelques années plus tard, les premiers cas de tuberculose résistante aux antibiotiques, car on croyait que cette maladie appartenait au passé. En 1988, un rapport de l'Institut de médecine de l'Académie des sciences de Washington, intitulé *The Future of Public Health*, tire la sonnette d'alarme, en dénonçant le profond désarroi qui caractérise la santé publique américaine.

« Cela veut dire que personne n'avait envisagé que les bactéries infectieuses pourraient développer une résistance aux antibiotiques ? ai-je demandé.

— Non ! C'est un souci qui est apparu dans les années 1990.

— Est-ce que l'autosatisfaction que dénonce Stephen Morse n'était pas un peu prématurée car, au moment de l'éradication de la variole, le paludisme et la fièvre jaune continuaient de tuer massivement dans les pays du Sud ?

— Tout à fait ! Pour le paludisme, l'espoir d'éradiquer cette maladie parasitaire, qui fait chaque année plus de 450 000 victimes, a été repoussé aux calendes grecques, en raison de la résistance développée par les moustiques aux insecticides, mais aussi par certaines espèces du parasite, comme *Plasmodium falciparum*, aux médicaments antipaludiques. Et puis, juste avant l'éradication de la variole, il y avait eu deux alertes, qui montraient que de nouvelles maladies infectieuses pouvaient émerger, mais elles sont passées quasiment inaperçues. »

En 1976, en effet, apparaissent les premiers cas de légionellose, encore appelée « maladie du légionnaire », car les victimes de cette pneumonie virulente avaient participé à une convention de l'American Legion dans un hôtel de Philadelphie. Provoquée par une bactérie qui s'était propagée dans le système de climatisation de l'établissement, la maladie – jusque-là inconnue – a tué vingt-neuf des cent quatre-vingt-deux participants. La même année, en septembre, surgit au Zaïre (qui sera rebaptisé République démocratique du Congo en 1997) une maladie mystérieuse qui décime les religieuses d'un hôpital géré par une mission catholique belge à Yambuku, au nord-ouest du pays. Extrêmement contagieux, le mal provoque une fièvre hémorragique létale dans plus de 80 % des cas.

Commence alors un véritable travail de détective : un virologue congolais, Jean-Jacques Muyembe, parvient à prélever un échantillon de sang sur une religieuse malade, qu'il envoie dans une Thermos à l'Institut de médecine tropicale d'Anvers, où il est réceptionné par Peter Piot, un jeune médecin de vingt-sept ans[a]. L'examen microscopique des cellules révèle un virus de très grande taille ; faute d'équipements adéquats, le laboratoire belge expédie, pour des examens complémentaires, quelques souches au Center for Disease Control (CDC) d'Atlanta. Le professeur Karl Johnson confirme qu'il s'agit d'un filovirus jusque-là inconnu, auquel il attribue le nom d'« Ebola », du nom de la rivière qui coule au nord de Yambuku. Entre-temps, Peter Piot a rejoint le foyer infectieux avec une équipe de médecins belges, qui identifient le « patient zéro », probablement à l'origine de l'épidémie : un enseignant de quarante-quatre ans qui a acheté de la viande de brousse (antilope fumée et singe) au bord d'une route, alors qu'il rentrait de vacances. L'homme décède une semaine plus tard et une foule nombreuse assiste à ses funérailles. Provoquant diarrhées, sueurs et vomissements sanguins, le virus s'est propagé par deux voies principales : dans l'hôpital même, où les seringues utilisées, notamment pour injecter de la vitamine B aux femmes enceintes, n'étaient pas stérilisées, et lors

a Élevé au rang de baron par le roi Albert II, Peter Piot deviendra le directeur de ONUSIDA, de sa création en 1995 jusqu'en 2008.

des rites mortuaires où les familles lavent les corps des défunts, entrant ainsi en contact avec des souillures hautement contagieuses. Des mesures strictes de protection sanitaire et l'isolement des malades dans les villages permettent de stopper l'épidémie en décembre 1976. Elle a fait trois cents morts. Mais, échappé des forêts tropicales, le spectre d'Ebola n'a pas fini de hanter les populations africaines – nous y reviendrons (voir chapitre 3).

Le « coup de tonnerre du sida »

« J'étais étudiant en biologie quand se produisit la première épidémie d'Ebola, m'a raconté Stephen Morse. Mais, à l'époque, personne n'a pris la mesure de ce que représentait cette nouvelle maladie virale, peut-être parce qu'elle ne concernait que des populations vivant au fin fond de la savane…

— Vous voulez dire que, s'il n'y avait pas eu de religieuses belges impliquées, elle serait passée complètement sous le radar ? ai-je demandé.

— C'est tout à fait probable, et les conséquences auraient été terribles… Rien à voir, bien sûr, avec le sida, qui est apparu aux États-Unis. Ce fut un véritable coup de tonnerre qui confirma ce que je n'ai cessé de répéter, à savoir que l'autosatisfaction est un puissant allié pour les maladies infectieuses. »

Impossible de reprendre ici l'histoire du virus de l'immunodéficience humaine (VIH), qui a été minutieusement rapportée dans d'excellents ouvrages, dont *L'Histoire du sida*, de l'historien des sciences Mirko Grmek[4]. Je me contenterai de rappeler l'événement qui marque le début officiel de cette pandémie à nulle autre pareille. Le 5 juin 1981, le CDC de Los Angeles publie dans le journal hebdomadaire de l'institution, *Morbidity and Mortality Weekly Report* (*MMWR*), un compte rendu médical « inhabituel » concernant « cinq jeunes gens, tous des homosexuels actifs » qui souffrent de pneumocystose, une infection pulmonaire très grave, provoquée par un champignon[5]. Cette maladie était jusque-là observée chez des personnes immunodéprimées, en raison d'une chimiothérapie ou à la suite d'une greffe d'organe. Les patients sont aussi atteints d'une candidose, une infection des organes génitaux également causée par un champignon. Bientôt, un autre rapport du *MMWR* note que nombre de ces malades homosexuels présentent également une prévalence anormalement élevée de sarcome de Kaposi, un cancer dû au virus de l'herpès humain, que l'on surnommera bientôt le « cancer gay ». En écrivant ces lignes, j'ai repensé à une photo prise par l'Américain Alon Reininger qui, en 1986, tétanisa la planète entière : on y voit Ken Meaks, enseignant de Los Angeles et activiste homosexuel, atteint d'un sida en phase terminale. D'une maigreur effroyable, il fixe l'objectif, le visage et les bras dévorés par d'horribles taches violacées et boursouflées. Ce cliché courageux mit fin aux « campagnes homophobes virulentes » et à l'« hystérie collective » qui avaient suivi l'apparition de l'« étrange maladie », comme je l'ai écrit dans mon livre *Les Cent Photos du siècle*[6].

« Cette maladie, également inconnue des vétérinaires, constituait un véritable mystère, m'a dit Stephen Morse. À l'époque, grâce au virologue islandais Björn Sigurosson Sigurdson, nous connaissions les “virus lents” ou “lentivirus” qu’il avait découverts en travaillant sur la tremblante du mouton, une maladie neurologique qui détruit lentement le cerveau des animaux. Le VIH fait partie de la famille des lentivirus, mais il est le seul, encore à ce jour, à provoquer un effondrement complet du système immunitaire, lequel favorise l’apparition de maladies opportunistes bien souvent fatales. Comme cette terrible maladie menaçait l’humanité, au nord comme au sud, la priorité fut d’abord d’identifier le virus, ce que fit l’équipe du professeur Luc Montagnier, à l’Institut Pasteur, et de chercher un traitement efficace – ce sont les trithérapies – et un vaccin qu’on continue de chercher… Personne ne s’intéressait toutefois aux causes de l’émergence du sida, mais aussi d’Ebola ou de la fièvre hémorragique de Lassa, qui était survenue en 1969 dans une petite ville du nord du Nigeria à qui elle a donné son nom.

— Vous voulez dire que les chercheurs étaient obsédés par les virus, mais n’essayaient pas de comprendre pourquoi ils infectaient subitement les humains ?

— Tout à fait ! Dans les laboratoires, on parlait beaucoup de “processus évolutionnaire” ou de “mutation et réassortiment des gènes” provenant d’animaux – les primates pour Ebola et le sida, les rongeurs pour la fièvre de Lassa. Mais il manquait une compréhension des facteurs qui permettaient à ces pathogènes zoonotiques – c’est-à-dire d’origine animale – de sauter soudainement à l’homme. C’est pour répondre à ce manque qu’a été organisée en 1989 la conférence de Washington intitulée “Les virus émergents : l’évolution des virus et des maladies virales”. »

L'acquisition du fardeau infectieux

Homo sapiens, notre espèce, est la seule rescapée d'une lignée diversifiée de primates originaires du continent africain. Nous avons hérité de nos ancêtres par descendance des virus, comme les virus de l'herpès, des parasites intestinaux, comme les oxyures, ou encore des ectoparasites, comme les poux. Notre proximité évolutive avec les primates non humains explique pourquoi nous continuons d'échanger et d'acquérir divers agents infectieux, tels les virus du sida ou ceux transmis par les moustiques responsables de la fièvre jaune, de la dengue, du chikungunya et du Zika. Tous ces microbes et parasites d'origine primate ont pu se répandre sur de nombreux continents du fait de la mobilité des humains. Celle-ci a débuté avec la sortie d'Afrique il y a 150 000 ans.

La sortie d'Afrique s'est accompagnée d'échanges génétiques par hybridation avec d'autres espèces d'humains prémodernes, les Néanderthaliens et les Dénisoviens. Ces hybridations furent fondamentales avec l'acquisition de nouveaux gènes de l'immunité ayant permis de faire face aux nouveaux environnements épidémiologiques lors de l'avancée de nos ancêtres sur le continent asiatique. Enfin, il y environ 15 000 ans, notre espèce a conquis l'ensemble de la planète. Un long isolement commence alors pour les populations des Amériques et de l'Australie.

La révolution néolithique, débutée il y a 12 000 ans avec la sédentarisation et la domestication des animaux, est à l'origine de la grande révolution épidémiologique. Les animaux nouvellement domestiqués nous ont donné les maladies infectieuses les plus redoutables de notre histoire, comme la rougeole ou la variole, tandis que les rongeurs commensaux nous ont fait connaître la peste ou le typhus murin.

Les premières mondialisations ont ensuite unifié épidémiologiquement l'humanité avec la « découverte » des Amériques et la décimation des populations amérindiennes d'abord par les maladies infectieuses eurasiennes des colonisateurs, puis par des maladies infectieuses africaines avec la déportation de millions d'esclaves arrachés de leur sol. La colonisation par les Européens a fini d'unifier épidémiologiquement l'humanité à la fin du XIXe siècle.

La conférence de Washington de 1989 sur les « virus émergents »

« Nous allons avoir beaucoup de surprises, car notre imagination fertile est loin de pouvoir envisager tous les tours que peut nous jouer la nature. Certains vont trouver que j'exagère, mais les catastrophes sont devant nous. C'est la lutte pour la vie entre nous et les microbes, virus ou bactéries. Et rien ne garantit que nous en sortirons vivants[7]. » C'est par ces mots, rapportés par le *New York Times*, que le président de l'université Rockefeller de New York, Joshua Lederberg (1925-2008) – généticien et prix Nobel de médecine en 1958 –, ouvrit la fameuse conférence sur les « virus émergents » qui s'est tenue à Washington du 1er au 3 mai 1989. Présidé par Stephen Morse et soutenu par les National Institutes of Health (NIH), l'événement réunit quelque deux cents participants, principalement des scientifiques et représentants des organismes de santé, comme Donald Henderson, qui dirigea la campagne d'éradication de la variole, et une « brochette de Nobel, comme Howard Temin », pour reprendre les mots de Stephen Morse.

« Comment est née cette conférence ? lui ai-je demandé.

— En 1988, j'ai eu une réunion un peu secrète (*rires*) avec Joshua Lederberg, le président de mon université. Nous sommes convenus de secouer le cocotier – passez-moi l'expression – en réunissant un petit comité de scientifiques qui comme nous pensaient qu'il fallait développer la recherche sur l'origine de ce que nous appelions les "virus émergents", afin de pouvoir détecter et prévenir de potentielles épidémies. Dans ce groupe, il y avait l'immunologue Richard Krause, qui dirigea le National Institute of Allergy and Infectious Diseases, ou mon collègue virologue Robert Shope, qui fut l'un des plus grands découvreurs de virus du XXe siècle. Finalement, la conférence eut lieu au Washington Hotel, qui à l'époque était en cours de rénovation et n'était donc pas cher, car nous n'avions pas beaucoup de moyens. En revanche, il avait une immense salle de bal qui nous a permis d'accueillir les participants, lesquels, à notre grande surprise, furent très nombreux.

— C'était la première fois qu'était utilisée publiquement l'expression de "virus émergents" ?

— Oui ! Mais comme un certain nombre de maladies émergentes, telle la maladie de Lyme, ne sont pas virales mais causées par des bactéries, y compris les bactéries résistantes aux antibiotiques, le terme a rapidement évolué vers “maladies infectieuses émergentes”.

— Comment avez-vous défini ces infections émergentes ?

— Ah ! Alors que je préparais la conférence, Howard Temin, de l’université de Wisconsin, n’arrêtait pas de me dire : “Il faut que tu proposes une définition !” Finalement, j’ai opté pour une “maladie inconnue qui apparaît subitement dans la population, ou qui existait mais dont l’incidence et l’aire de distribution augmentent soudainement”. D’ailleurs, quand j’ai dit à Howard que la grippe aviaire entrait parfaitement dans cette définition, il m’a dit : “Tu blagues !” La suite m’a pourtant donné raison…

— Comment avez-vous organisé la conférence ?

— D’abord, j’avais tenu à ce qu’interviennent des chercheurs issus de disciplines très variées : il y avait des virologues, des infectiologues, des épidémiologistes, des biologistes moléculaires et généticiens, des historiens et des écologues. Les trois jours étaient organisés autour de quatre sessions thématiques : “Leçons de l’histoire pour l’émergence de maladies”, “Exemples de virus dans le processus d’émergence”, “Évolution virale”, et “Approches pour évaluer les facteurs des émergences virales”.

— Quels facteurs d’émergence ont été mis en avant par les intervenants ?

— Le premier facteur était purement génétique, à savoir le fameux “processus évolutionnaire” si cher à mes collègues, notamment aux biologistes moléculaires, qui avaient alors le vent en poupe. Pour faire simple, l’agent pathogène qui provient généralement d’un réservoir animal s’introduit dans un nouvel hôte, où il subit un réarrangement ou une recombinaison avant de se disséminer dans cette nouvelle population. Mais tous les autres facteurs étaient de nature écologique ou sociale : le développement de l'agriculture et de certaines activités industrielles, comme les mines ou l'exploitation forestière, qui permettent aux humains d'entrer en contact avec des animaux sauvages et des pathogènes nichés dans des espaces naturels jusque-là intacts. Par exemple, Karl Johnson du CDC, qui avait découvert le hantavirus responsable de la fièvre hémorragique de Corée – à laquelle furent confrontées les troupes américaines pendant la guerre de Corée – et avait aussi identifié le virus Ebola, a expliqué comment la destruction d'habitats naturels favorise l'émergence de maladies virales. Les autres facteurs étaient la croissance démographique et l'urbanisation, le commerce et les voyages internationaux, mais aussi le démantèlement des structures de santé, sans oublier le changement climatique. À l'époque, ce sujet était encore très controversé, mais j'avais sollicité Thomas Lovejoy, un spécialiste de l'Amazonie et biologiste de la conservation, considéré alors comme le parrain de la biodiversité, qui a présenté l'impact du dérèglement climatique sur les maladies infectieuses, notamment vectorielles, comme le paludisme. Tout ce qui s'est dit alors, il y a plus de trente ans, a été largement confirmé ! Quand je repense à tout ça, je me dis : “Quel gâchis !” »

La fin de la vision pastorienne des maladies

L'entretien avec Stephen Morse a duré plus de deux heures. Je ne sais combien de fois il a interrompu son récit pour déplorer l'incroyable échec que représente à ses yeux la pandémie de covid-19. Pourtant, pour les historiens ou les sociologues de la médecine, la conférence de Washington fait partie de ces événements rares qui marquent une « rupture gnoséologique[a] », pour reprendre le mot de Patrick Zylberman. « Cette conférence est fondatrice d'un nouveau type de connaissance scientifique, m'a expliqué le chercheur français, parce qu'elle entérine un concept innovant : celui de virus émergent, avec une causalité anthropique. En d'autres termes : désormais ce sont les activités humaines qui constituent le principal facteur du risque sanitaire.

— En quoi ce concept de l'émergence a-t-il changé le regard sur les pathogènes et les épidémies qu'ils peuvent provoquer ? ai-je demandé.

— Il constitue un dépassement de la conception pastorienne de la maladie infectieuse qui reposait sur une équation simple : un virus = une maladie. L'être humain, par ses activités, s'introduit dans l'équation. Avant, il était juste le théâtre, à son corps défendant – c'est le cas de le dire ! –, de la lutte contre le virus ou l'agent microbien, cher à Louis Pasteur et à Robert Koch. Désormais, l'homme s'est immiscé dans ce couple, et ça fait un ménage à trois !

— Quel fut le rôle du sida dans cette évolution ?

---

a La gnoséologie est un concept philosophique désignant les fondements de la connaissance.

— La conférence s'inscrit dans un mouvement qui a précisément pour origine l'épidémie du sida. Comme je l'ai révélé dans mon livre *Tempêtes microbiennes*, Stephen Morse a longuement discuté avec Mirko Grmek, en marge d'une conférence sur le sida organisée en juin 1987 par la Fondation Charles-Mérieux à Veyrier-du-Lac. Tout indique que l'historien français [d'origine croate] a nourri le virologue américain. D'ailleurs, on retrouve mot pour mot la communication qu'a faite Grmek lors de cette conférence dans le chapitre 9, intitulé "La leçon historique des maladies nouvelles" de son livre *L'Histoire du sida*, qu'il a publié en 1989 et dont le titre ressemble à s'y méprendre à celui de la première session de la conférence de Washington "Leçons de l'histoire pour l'émergence de maladies". »

Professeur de sociologie à l'University of Southern California, Andrew Lakoff partage l'analyse de Patrick Zylberman. Quand je parviens à lui parler, le 24 juin 2020, ce père de deux jeunes enfants, « contraints de faire leurs devoirs à la maison », s'est réfugié dans le garage de sa maison, où il a installé avec son épouse un « bureau de fortune ». Ce jour-là, les nouvelles ne sont pas bonnes : avec 122 000 morts et plus de 2 342 000 cas diagnostiqués, les États-Unis connaissent une « poussée préoccupante de l'épidémie, notamment dans les États du Sud, comme le Texas, l'Arizona et la Floride ».

« C'est une situation un peu folle, m'a-t-il dit, loin de la rationalité qui a émergé lors de la conférence de Washington… L'événement organisé par Stephen Morse constitue un véritable pivot dans les domaines de la virologie, de l'épidémiologie et de la santé publique.

Le sida, une maladie liée à la déforestation et à l'expansion coloniale

Le sida est une maladie causée par les virus VIH-1 et VIH-2 originaires de primates non humains d'Afrique et qui ont émergé chez les humains au début du XXe siècle. Le VIH-1 provient du sud du Cameroun à partir d'un virus d'immunodéficience simienne (SIV) des chimpanzés. Le VIH-2 provient d'Afrique de l'Ouest à partir d'un autre virus d'immunodéficience simienne hébergé chez le singe vert. Les études génétiques du virus suggèrent que l'ancêtre commun le plus récent du groupe VIH-1 remonte à environ 1910. L'analyse d'échantillons de sang conservés depuis 1959 montre que le VIH circulait à Kinshasa depuis plusieurs décennies.

Les passages répétés des virus de primates aux humains sont associés aux activités de chasseurs et de vendeurs de viande de brousse. Mais la véritable émergence est liée à l'expansion coloniale débutée au XIXe siècle. Les demandes en ivoire, en bois puis en caoutchouc avec une déforestation importante, couplées au travail forcé des villageois pour les plantations et la construction des chemins de fer ont transformé les écosystèmes et les sociétés traditionnelles, facilitant la propagation des nouveaux virus. On pense que la mise en place de la vaccination avec aiguilles réutilisables a amplifié la propagation, de même que le développement de la prostitution dans les villes coloniales. Le VIH aurait atteint Haïti et les États-Unis dans les années 1960, avant que le syndrome d'immunodéficience n'attire l'attention au début des années 1980.

— Pourquoi ?

— Parce qu'il propose une vision écologique de l'émergence des maladies, où l'homme, par son incursion dans l'environnement naturel, ses changements de mode de vie, ses voyages ou ses migrations, a transformé des virus jusque-là inoffensifs en des "virus émergents" capables de pénétrer et de se répandre rapidement dans les communautés humaines. Pour la plupart des experts que Morse a réunis, la crise du sida préfigure un monde dangereux, dans lequel des maladies encore plus mortelles sont susceptibles d'apparaître, d'où la nécessité de s'y préparer. La conférence de 1989 annonce le ralliement de la santé publique américaine à la doctrine sécuritaire de la *preparedness*. »

La *preparedness*, ou comment se préparer au pire

Difficile de traduire en français le mot *preparedness*, qui désigne en anglo-américain le dispositif mis en place par l'État pour se préparer à faire face à des situations d'urgence et des catastrophes, qu'elles soient d'origine naturelle, comme un cyclone, militaire ou sanitaire. « Cette doctrine, liée à la protection civile et à la sécurité nationale, est née pendant la Seconde Guerre mondiale, m'a expliqué Andrew Lakoff. Elle fait partie du programme de mobilisation développé par les États-Unis pour soutenir l'effort de guerre, en reconfigurant rapidement leur appareil industriel : du jour au lendemain, il fallait produire massivement des chars, des avions ou des munitions. Il s'agissait aussi de structurer le gouvernement pour qu'il puisse répondre efficacement et avec une grande flexibilité à n'importe quel type d'urgence mettant en danger son propre fonctionnement, mais aussi la population. Cette manière d'anticiper une catastrophe future, en planifiant la réponse à l'avance, a été reprise et amplifiée dès le tout début de la guerre froide. Le but était de se préparer à un événement sans précédent aux États-Unis, à savoir une guerre nucléaire : comme les effets étaient inconnus, il fallait imaginer ce qu'ils pourraient être et identifier nos manques et besoins.

— Concrètement, qu'est-ce que cela signifiait ?

— Par exemple, il a été proposé que chaque citoyen américain ait un dosimètre pour mesurer son degré de radiation, on a stocké de l'iode, des médicaments, construit des bunkers pour constituer des réserves de nourriture, afin de se préparer à survivre à un éventuel holocauste nucléaire. Dans les années 1960 et 1970, cette doctrine de la *preparedness* s'est progressivement propagée, pour embrasser toutes sortes d'événements catastrophiques, comme des désastres naturels, des attaques terroristes ou des accidents industriels et écologiques. C'est après la conférence de Washington qu'elle a aussi inclus les risques sanitaires, à travers le concept de pathogènes émergents. »

De fait, lors de cette conférence, les participants échangèrent longuement sur les prochaines étapes à mettre en œuvre pour éviter une nouvelle pandémie. « Contre toute attente, cette réflexion a été menée par Donald Henderson, qui avait conduit le programme d'éradication de la variole, m'a rapporté Stephen Morse. Il a publiquement dit que le sida avait mis un terme à notre autosatisfaction, ce qui, dans sa bouche, n'était pas rien ! Il a proposé de réfléchir à un programme de détection et de surveillance des maladies émergentes, qui pourrait s'inspirer du Service de renseignement épidémique (Epidemic Intelligence Service) qu'avait créé pendant la guerre de Corée Alex Langmuir – alors son mentor au CDC d'Atlanta. L'origine de cette structure de renseignement était la crainte d'une attaque de bioterrorisme, qui ne s'est fort heureusement jamais produite. Finalement, il a été convenu de proposer à l'Institute of Medicine (IOM) [états-unien] de conduire une étude qui ferait des recommandations sur la manière dont le système de santé publique pourrait prévenir et contrôler les maladies infectieuses émergentes. »

Menées par Joshua Lederberg et Robert Shope, les négociations avec l'IOM conduisent en 1991 à la création d'un comité, dont fait partie Stephen Morse. Celui-ci coordonne un rapport publié l'année suivante sous le titre *Emerging Infections*[8]. Si le texte fait la part belle aux facteurs écologiques qui favorisent l'émergence des maladies infectieuses – comme les changements d'usage des terres ou la déforestation –, on y relève des inflexions qu'on ne trouvait pas dans le compte rendu de la conférence de Washington. Présente dès le sous-titre du rapport, la notion de « menace » indique que les auteurs sont passés subrepticement du domaine de la prévention des risques sanitaires à celui de la sécurité nationale, censée protéger les intérêts des États-Unis contre des dangers venus de l'extérieur. « Comme la pandémie du sida aurait dû nous l'apprendre, avec les maladies infectieuses, il n'y a aucun endroit du monde dont nous sommes suffisamment éloignés ou déconnectés, écrivent ainsi Joshua Lederberg et Robert Shope dans la préface du rapport. C'est pourquoi des maladies infectieuses qui affectent des gens dans d'autres parties du monde représentent des menaces potentielles pour les États-Unis, en raison de l'interdépendance globale, des transports modernes, du commerce ou des changements du modèle social et culturel. »

« Quelle est la différence entre la prévention et la *preparedness* ? ai-je demandé à Andrew Lakoff.

— La prévention concerne des maladies qui sont connues et existent déjà, m'a répondu le sociologue américain. Elle implique donc des actions très concrètes, faciles à justifier auprès d'un responsable politique, à qui on peut dire : cette maladie peut coûter tant de vies ou d'hospitalisations par an, mais on peut réduire ces coûts avec une campagne de vaccination ou des mesures d'hygiène. En revanche, la *preparedness* vise des maladies qui n'ont pas encore existé et qui peut-être n'existeront jamais. La seule manière de convaincre des politiques d'investir pour réagir à une menace invisible et imprévisible, c'est de "vendre", si j'ose dire, les scénarios du pire, qui relèvent bien sûr de la pure fiction, mais qui en provoquant la peur permettent de mobiliser les décideurs ainsi que les personnels. »

Les « scénarios du pire » pour instiller la peur

Lors de notre entretien, Stephen Morse a évoqué à plusieurs reprises *The Andromeda Strain*, un roman de science-fiction de Michael Crichton publié en 1969, qui inspira un film éponyme (réalisé par Robert Wise en 1971)[9]. L'histoire raconte la propagation d'un pathogène « littéralement tombé du ciel » après le crash d'un satellite près d'un village du Nouveau-Mexique, menaçant d'exterminer l'humanité. « Michael Crichton s'est inspiré de l'émergence de la fièvre de Lassa, m'a expliqué le virologue américain. Cette œuvre a joué un rôle clé pour concevoir les programmes de sensibilisation et d'entraînement de la communauté médicale ou des citoyens. »

Dans son livre *The Coming Plague*, la journaliste Laurie Garrett a confirmé en 1995 le rôle des « scénarios du pire » dans la construction de la *preparedness* appliquée à la santé publique[10]. Lauréate du prix Pulitzer pour une série de reportages parus dans l'hebdomadaire états-unien *Newsday* sur l'émergence d'Ebola au Zaïre, elle avait couvert la conférence de Washington de mai 1989. Six mois plus tard – quelques jours avant Noël –, elle assiste à un « extraordinaire scénario de jeux de guerre », organisé à Honolulu lors de l'assemblée annuelle de l'American Society for Tropical Medicine and Hygiene. Huit cents spécialistes des maladies tropicales participent à cette « simulation » qui met en scène une « horrible épidémie dans une région mythique d'Afrique », provoquée par une nouvelle souche d'Ebola qui a muté et est devenue transmissible par les voies respiratoires (comme la covid-19, à la différence qu'Ebola est létal dans plus de 80 % des cas…). Dans l'introduction du *war game*, le virologue américain du CDC d'Atlanta Karl Johnson – qui, on l'a vu, a donné son nom au virus – explique que le scénario s'inspire d'*Andromeda Strain*. D'un point de vue géopolitique, celui-ci ressemble étrangement à la tragédie du Rwanda, qui conduira à l'extermination de près de 1 million de Tutsis cinq ans plus tard : conflits ethniques, extermination des populations, exode massif. Une épidémie se propage dans les camps de réfugiés, administrés par l'ONU. Transmissible par voie aérienne (ou respiratoire), le mystérieux virus létal à 100 % – excusez du peu ! – gagne les États-Unis, puis progressivement toute la planète. « L'espoir des organisateurs, écrit Laurie Garrett, était que le jeu de rôles permettrait de mettre au jour les faiblesses du système public d'urgence sanitaire que l'on pourrait ensuite corriger. »

La méthode est brutale : au fur et à mesure que se déroule le « jeu », des murmures inquiets parcourent l'assistance, qui au bout de cinq heures est anéantie par une atmosphère « lugubre, tendue et même nerveuse ». La journaliste précise que, un mois plus tôt, une souche du virus Ebola avait été détectée dans une colonie de primates en Virginie qui se révéla très mortel pour les singes, mais inoffensif pour les hommes. Et de conclure : « Le jeu de rôles a révélé une effroyable impréparation. Les défaillances, failles et lacunes pour la *preparedness* étaient énormes. » En transcrivant le récit que ma consœur fait de cette « simulation » absolument délirante, j'ai été frappée par son peu de distanciation, voire son adhésion sans nuance à un exercice qui relève plus de la fascination morbide pour les épidémies infectieuses que d'un entraînement rationnel visant à « se préparer » à leur émergence.

« La méthode des scénarios marque le passage du régime de la prévention, telle qu'elle prévalait jusqu'à la fin des années 1980, à celui de la *preparedness*, m'a expliqué l'historien Patrick Zylberman. Dans le premier, on vise à gérer des risques sanitaires connus, qu'on peut mesurer en recourant notamment à des probabilités ; dans le second, les probabilités ne servent à rien, puisqu'on ne peut pas prédire l'apocalypse ou le chaos. La technique des probabilités est remplacée par l'usage des scénarios du pire, qui entérine un renoncement à la rationalité et une dégringolade vertigineuse dans la fiction, ainsi que je l'ai écrit dans mon livre. » Sur le coup, les propos de l'historien m'ont paru excessifs. Et surtout en décalage avec ceux de Stephen Morse qui, après m'avoir renvoyée sur le livre qu'il a dirigé en 1993[11], m'a expliqué toutes les mesures prises par les autorités de santé pour prévenir une pandémie meurtrière. Ainsi, après la publication du rapport de l'Institute of Medicine, le Center for Disease Control (CDC) crée une nouvelle revue scientifique, intitulée *Emerging infectious Diseases*, dont le premier numéro paraît le 1er janvier 1995. Stephen Morse signe le papier d'ouverture où il insiste sur les « facteurs d'émergence », comme les « changements écologiques et anthropiques » largement abordés lors de la conférence de Washington. Et puis David Schachter, le directeur du CDC, présente le programme de prévention qu'il a mis en place avec d'autres institutions sanitaires ou de recherche des États-Unis. Baptisé « Infectious Disease Threats. A Prevention Strategy for the United States » (Les menaces liées aux maladies infectieuses. Stratégie de prévention pour les États-Unis), le programme comprend quatre domaines d'action : « Surveillance et réponse », « La recherche appliquée », « La prévention et le contrôle » et « Le développement des infrastructures ». Le premier domaine, qui nous intéresse ici, détaille la feuille de route : « Détecter, rapidement investiguer et évaluer les pathogènes émergents, les maladies qu'ils causent et les facteurs qui influencent leur émergence. »

« C'était de l'esbroufe ? ai-je demandé à Patrick Zylberman.

— Non, on ne pas peut dire ça, m'a-t-il répondu. Mais, avec la fin de la guerre froide, la santé publique va être happée par la nouvelle doctrine de défense et de sécurité nationale qui naît sur les ruines du mur de Berlin. Le résultat, c'est la montée progressive d'un catastrophisme sanitaire qui finira aussi par contaminer l'Europe. »

Un « nouvel ennemi » : le bioterrorisme

À écouter ou lire Andrew Lakoff et Patrick Zylberman, on comprend mieux comment les facteurs écologiques et anthropiques qui favorisent les maladies infectieuses émergentes (MIE), comme nous le verrons tout au long de ce livre, vont progressivement sortir des radars des « décideurs » au profit d'une nouvelle stratégie de sécurité nationale, pilotée par le Pentagone, qui va jeter dans un même pot des événements d'origine naturelle comme l'émergence des virus Ebola ou VIH et des actes humains intentionnels comme le bioterrorisme. « Quand l'Union soviétique s'est effondrée à la fin de l'année 1991, m'a rapporté le sociologue américain, Colin Powell, qui était alors le chef d'état-major des armées, a déclaré : "Qu'est-ce qu'on fait, maintenant ? Il n'y a plus rien qui nous menace ! Quelle menace peut-on trouver ?" Il faut se replacer dans le contexte de l'époque : pendant quarante ans, les États-Unis avaient mobilisé une énorme industrie militaire, dépensé des milliards de dollars et soutenu des guerres aux quatre coins de la planète pour contrer la menace soviétique. Et d'un coup, plus rien ! »

« De fait, m'a confirmé l'historien français, l'hyperpuissance américaine s'est retrouvée sans ennemis, ce qui a provoqué une véritable crise d'identité au sein de l'Alliance atlantique et de l'OTAN, son bras armé. Comme je l'ai écrit dans mon livre, fini, les grands monstres totalitaires : "Je n'ai plus que Castro et Kim Il-Sung à me mettre sous la dent", aimait à plaisanter Colin Powell, le chef militaire des États-Unis. Il fallait donc trouver un nouvel ennemi : ce sera le bioterrorisme.

— Quels événements vont contribuer à cette mutation stratégique ?

— Le premier est l'attentat dans le métro de Tokyo, perpétré par la secte Aum Shinrikyo en mars 1995, qui a utilisé du gaz sarin avec un bilan très lourd : treize morts et plus de 6 000 blessés. Bill Clinton a été très choqué. »

Dans son livre très documenté *Tempêtes microbiennes*, Patrick Zylberman raconte comment, après cet acte terroriste, le président américain dévore tous les écrits et documents relatifs au bioterrorisme. Et puis, en janvier 1998, il lit et fait lire à son secrétaire adjoint à la Défense, John Hamre, *The Cobra Event*, un roman que Richard Preston vient de publier. Champion inégalé dans la catégorie « retour des pestes », cet écrivain à succès avait déjà commis en 1994 un film et un livre documentaires intitulés *The Hot Zone. A Terrifying True Story*, qui avaient fait un tabac ; il y racontait, disons « à sa manière », l'histoire des fièvres hémorragiques provoquées par les virus Ebola et Marburg[a]. Quatre ans plus tard, il réitère la juteuse opération, cette fois sous forme de science-fiction, avec *The Cobra Event* (également un livre et un film), qui relate une attaque terroriste par la dissémination à New York d'un virus de variole génétiquement modifié. Frissons assurés !

Richard Preston est très bien introduit dans le cercle des scientifiques que Stephen Morse avait invités à la conférence de Washington, dont certains se sont déjà reconvertis dans le conseil en biosécurité. Parmi eux, Donald Henderson, l'éradicateur de la variole devenu un expert réputé contre le bioterrorisme, au point d'ouvrir un centre d'étude et de conseil à l'université Johns Hopkins, baptisé Center for Health Security. C'est ainsi que, en septembre 1997, Preston et Henderson se partagent la tribune lors d'une conférence organisée par l'Infectious Diseases Society of America, où l'on ne parle pas des facteurs anthropiques favorisant l'émergence des maladies infectieuses, mais de biosécurité…

Le 10 avril 1998, le président Bill Clinton organise à la Maison Blanche une réunion avec des responsables scientifiques, dont Joshua Lederberg, devenu son conseiller. Tous ont lu *The Cobra Event.* Avec une belle unanimité, ils assurent que les États-Unis seraient incapables de se défendre contre une attaque de ce type. Et pour cause : l'histoire est tellement invraisemblable que la probabilité qu'elle se produise est nulle ! Mais cette considération de pur bon sens ne

---

a Le « virus Marburg » doit son nom à sa découverte en 1967 par des chercheurs d'un laboratoire de Marburg (Allemagne), alors qu'ils manipulaient des cellules rénales provenant de singes verts importés de l'Ouganda.

semble pas partagée par les illustres invités du Bureau ovale. « Il est grand temps d'envisager d'un même mouvement sécurité nationale et santé publique », déclare alors Joshua Lederberg sur un ton sentencieux lourd de conséquences[12]...

« Un mois plus tard, le 20 mai 1998, il y eut l'audition du Russe Kenneth Alibek devant le Congrès américain, qui a foutu une trouille incroyable à l'administration américaine, a poursuivi l'historien français. Devant la commission "Terrorist and Intelligence Operations, Potential Impact on the U.S. Economy", il a décrit le programme de recherche secret qu'il avait dirigé notamment sur la militarisation des virus de la variole, mais aussi Ebola. » Le colonel Kenneth Alibek était un microbiologiste qui fut le directeur adjoint de Biopreparat, une entreprise soviétique faisant officiellement de la recherche pharmaceutique, mais comprenant aussi une énorme unité – 60 000 employés ! – chargée de développer un programme d'armes bactériologiques. En 1992, Alibek a été exfiltré de Russie par les Britanniques, puis s'est installé aux États-Unis, où il est devenu consultant en biosécurité. Il a raconté son histoire en 1999 dans un livre, *Biohazard*, au sous-titre alléchant : « La véritable histoire terrifiante du plus grand programme d'armes biologiques secrètes au monde[13]. » Le résumé de l'édition anglophone était rédigé par Richard Preston, qui décrivait un « Armageddon biologique, auquel personne n'aurait pu échapper[a] ». Et de conclure : « Parfois la

a D'après l'*Encyclopédie française*, « lors du jugement dernier dans la Bible, l'Armageddon désigne l'ultime combat entre le bien et les forces du mal ». Par extension, « le terme est repris pour toute situation qui risque de finir de façon apocalyptique ».

vérité est bien pire que la fiction. » « 1999 est la première année où est ouverte au ministère de la Santé [des États-Unis] une ligne de crédit spécifiquement affectée à la préparation contre le bioterrorisme », m'a expliqué Patrick Zylberman. Avant d'ajouter : « Contrairement à ce que l'on pourrait penser, ce n'est pas George Bush Junior, mais Bill Clinton, qui est le véritable artisan de cette politique ayant placé la santé sous la coupe des militaires. »

La santé publique « embrigadée par la sécurité nationale »

Et puis, bien sûr, il y eut les attentats-suicides du 11 septembre 2001, perpétrés par des membres du réseau djihadiste Al-Qaïda contre les tours jumelles du World Trade Center de New York, qui firent près de 3 000 morts. L'Amérique et le monde sont sous le choc. Une semaine plus tard, des lettres piégées à l'anthrax sont envoyées aux bureaux de cinq grands médias américains et à deux sénateurs. Bilan : cinq morts. L'enquête du FBI déterminera que l'auteur de ces attaques est Bruce Ivins, un chercheur américain qui travaillait sur les armes biologiques dans un laboratoire P4 (de haute sécurité) de Fort Detrick (Maryland). Lequel s'est suicidé à la veille de son arrestation, en juillet 2008. Ce *senior scientist*, qui avait collaboré au développement d'un vaccin contre la maladie du charbon (anthrax) et avait reçu la plus haute distinction du Pentagone, souffrait manifestement de troubles psychiatriques graves. Son acte n'avait donc rien à voir avec une filière extrémiste de bioterrorisme, mais, pour les « faucons » – les républicains ultraconservateurs contrôlant la Maison Blanche –, tout cela n'était qu'un détail : ces événements dramatiques ont été pour eux l'occasion d'intégrer la biosécurité dans la « guerre contre la terreur » lancée par le président Bush lors de son discours du 20 septembre 2001 devant le Congrès.

« Les attentats du 11 septembre 2001 et les lettres à l'anthrax ont littéralement galvanisé le monde de la défense et de la sécurité nationale, pour qui la biosécurité est devenue la priorité numéro un, m'a expliqué Andrew Lakoff. Le vice-président Dick Cheney était persuadé que l'Irakien Saddam Hussein préparait un attentat biologique contre les États-Unis, notamment avec le virus de la variole, par le biais d'une organisation terroriste. Du coup, en 2002, sur les conseils de Donald Henderson – le vainqueur de la variole, qui venait d'être nommé directeur de l'Office of Public Health Emergency Preparedness, tout juste créé pour protéger les citoyens américains contre "les désastres naturels, les pandémies et le bioterrorisme" –, la Maison Blanche a ordonné une campagne de vaccination contre cette maladie, pourtant éradiquée, pour 500 000 soldats, médecins et infirmiers. Cela a déclenché une vive polémique, parce que le vaccin peut provoquer des complications graves. Cette opération très controversée, qui reposait sur des craintes erronées, représente le premier programme de "bio-*preparedness*" de grande envergure. Désormais, en tout cas, la biosécurité (ou "biodéfense") intégrait tout type de menace biologique – intentionnelle comme un acte terroriste, ou naturelle comme les épidémies de SARS ou la grippe H5N1, qui sont survenues en pleine guerre contre la terreur. »

En décembre 2002, en effet, une nouvelle « maladie mystérieuse », à la fois infectieuse (l'agent se multiplie chez le malade) et contagieuse (transmissible d'homme à homme) est identifiée dans la province du Guangdong (sud de la Chine). Elle provoque des troubles respiratoires, avec des tremblements et frissons, des douleurs musculaires et des maux de tête. Bientôt baptisée SRAS (syndrome respiratoire aigu sévère), c'est la première épidémie suivie en direct sur la planète. Provoquée par un coronavirus originaire d'une chauve-souris (voir chapitre 3), la maladie a gagné Hong Kong, d'où elle s'est envolée par les vols réguliers vers l'Asie, l'Amérique et l'Europe. Le « patient zéro » est rapidement identifié : un médecin chinois, arrivé de Chine continentale, qui a contaminé de nombreuses personnes dans un grand hôtel de Hong Kong. Il fait partie des trois *superspreaders* (« superinfecteurs ») à l'origine de l'épidémie mondiale, laquelle – malgré les craintes – n'a affecté finalement que 8 000 personnes dans une trentaine de pays.

Et puis, en décembre 2003, deux tigres et deux léopards meurent brusquement dans un zoo de Thaïlande. Les études virologiques établissent qu'ils ont été infectés par le virus H5N1 de la grippe aviaire. L'épizootie frappe bientôt un élevage industriel de poulets à Séoul, puis s'étend dans toute l'Asie du Sud-Est. Quatrième exportateur mondial de volailles, la Thaïlande ordonne l'abattage prophylactique de… 60 millions de poulets. Chez les humains, l'épidémie ne fera finalement que cent cinq victimes dans le monde (sur cent quatre-vingt-six personnes infectées), dont dix-sept en Thaïlande.

« Cet épisode de grippe H5N1 est caractéristique de l'emballement qui s'opère dans la foulée des attentats du 11 Septembre, m'a expliqué Patrick Zylberman. Ce virus était apparu en 1997 à Hong Kong chez la volaille, mais comme il se répliquait difficilement chez l'homme, il n'a fait que six victimes. Six ans plus tard, sa réapparition déclenche une incroyable panique : l'OMS prédit carrément 50 millions de morts ! Partout, notamment aux États-Unis, on brandit le spectre de la grippe espagnole de 1918, qui a tué 50 millions de personnes. En 2005, les scénarios de la terreur biologique fonctionnent à plein régime. Pendant l'été, la très sérieuse revue de géopolitique *Foreign Affairs* titre "Se préparer pour la pandémie qui vient[14]". L'article est signé par Michael Osterholm, un gourou de la sécurité sanitaire et des maladies infectieuses émergentes.

— Quand l'Europe est-elle entrée dans cette logique délirante d'une "sécurité sanitaire" occultant les vraies causes, aucunement terroristes ?

— Un tout petit plus tard que les États-Unis, m'a répondu l'historien français. Il faut bien comprendre que, jusqu'à la fin des années 1990, il paraissait impensable, surtout en Europe, de mélanger dans une même stratégie la sécurité nationale des États et la santé publique. L'Union européenne franchit un premier pas dans cette direction le 12 décembre 2003, lors de l'adoption de sa "stratégie européenne de sécurité". À partir de cette date, la santé publique se trouve embrigadée, si je puis dire, dans les programmes de sécurité européens. »

Dans son livre *Tempêtes microbiennes*, Patrick Zylberman raconte comment les *tabletops exercices*

(exercices d'état-major) font leur entrée sur le Vieux Continent. Ce jeu de rôles destiné à éprouver le sang-froid et la « maîtrise rationnelle d'événements, dont les causes et les circonstances sont, par définition, inconnues[15] » était l'un des joujoux préférés de George Bush et Dick Cheney, qui dès juin 2001 participent à *Dark Winter*, le modèle du genre. Ce « scénario du pire » inspire les auteurs d'*Atlantic Storm*, sa version américano-européenne. Le 14 janvier 2005, douze anciens ministres et députés des deux côtés de l'Atlantique se réunissent dans la salle de bal du Washington Hotel, qui avait accueilli en 1989 la conférence sur les « virus émergents ». Quelle coïncidence… Une centaine d'observateurs triés sur le volet – journalistes, experts, hauts fonctionnaires – ont été invités à assister au spectacle. Les « acteurs » sont Madeleine Albright, ancienne secrétaire d'État de Bill Clinton qui joue le rôle du président des États-Unis, Werner Hoye, député allemand qui joue celui du chancelier, la Suédoise Gro Harlem Buntland, ancienne secrétaire de l'OMS qui assure son propre rôle ou Bernard Kouchner, ancien ministre français de la Santé, censé incarner le locataire de l'Élysée ! Le scénario ne fait pas dans la dentelle : un groupe dissident d'Al-Qaïda a organisé un attentat à la variole (décidément !). À 9 heures du matin, quelques cas sont signalés dans le métro de Rotterdam, à Varsovie et dans le bazar d'Istanbul. À 14 heures, le nombre de malades diagnostiqués s'élève à 3 320 dans le monde. Les projections indiquent que 320 000 personnes seront contaminées en un mois ! Gestion des stocks de vaccins, mise en quarantaine des populations, fermeture des frontières, coordination internationale, mobilisation du personnel médical, de la police et de l'armée, organisation du ravitaillement, les « acteurs » sont sur tous les fronts. L'écriture et la mise en scène du jeu de rôles a coûté la bagatelle de 250 000 dollars, payés par les deniers publics…

L'« échec total » de la *preparedness*

« C'est un échec total… Je n'aurais jamais imaginé que nous soyons si peu préparés… Et maintenant nous payons très cher pour notre inaction… » Dans la bouche de Stephen Morse, ces mots avaient quelque chose d'irréel. En effet, si quelqu'un incarne la *preparedness*, y compris ses dérives sécuritaires, c'est bien lui, avec il est vrai son mentor, le prix Nobel de médecine Joshua Lederberg, à qui il continue de vouer une admiration sans bornes. Dans leur livre très documenté *Global Public Health Vigilance*, les sociologues canadiens Lorna Weir et Eric Mykhalovskiy sont parvenus aux mêmes conclusions que Patrick Zylberman : Lederberg et Morse « ont joué tous les deux un rôle fondamental pour le développement initial des concepts et de la politique de biosécurité[16] ».

Tandis que l'ancien président de l'université Rockefeller officie comme conseiller scientifique de Bill Clinton, Stephen Morse devient en 1996 le responsable opérationnel des programmes sur la biodéfense à la DARPA (Defense Advanced Research Projects Agency), l'agence de recherche du Pentagone. En 1999, il est nommé directeur adjoint du programme de *preparedness* contre le bioterrorisme créé par les CDC. « En 2000, j'en ai eu assez et j'ai décidé de rejoindre l'université Columbia pour refaire de la science, m'a-t-il expliqué. Mais j'étais bien naïf... »

Le professeur d'épidémiologie n'en dira pas plus. En 2009, il prend la tête du programme PREDICT, lancé par l'USAID, l'agence de l'aide au développement des États-Unis. Doté d'un budget de 200 millions de dollars pour la période 2009-2019, ce programme a été conçu en réponse à la grippe aviaire H5N1 ou plutôt aux peurs démesurées qu'elle avait suscitées[a].

« C'était pas mal d'argent, suffisamment en tout cas pour que Jonna Mazet, qui avait conçu le programme pour l'USAID, puisse créer un institut de recherche, baptisé One Health, avec laboratoires et chercheurs, dans l'école de médecine vétérinaire de l'université David (Californie). J'étais très excité, car j'attendais ça depuis longtemps !

— Quel était l'objectif de PREDICT ? ai-je demandé.

— Il y en avait deux : le premier était d'effectuer une veille sanitaire en surveillant la faune des pays tropicaux où les risques d'émergence sont les plus élevés, principalement en Amazonie, en Asie du Sud et du Sud-Est, et dans le bassin du Congo. Nous avons commencé à effectuer des prélèvements sur des chauves-souris, des mammifères, des rongeurs et des oiseaux, pour identifier les virus dont ils étaient les réservoirs ou les hôtes. »

---

a En septembre 2019, l'administration Trump a décidé de ne pas reconduire le financement de PREDICT. Le 1er avril 2020, toutefois, alors que la pandémie de covid-19 se répandait aux États-Unis, l'USAID a été autorisée à financer une extension exceptionnelle pour six mois du programme (2,2 millions de dollars).

Officiellement, de 2009 à 2019, les équipes californiennes de l'institut One Health, mais aussi celles d'EcoHealh Alliance – un organisme similaire créé à New York par le virologue Peter Daszak (j'y reviendrai) qui a profité de la manne –, ont collecté 140 000 échantillons biologiques sur 10 000 chauves-souris et 2 000 autres mammifères. Elles ont identifié plus de 1 200 virus avec un potentiel zoonotique, dont cent soixante coronavirus.

« Le second but était de former les personnels scientifiques et médicaux dans les pays du Sud où nous intervenions pour qu'ils puissent eux-mêmes faire un travail de surveillance et d'identification des pathogènes qu'ils collectent grâce à la technique de PCR[a]. Nous étions censés les aider à réduire les risques d'émergence de maladies infectieuses. » Le mot « censés » n'est pas anodin, même si, une fois de plus, Stephen Morse est resté très évasif. L'un des reproches récurrents faits à PREDICT est en effet que le second objectif a largement été négligé, au profit de la première activité qui bénéficie surtout aux « chasseurs de virus » de l'institut One Health et d'EcoHealth Alliance. Car l'identification des pathogènes collectés est l'objet de publications dans des revues scientifiques prestigieuses, et peut éventuellement déboucher sur des brevets négociables avec les compagnies pharmaceutiques, pour le développement de vaccins ou de médicaments.

---

a Mise au point par un chercheur américain, Kary Mullis, la PCR (Polymerase Chain Reaction) a révolutionné la biologie moléculaire. Cette technique d'amplification génétique *in vitro* permet d'analyser un virus à partir d'un fragment d'ADN ou d'ARN, qu'elle multiplie à l'infini.

« Ça, c'est la théorie, a concédé Stephen Morse. Mais il y a plusieurs limites à cette approche. D'abord, elle coûte très cher, en voyages, activités de terrain pour capturer les chauves-souris ou de laboratoire, pour identifier les pathogènes dont les animaux sont porteurs. Et puis, une fois qu'on a cette banque de pathogènes, qu'est-ce qu'on fait ? Pas grand-chose ! Le séquençage des virus ne sert à rien, parce qu'on est incapables de prédire quand et comment un virus X va subitement passer de son réservoir d'origine, par exemple une chauve-souris, à d'autres espèces animales, qui permettront une transmission à l'homme. D'autant moins que le nombre des pathogènes existants est énorme ! Pour pouvoir prévenir une maladie infectieuse émergente, il faut connaître l'environnement dans lequel les virus évoluent et les facteurs écologiques et humains qui favorisent le risque qu'ils deviennent la source d'une maladie nouvelle.

— Donc, vous revenez à ce que vous avez dit en 1989 à la conférence de Washington ? ai-je fait remarquer, un peu surprise par la tournure que prenait notre conversation.

— Oui ! Trente ans plus tard, de multiples études ont montré que la destruction de la biodiversité est probablement le facteur principal de l'émergence de maladies infectieuses. La science qui peut vraiment nous aider s'appelle "écologie de la santé" (*disease ecology*), car elle permet de comprendre les interactions entre les animaux sauvages et domestiques, les écosystèmes et les besoins de l'homme.

— Est-ce que la "guerre contre les virus" a des points communs avec d'autres guerres emblématiques des États-Unis, comme la "guerre contre le cancer", la “guerre contre la drogue” ou la “guerre contre la terreur” ? »

Ce fut mon ultime question. Après un long temps de réflexion, Stephen Morse a répondu sur un ton subitement très ferme : « Elles ont en commun qu’elles coûtent très cher et qu’elles sont infinies parce qu’elles ne s’attaquent pas aux causes… »

2

Les activités humaines provoquent l'émergence des maladies infectieuses

« Quand j'étais gamin, je voulais être explorateur. Mais, au collège, j'ai été découragé par ma professeure de sciences naturelles qui m'a dit que ça ne servait à rien parce que tout avait déjà été exploré ! » À ces mots, Serge Morand est parti dans un grand éclat de rire. Entre notre première conversation par Skype le 12 mars 2020 et la fin de l'écriture de ce livre en octobre, je ne sais combien de fois j'ai échangé avec le chercheur du Centre de coopération internationale en recherche agronomique pour le développement (CIRAD[a]), qui vit en Thaïlande depuis huit ans. En revanche, une chose est sûre : il n'est pas une fois où notre conversation n'ait pas été ponctuée par une blague, un accès d'hilarité, voire un ricanement parfois très acerbe, surtout quand nous avons évoqué le monde de la recherche (j'y reviendrai). À soixante ans,

a Le CIRAD est un organisme français de recherche agronomique et de coopération internationale pour le développement durable des régions tropicales et méditerranéennes.

avec plus de quatre cent cinquante publications scientifiques au compteur, celui qui se considère comme un *disease ecologist* a clairement décidé de ne plus s'en laisser conter, quitte à ruer dans les brancards.

La naissance d'un *disease ecologist*

« C'est quoi, un *disease ecologist* ? lui ai-je demandé.

— En France, nous sommes deux pionniers de cette discipline : Jean-François Guégan, directeur de recherche à l'Institut de recherche pour le développement (IRD) de Montpellier, et moi ! (*Rires.*) Dans le monde anglo-saxon, la *disease ecology* désigne la science qui étudie le rôle des facteurs environnementaux dans l'origine et la transmission des agents infectieux. Cette branche de l'écologie fait appel à des connaissances au croisement de l'immunologie, de l'épidémiologie et de la génétique. Quand je fais une conférence en français, je parle d'"écologie de la santé".

— Comment devient-on le représentant d'une discipline qui, en France, a longtemps été ignorée, voire raillée comme une lubie d'écolo ?

— Ah ! C'est une longue histoire qui n'aurait pas été possible sans l'école de la République, dont je suis un pur produit. Mon grand-père paternel était un paysan breton qui a eu six enfants. Aucun n'a repris la ferme familiale. C'était l'époque de l'exode rural et du remembrement, qui ont marqué l'avènement de l'agriculture industrielle. Mes oncles et tantes ont travaillé dans la marine, la police, les assurances, la mécanique automobile ou le bâtiment. Après avoir été ouvrier agricole, mon père s'est engagé dans l'armée. Il a fait la campagne du canal de Suez – la déroute militaire franco-anglaise de 1956 ! –, puis la guerre d'Algérie. Ma mère était couturière. Après ma naissance à Rennes, nous avons rejoint mon père au Sahara, dans la base militaire de Colomb-Béchar, où nous sommes restés jusqu'à l'indépendance de l'Algérie en 1962. Ensuite, nous nous sommes installés en région parisienne, car mon père a été nommé au SDECE, les services de renseignement. J'étais fils unique, et il aurait aimé que je devienne scientifique dans l'armée. C'était carrément impossible ! (*Rires.*) J'ai fait un bac technique, mais j'ai refusé d'aller dans une école d'ingénieurs : le dessin industriel et les machines-outils – en bref la technologie – incarnaient tout ce que j'abhorrais. À l'époque, je militais dans le mouvement antinucléaire, qui s'opposait à la fin des années 1970 à la construction d'une centrale à Plogoff dans le Finistère. C'est là qu'est née ma fibre écologiste. À dix-huit ans, je me suis fait embaucher dans une grande usine, et j'ai compris que je ne supporterai pas de passer ma vie professionnelle à être commandé par plus bête que moi ! (*Rires.*) J'ai décidé que je serai chercheur et, malgré le jugement péremptoire de ma professeure de sciences naturelles, je me suis inscrit à la faculté de biologie de Paris-VI ! (*Rires.*) Puis tout s'est enchaîné : doctorat en biologie, suivi d'une spécialisation en biologie évolutive et en parasitologie, puis en zoologie.

— Quel rapport avec la santé humaine ?

— Aucun ! Au début, je m'intéressais aux parasites et pas du tout aux humains, qui sont pourtant de sacrés parasites ! (*Rires.*) Les parasites continuent de me fasciner, car leur richesse est énorme :

aujourd'hui, on n'a décrit que 10 % des espèces de parasites, qui, avec les microbes et les virus, représentent plus de la moitié des organismes vivants sur terre. Soit un organisme sur deux qui vit aux dépens des autres. C'est dingue ! (*Rires.*) Pourquoi une telle richesse ? Et quel est l'impact des parasites sur leurs hôtes ? J'ai fait ce qu'on appelle de la "parasitologie évolutive" et de l'"immunoécologie", en m'intéressant au stress et aux réponses immunitaires que provoquent les parasites chez leurs hôtes. J'ai commencé à travailler sur les parasites d'invertébrés, comme les escargots, puis sur les poissons nettoyeurs. J'ai étudié comment les hôtes s'adaptent à cette diversité parasitaire, et comment ils collaborent en développant des stratégies de défense immunitaire ou comportementale. Après, je suis passé aux rongeurs, qui sont devenus une vraie passion ! Quand on plonge dans la grande famille des muridés, on est embarqué dans une histoire sans fin !

« Pendant des années, j'ai étudié la dynamique entre les rongeurs et les pathogènes, sans m'intéresser aux humains, qui représentaient vraiment le dernier de mes soucis. J'étais un vrai parasitologue ! (*Rires.*) Et puis, en 2007, des collègues m'ont demandé de les accompagner sur un projet en Asie concernant les maladies émergentes causées par les rongeurs. Ce fut une expérience capitale qui a constitué un tournant dans ma carrière. Je me souviens d'un voyage en voiture entre Vientiane et Luang Prabang au Laos. Il fallait traverser une montagne. C'était la même latitude, mais les paysages changeaient considérablement. Et là je me suis dit que, si je voulais comprendre comment mes rongeurs exploitent et s'adaptent à des habitats aussi

Les rongeurs : une histoire vieille comme les hommes

Avec un peu plus 2 200 espèces reconnues, les muridés constituent 40 % de la diversité des mammifères. Ces animaux qui démontrent pour certains une socialité poussée se sont adaptés à des environnements variés, des déserts aux forêts tropicales et, plus récemment, à ceux créés par les humains. Souris et rats ont accompagné l'espèce humaine au gré de ses pérégrinations et des modifications apportées aux habitats à partir de la révolution néolithique, de la sédentarisation et de l'émergence des civilisations agraires. Espèces devenues commensales, leurs temps de coexistence avec les humains s'échelonnent de 15 000 ans avant notre ère pour la souris domestique au Proche-Orient à environ 12 000 ans pour le rat noir en Asie du Sud et 6 000 ans pour le surmulot (le rat norvégien) dans les premières grandes cités de Chine du Sud. Ces rats et souris, originaires d'Asie, ont bénéficié de la naissance de l'agriculture, des premières cités agraires et du commerce international pour prospérer et se déplacer sur l'ensemble de la planète. Le cochon d'Inde est la seule espèce de rongeur domestiquée pour sa chair et sa fourrure il y a 3 500 ans dans les Andes sud-américaines. Le surmulot et la souris dans leurs formes albinos sont les animaux préférés des biologistes pour leurs expérimentations, avec plus de 100 millions d'individus sacrifiés chaque année rien que dans les laboratoires états-uniens.

Les rongeurs sont les réservoirs d'un grand nombre d'agents de maladies infectieuses et en premier lieu de la peste. Celle-ci est endémique chez des rongeurs sociaux vivant en colonies souterraines comme la marmotte en Mongolie ou le chien de prairie dans l'Ouest états-unien. L'agent *Yersinia pestis*, à l'origine d'enzooties chez ces rongeurs, est transmis par une puce. Le contact avec des puces infectées assure la transmission de l'agent à d'autres animaux, comme les rongeurs commensaux, et aux humains. Les muridés sont les réservoirs de nombreux autres agents microbiens dont ceux du typhus murin, du typhus des broussailles et des redoutables fièvres hémorragiques virales avec les hantavirus et le virus de la fièvre de Lassa, parmi tant d'autres.

diversifiés, il fallait que je m'intéresse à la dynamique des paysages et donc aux humains qui entretiennent, voire modifient ces paysages. Voilà comment progressivement j'ai glissé vers la santé humaine et je suis devenu un *disease ecologist*. En 2019, la revue scientifique *PloS Biology* a publié un classement par disciplines de 6 800 000 scientifiques dans le monde. Les auteurs ont retenu les 100 000 premiers, en fonction du taux de citation de leurs études par leurs pairs. Je suis le 37 518e ! Je fais donc partie des 5 % de chercheurs les plus cités. Mais le plus intéressant, c'est que j'ai été rattaché à trois disciplines : la "mycologie et parasitologie", l'"écologie" et la "recherche biomédicale". En fait, je suis tout à fait unique ! (*Rires.*) »

L'étude pionnière de la Britannique Kate Jones

« Est-ce que vous vous souvenez de la première fois où vous avez établi un lien entre la biodiversité et les maladies infectieuses émergentes, les fameuses MIE ? ai-je demandé à Serge Morand.

— Absolument, et ça a même été une révélation, m'a-t-il répondu sans hésiter. Je dois reconnaître que, jusqu'à la fin des années 2000, je partageais la vision qui prévalait alors dans les milieux de la conservation et contre laquelle je me bats aujourd'hui sans relâche : protégeons la biodiversité en mettant une partie de la planète sous cloche, et puis laissons le reste aux humains, qui peuvent continuer à tout dégrader, voire s'entretuer, on s'en fout !

— Vous n'êtes pas un peu caricatural ? ai-je objecté.

— À peine ! C'est précisément parce que ce courant était très fort dans les organisations dédiées à la conservation de la biodiversité ou chez les scientifiques spécialistes de la biologie de la conservation que la jonction avec les sciences sociales, qui étudient essentiellement les humains, a été très difficile, m'a répondu le chercheur. Pour ma part, j'ai eu un premier déclic après la parution de l'étude de Kate Jones en 2008 dans le magazine *Nature*, qui depuis a été citée près de 2 000 fois dans la littérature scientifique, ce qui prouve son originalité. »

La Britannique Kate Jones dirige aujourd'hui la chaire d'écologie et de biodiversité à l'University College de Londres. Pour des raisons inconnues, elle n'a malheureusement jamais répondu à mes demandes d'interview. Contrairement à Stephen Morse, elle est restée totalement insensible à la photo du baudet du Poitou ! En février 2008, sous la direction de Peter Daszak – un zoologue britannique qui s'est installé aux États-Unis –, elle a publié une étude intitulée « Global trends in emerging infectious diseases[1] » (Tendances globales pour les maladies infectieuses émergentes), dans laquelle elle a recensé trois cent trente-cinq « événements » de maladies infectieuses émergentes (MIE), rapportés entre 1940 et 2004 dans *The Journal of Infectious Diseases*[2]. Elle y constatait que 60,3 % des MIE sont des zoonoses, c'est-à-dire des maladies d'origine animale, dont près des trois quarts proviennent d'animaux sauvages, comme Ebola ou le sida. Elle notait aussi un « pic » dans les années 1980, dû à l'émergence du VIH. Elle soulignait que les « événements » rapportés dans la revue scientifique concernaient trois types de causes : de nouvelles souches de pathogènes déjà existants (comme pour la tuberculose résistante aux antibiotiques ou le paludisme résistant à la chloroquine) ; des pathogènes qui ont fait récemment leur apparition chez les humains (comme le VIH ou le coronavirus du SARS, le syndrome respiratoire aigu sévère) ; et, enfin, des agents infectieux qui avaient historiquement contaminé les humains mais dont l'incidence a considérablement augmenté (comme pour la maladie de Lyme). Pour synthétiser ses résultats, Kate Jones publiait deux cartes. La première montre les zones géographiques où a été recensé le plus grand nombre d'événements infectieux. À ma grande surprise, elle accumule les points rouges en Europe, aux États-Unis et en Australie.

« Comment l'expliquez-vous ? ai-je demandé à Serge Morand.

— D'abord, il y a un biais, souligné par Jones et Daszak dans leur papier, m'a-t-il répondu. Les événements infectieux recensés sont ceux qui ont été publiés dans *The Journal of Infectious Diseases*. Or qui publie ? Essentiellement des scientifiques issus des pays dits "développés". C'est ce qu'on appelle l'"effet *reporting*". Dans les pays du Nord, le système de surveillance sanitaire est beaucoup plus développé que dans les pays du Sud. Du coup, dès qu'apparaît un cas de légionellose, il fait l'objet d'un rapport, ce qui n'est pas le cas en Asie ou en Afrique. De plus, la base de données consultée par mes deux collègues accorde une grande importance aux bactéries résistantes aux antibiotiques, qui représentent 20,9 % des événements infectieux recensés. Le moindre cas de staphylocoque résistant ou d'infection nosocomiale est enregistré dans les pays du Nord, où l'antibiorésistance est devenue au cours des dernières décennies un enjeu de santé publique majeur. Mais quand j'ai lu l'article, c'est surtout la seconde carte qui m'a impressionné, car elle montre les zones géographiques où les risques d'émergence sont les plus élevés. Et là elle pointe vers les pays tropicaux de l'Asie du Sud et du Sud-Est, caractérisés par une riche biodiversité notamment en animaux sauvages, une forte démographie, une déforestation liée à l'intensification agricole et une intégration de plus en plus forte à l'économie mondiale. Vient ensuite l'Afrique centrale et de l'Ouest, et notamment les régions des Grands Lacs, de la vallée du Rift et du Sud-Nigeria qui apparaissent également comme des points chauds d'émergence.

À l'époque, j'étais en Thaïlande et j'ai commencé à regarder d'un autre œil mes rongeurs qui sont les premiers réservoirs de pathogènes zoonotiques, suivis des primates et des chauves-souris. Je ne pouvais plus les étudier en ignorant les activités humaines ! Le papier de Kate Jones a provoqué aussi la naissance d'un nouveau métier : celui de chasseur de virus. En effet, cette étude a permis à Peter Daszak de demander des fonds au Sénat américain où il a brandi la menace des virus asiatiques ou africains, qui passent allègrement les frontières et peuvent donc nous contaminer chez nous, c'est-à-dire dans les pays du Nord. C'est ainsi qu'est né le programme PREDICT, financé par l'USAID, l'agence des États-Unis pour le développement international. Du coup, Daszak a créé EcoHealth Alliance, qui est officiellement une ONG, mais qui fonctionne plutôt comme un fonds de recherche privé, vivant uniquement sur des appels d'offres. »

L'étude de l'IUCN de 2008 et le virus Nipah

« Et puis, en octobre 2008, c'est-à-dire six mois après la publication de Jones, est sortie l'étude de Jan Schipper, qui m'a profondément marqué, a poursuivi Serge Morand. Il y avait encore des cartes, mais celles-là ont radicalement changé ma manière de concevoir mon travail. » Biologiste de la conservation, l'Américain Jan Schipper travaillait alors comme expert de l'Union internationale de la conservation de la nature (IUCN), une ONG suisse fondée en 1948, célèbre pour établir périodiquement la liste rouge des espèces animales et végétales en danger dans le monde. L'étude qu'il a publiée dans *Science* a été cosignée par cent vingt-neuf scientifiques internationaux, qui ont épluché les données fournies par 1 700 experts issus de cent trente pays, concernant l'état de 5 487 espèces de mammifères terrestres et marins[3]. Les résultats ont été dévoilés lors du congrès mondial de la nature qui s'est tenu à Barcelone du 5 au 14 octobre 2008. Et ils ont fait la une de la presse internationale : 25 % des espèces étudiées, pour lesquelles il existait suffisamment de données, étaient menacées d'extinction, dont 36 % des mammifères marins. L'étude a aussi montré que les espèces les plus en danger étaient surtout les grands animaux, comme les primates et les ongulés (rhinocéros ou éléphants), tandis que les petits mammifères, comme les rongeurs ou les chauves-souris, étaient – à l'époque… – épargnés. 40 % des mammifères terrestres étaient affectés, voire menacés, par la destruction ou la dégradation de leur habitat, principalement dans les régions intertropicales d'Asie du Sud et du Sud-Est, d'Afrique ou d'Amérique du Sud, en raison d'un taux croissant de déforestation. Deux cartes accompagnaient l'article de l'expert de l'IUCN : intitulé « La richesse des espèces », la première faisait nettement ressortir l'Asie du Sud-Est, l'Amérique du Sud et l'Afrique de l'Est comme les régions du monde abritant la plus grande diversité de mammifères. La seconde indiquait les territoires où pesait la plus grande menace sur les mammifères terrestres et marins. « Pour les mammifères terrestres, les deux cartes se superposaient, a commenté Serge Morand. C'est en recoupant les cartes de Jones et de Schipper que j'ai compris qu'il y avait un lien entre les activités anthropiques et les MIE. Le meilleur exemple est celui du virus Nipah, que je cite souvent dans mes conférences comme l'archétype des mécanismes à l'œuvre. »

L'histoire du virus Nipah que l'on pourrait intituler « Comment les plantations d'huile de palme menacent la santé humaine » commence en 1998 dans le sud-est de la Malaisie, très précisément à Kampung Sungai Nipah, où sont installées des fermes industrielles de porcs, élevés en plein air sous des arbres fruitiers. Subitement frappés d'une pathologie inconnue, les cochons se mettent à tomber comme des mouches. L'étrange mal atteint bientôt les ouvriers agricoles qui meurent d'une encéphalite foudroyante (une inflammation du cerveau), puis les employés des abattoirs de Singapour, car la production est destinée au marché chinois. Virologue dans un laboratoire de l'armée de Singapour, Boon Huan Tan traque le coupable. Elle découvre que le virus mortel appartient à la famille des paramyxovirus (comme les agents de la rougeole et des oreillons, chez les humains, ou de la peste bovine chez les animaux domestiques). Le réservoir de ce pathogène, jusque-là inconnu, est une espèce de grandes chauves-souris frugivores (du genre *Pteropus*), appelées « roussettes » ou « renards volants », qui ont été chassées de leur habitat naturel sur l'île de Bornéo en raison de feux de forêt provoqués pour développer des plantations de palmiers à huile. Affamés, les mammifères volants se sont rabattus sur les arbres fruitiers des grandes fermes porcines. Elles ont déféqué et croqué les fruits, dont certains sont tombés près des porcs, qui ont été infectés par le virus baptisé « Nipah », du nom de la localité. Les cochons ont contaminé par simple contact les ouvriers agricoles, puis les employés des abattoirs. Rapidement stoppée, la crise sanitaire s'est soldée par le décès de cent cinq personnes sur deux cent soixante-cinq infectées et l'abattage de plus de 1 million de cochons. « Cette histoire est emblématique, car elle résume plusieurs facteurs qui contribuent à l'émergence des nouvelles pestes, m'a expliqué Serge Morand. Le premier, celui par qui tout le problème arrive, c'est la déforestation à des fins ici de monoculture ; le deuxième, ce sont les animaux domestiques qui servent de pont épidémiologique entre la faune et les humains, mais aussi d'amplificateur, quand ils sont élevés de manière industrielle ; le troisième, c'est l'intégration dans le marché global d'un pays qui – comble d'ironie ! – ne mange pas de porc, en raison de sa culture musulmane. Tous ces facteurs sont d'origine anthropique. »

La déforestation : premier facteur d'émergence des maladies infectieuses

« Je viens de confirmer un truc de dingue ! », me dit avec un enthousiasme manifeste Serge Morand, lors d'un énième échange virtuel au début du mois de juin 2020. Je dois dire que j'ai été fascinée par l'activité débordante du chercheur, qui est animé par une insatiable curiosité intellectuelle et une envie de comprendre les mécanismes du vivant tellement puissante qu'elle semble ne lui laisser aucun repos. Ce jour-là, le scientifique préparait la publication d'un article montrant les liens entre la déforestation et l'émergence de maladies infectieuses zoonotiques. Pour cela, il avait épluché les données de la FAO – l'Organisation des Nations unies pour l'alimentation et l'agriculture – et de Global Forest Watch (GFW), une plateforme internationale de suivi des forêts créée en 2014 par le World Resources Institute de Washington. Celle-ci utilise les données satellite compilées par l'université du Maryland qui permettent de suivre au jour le jour les activités de déforestation dans n'importe quel point du globe. L'application peut être utilisée sur un iPhone par les citoyens ou associations environnementales, qui sont ainsi en mesure d'alerter les gouvernements ou les médias. Au printemps 2020, l'association a rendu public le bilan de l'année 2019 : 24 millions d'hectares ont disparu, dont 3,8 millions d'hectares de forêts primaires tropicales.

« Le désastre continue, a soupiré Serge Morand, les yeux rivés sur son écran. Rien qu'au Brésil, ce sont 2 200 kilomètres carrés de forêts qui sont partis en fumée depuis l'élection de ce fou de Bolsonaro ! Autant dire qu'on peut faire une croix sur l'objectif international d'avoir "zéro déforestation" en 2020… » En 2010, en effet, les États signataires de la convention sur la diversité biologique (qui avait été élaborée lors de la conférence de Rio de Janeiro en 1992) avaient adopté un plan stratégique 2011-2020 assorti de vingt objectifs, dits « objectifs d'Aichi », pour stopper l'érosion de la biodiversité. L'« objectif 5 » stipulait : « D'ici à 2020, le rythme d'appauvrissement de tous les habitats naturels, y compris les forêts, est réduit de moitié au moins et si possible ramené à près de zéro, et la dégradation et la fragmentation des habitats sont sensiblement réduites. » Les « objectifs d'Aichi » seront évalués lors de la quinzième conférence des parties (COP 15) de la Convention sur la diversité biologique (CDB) – elle devait se tenir en octobre 2020 à Kunming, en Chine, mais elle a été repoussée à l'automne 2021, en raison de la pandémie de covid-19.

« En 1990, la couverture forestière représentait 31,75 % de la surface de la planète ; trente ans plus tard, le taux est tombé à 30,75 %, a poursuivi Serge Morand. Cette chute est considérable, car il faut enlever bien sûr la surface des océans et des déserts. Il y a aussi un problème : la FAO considère comme des "forêts" les monocultures d'hévéas et de palmiers à huile, qui souvent ont été plantées après avoir détruit les forêts tropicales ! Plusieurs méta-analyses ont montré que ces plantations ne sont pas saines, en termes de biodiversité, de santé des sols ou de maladies infectieuses : elles favorisent les épidémies de maladies vectorielles, comme la dengue, le Zika ou le chikungunya, transmises par des moustiques. »

Dans un deuxième temps, le chercheur a consulté les données de Gideon, un service d'informations médicales en ligne créé en 1992 à Los Angeles. Alimenté par des professionnels de santé et des centaines d'institutions médicales œuvrant dans quarante-cinq pays, cette application permet de suivre quotidiennement les foyers épidémiques infectieux dans chaque pays de la planète. Et c'est un peu flippant ! Le 4 juin 2020, par exemple, le site affichait vingt-sept maladies infectieuses sévissant au Brésil, comme la leishmaniose, le paludisme, la tuberculose, la rougeole, la schistosomiase (ou bilharziose), le Zika et bien sûr la covid-19. Chaque épidémie infectieuse est localisée dans le pays à l'aide d'un point rouge. « Quand on compare les données spatiales et temporelles de la déforestation avec celles des maladies infectieuses émergentes, on voit clairement qu'elles sont corrélées, a commenté Serge Morand. En d'autres termes : les épidémies zoonotiques ont principalement lieu là où on déforeste. C'est une courbe en S avec une augmentation linéaire de 1990 à 2002, puis une accélération très nette jusqu'à aujourd'hui… »

« La déforestation constitue le premier facteur d'émergence des maladies zoonotiques », m'a confirmé Nicole Gottdenker, qui dirige un laboratoire de pathologie vétérinaire à l'université de Georgie (États-Unis). « Nous utilisons des approches théoriques – comme la modélisation, c'est-à-dire des simulations informatiques – et appliquées – avec des enquêtes de terrain – pour étudier l'écologie et l'évolution des maladies infectieuses dans le contexte des changements environnementaux et de leurs impacts sur la faune », m'a expliqué la chercheuse de cinquante-deux ans qui a fait des études de vétérinaire avant de se spécialiser en pathologie de la faune sauvage, puis de décrocher son « PhD » (doctorat) en écologie. Quand je l'ai jointe le 17 juin 2020, elle venait de terminer ses consultations vétérinaires dans son cabinet privé d'Athens, et était très remontée contre Donald Trump. « Ce président est calamiteux, a-t-elle lâché. Nous allons avoir beaucoup de mal à nous débarrasser du virus qui est partout, y compris chez les animaux de compagnie. C'est désespérant, car la réponse de l'Administration est complètement anarchique. »

En 2014, Nicole Gottdenker a publié une étude sur les liens entre « le changement anthropogénique d'usage des sols et les maladies infectieuses[4] ». Pour cette méta-analyse – la première du genre –, elle a épluché trois cent cinquante articles scientifiques, dont 66,9 % concernaient des observations de terrain, 30,8 % des modélisations et 2,3 % des études expérimentales dans un environnement naturel. « Nous avons été surpris de constater l'intérêt croissant des chercheurs pour cette question, qui, il y a trente ans, était inexistante dans la littérature scientifique, m'a-t-elle expliqué. Près de 90 % des études que nous avons consultées montrent que le changement d'usage des sols a un impact sur la transmission des pathogènes zoonotiques.

— Par quels mécanismes peut-on l'expliquer ?

— Quand on détruit totalement ou partiellement une forêt tropicale, on bouleverse profondément la diversité et le comportement des communautés animales qui y habitent. Par exemple, cela entraîne la disparition des grands prédateurs, comme les jaguars, qui maintenaient en équilibre les mammifères plus petits, dont certains sont de bons réservoirs pour les pathogènes et qui du coup prolifèrent. C'est ce que nous avons observé au Panama pour la transmission de la maladie de Chagas[5]. »

Découverte en 1909 par Carlos Ribeiro Justiniano Chagas, le médecin brésilien qui lui a donné son nom, la maladie de Chagas affecte 6 millions de personnes par an, principalement en Amérique du Sud. Elle est causée par une bactérie – *Trypanosoma cruzi* – transmise par une punaise et peut provoquer des troubles cardiologiques mortels. « Les opossums et les ratons laveurs, qui sont des réservoirs naturels du parasite, savent très bien s'adapter à la fragmentation des habitats forestiers, m'a expliqué Nicole Gottdenker. De même, l'abondance de la punaise, le vecteur de la maladie, et son niveau d'infection par la bactérie augmentent considérablement dans les zones déforestées, si on compare avec des forêts intactes. Une étude de modélisation que j'ai cosignée avec ma collègue Christina Faust montre que, d'une manière générale, le risque de transmission des maladies infectieuses croît dans les espaces agricoles qui ont été développés dans les aires déforestées, pour pratiquer l'élevage ou les monocultures, ainsi que dans les zones urbanisées, en bordure de ces aires[6]. »

La fabrique des « territoires d'émergence »

Ce que me confirme Jean-François Guégan, directeur de recherche à l'Institut de recherche et de développement (IRD) et à l'Institut national de recherche pour l'agriculture, l'alimentation et l'environnement (INRAE), lors de notre entretien du 2 juin 2020 : « L'homme crée par ses activités ce que j'appelle des "territoires d'émergence". En effet, le phénomène de déforestation conduit à un point de rupture irréversible dans les écosystèmes, qui perturbe radicalement les communautés animales en provoquant des réactions en cascade. Lesquelles, au final, affectent… l'homme. La boucle est bouclée ! » Auteur de plus de cent cinquante publications scientifiques, Jean-François Guégan est parasitologue et « écologue numéricien ». « Je fais beaucoup d'analyses statistiques et de modèles, mais j'ai toujours conservé un lien avec le terrain, m'a-t-il expliqué. Je crois pouvoir dire que je suis, avec Serge Morand, l'un des rares chercheurs français à faire le lien entre l'environnement, la santé animale et la santé humaine.

— Est-ce que la pandémie de covid-19 était prévisible ?

— Tous ceux qui se revendiquent de l'écologie de la santé savaient qu'une épidémie infectieuse pouvait surgir à tout moment, car les conditions qui favorisent les émergences ne cessent de se développer. Mais je ne pensais pas que ça allait être quelque chose d'aussi énorme. Et puis, j'ai été surpris par l'état d'impréparation de la France. Lorsque j'étais au Conseil national de la santé publique, j'ai corédigé et coprésidé un rapport national, commandé par le ministère de la Santé en 2010, précisément sur la préparation aux épidémies. Le fait, par exemple, que nous n'ayons pas de stocks de masques m'a sidéré !

— Vous avez publié en 2016 un article titré "Maladies infectieuses émergentes : des processus complexes, difficiles à prédire[7]". Que vouliez-vous dire ?

— Il est très difficile de prévoir quel pathogène zoonotique va constituer une menace pour les humains, en raison de la multiplicité des agents infectieux potentiels, mais aussi des interactions qui peuvent exister entre ces agents, leurs hôtes et l'environnement. La destruction ou la fragmentation des forêts tropicales, caractérisées par une riche biodiversité, contraignent par exemple certaines espèces animales à se déplacer, comme les chauves-souris qui sont à l'origine de l'épidémie du virus Nipah. Mais cette émergence n'aurait pas eu lieu si les humains n'avaient pas installé de grandes fermes porcines sous de grandes plantations de mangues ou de ramboutans. D'une manière générale, les zones périurbaines dans lesquelles se développent l'élevage et l'agriculture créent des ponts pour les micro-organismes qui étaient abrités dans la biodiversité des forêts vers les populations humaines. De même, en réduisant les espaces forestiers, on contraint des espèces animales à cohabiter ou à se rencontrer de manière beaucoup plus fréquente, ce qui permet un échange d'agents microbiens.

— Est-ce que tous les pathogènes sont capables de contaminer différentes espèces d'hôtes ?

— La recherche sur les maladies infectieuses émergentes a permis une vraie révolution, parce qu'elle a fait voler en éclats le mythe de la "barrière des espèces". Quand j'étais étudiant dans les années 1970, on m'a appris qu'en général la transmission inter-espèces de pathogènes n'était pas possible. Or on a découvert que dans la nature tous les coups sont permis. Si on contraint différentes espèces animales à vivre ensemble dans des espaces réduits, où de surcroît l'homme fait des intrusions pour chasser ou construire des routes, il faut s'attendre à voir apparaître de nouveaux types d'infections qu'on n'avait pas imaginés. C'est ce que montrent les travaux que je mène depuis dix ans sur l'ulcère de Buruli, d'abord au Cameroun, puis en Guyane. Cette maladie de la peau est provoquée par une mycobactérie – *Mycobacterium ulcerans*, une cousine de celles associées à la lèpre ou à la tuberculose –, qui vit dans les marécages des régions tropicales. Elle cause d'épouvantables lésions cutanées et est en expansion dans une trentaine de pays d'Amérique latine et d'Afrique. Dans notre laboratoire d'excellence CEBA (Centre d'étude de la biodiversité amazonienne), basé en Guyane française, nous avons montré que la déforestation provoque une perturbation des communautés animales et végétales, au profit de la mycobactérie, qui se met progressivement à pulluler. Cet effet n'est pas immédiat. En Guyane, le processus met environ quatre à cinq ans. C'est le temps qu'il faut pour que les écosystèmes perturbés se réorganisent, pour devenir ce que j'appelle un "territoire d'émergence". Une étude récente a fait le même constat pour l'émergence du virus Ebola en Afrique. »

De fait, en 2017, l'Espagnol Jesus Olivero, chercheur à l'université de Malaga, a publié une étude intitulée « La perte récente de forêts fermées est associée avec des épidémies du virus Ebola[8] », sous la direction de Robert Nasi. Ce dernier dirige le Centre pour la recherche forestière internationale (CIFOR), installé à Bogor, en Indonésie. « Est-ce que l'Indonésie continue de détruire ses forêts ? lui ai-je demandé lors d'un entretien par Skype le 26 juin 2020.

— Non ! m'a répondu énergiquement le chercheur français de soixante et un ans, qui a dédié sa carrière à l'étude et la gestion des forêts tropicales en Afrique, Asie et dans le Pacifique. L'Indonésie est le seul pays tropical qui a significativement réduit le rythme de la déforestation. Certes, en 2019, il y a encore eu d'importants feux de forêt, mais ils n'ont pas brûlé des forêts intactes, seulement des zones qui avaient été déforestées il y a bien longtemps et qui étaient complètement dégradées.

— Quel est l'impact de la pandémie en Indonésie ?

— Il est très faible. Pour l'heure, il y a eu 4 000 morts pour une population de plus de 250 millions d'habitants, qui compte beaucoup de jeunes. Il est probable que ce soit un peu sous-estimé, mais il n'empêche : la situation est similaire à celle de nombreux pays africains où la covid-19 a fait peu de victimes, ce qui donne du boulot aux scientifiques qui essaient de comprendre les raisons de cette spécificité asiatique et africaine.

— Quelles furent les conclusions de l'étude que vous avez conduite sur Ebola avec votre collègue espagnol ?

— Nous avons repris les quarante flambées épidémiques ayant eu lieu en Afrique depuis l'apparition du virus en 1976, dont celle d'Afrique de l'Ouest en 2014, qui a fait 10 000 morts. Pour vingt-sept d'entre elles, le "patient zéro" avait été identifié, ainsi que son lieu de contamination. Nous avons ensuite comparé les lieux géographiques des émergences avec les données spatio-temporelles de la déforestation. En parallèle, nous avions un groupe contrôle de deux cent quatre-vingts sites, sélectionnés au hasard, où il n'y avait pas eu de flambée d'Ebola. Le résultat fut très clair : les épidémies ont eu lieu dans des secteurs où des activités de déforestation avaient été déployées deux ans plus tôt. La conclusion de notre article était que le meilleur moyen d'éviter une prochaine épidémie était d'arrêter de détruire ou de fragmenter la forêt tropicale. »

La montagne d'or de Guyane et la « maladie X »

« Est-ce qu'on peut prédire les émergences ? », ai-je demandé le 7 juillet 2020 à Rodolphe Gozlan, un écologue qui travaille depuis quatre ans au Centre d'étude de la biodiversité amazonienne (CEBA) de Guyane, avec lequel collabore Jean-François Guégan. « Tout à fait ! », m'a-t-il répondu sans hésiter. À cinquante-deux ans, le chercheur est lui aussi « fasciné par les parasites ». « Dans les années 2000, m'a-t-il raconté, je faisais de la recherche en Grande-Bretagne sur les dynamiques aquatiques et les maladies émergentes des poissons, quand j'ai lu *Parasite Rex* de Carl Zimmer. Le journaliste scientifique américain y montrait que les parasites représentent les plus gros prédateurs des écosystèmes, car ils contrôlent les populations de tous les organismes vivants, y compris les humains. Or, comme ce sont des microorganismes extrêmement petits, on pense qu'ils sont insignifiants et ils sont donc peu étudiés. J'ai décidé de rentrer en France et j'ai proposé à l'IRD un programme de recherche sur les liens entre la santé et la biodiversité, en y incluant les parasites. En 2016, j'ai rejoint le laboratoire pluridisciplinaire CEBA, qui réunit des écologues comme moi, des microbiologistes, des statisticiens et des géographes. Nous travaillons en étroite collaboration avec les médecins, pour essayer de prévenir l'émergence de maladies infectieuses comme l'ulcère de Buruli, dont l'expansion est notamment liée à la déforestation provoquée par les orpailleurs. D'ailleurs, on constate le même phénomène en Australie, où la relance de l'activité aurifère dans le bassin de la rivière Murray près de Victoria a entraîné une flambée de l'ulcère de Buruli.

— Comment l'expliquez-vous ?

— Deux phénomènes se conjuguent, m'a répondu Rodolphe Gozlan. Pour extraire l'or contenu dans les ceintures de roches vertes de Guyane, les orpailleurs détruisent des pans entiers de la forêt tropicale, qui comprend aussi des écosystèmes aquatiques

– marécages ou rivières – où la bactérie *Mycobacterium ulcerans* est endémique, mais à faible bruit, c'est-à-dire qu'elle représente un risque infectieux très faible. Comme nous l'avons montré dans un article que j'ai dirigé en 2016 pour *Science Advances*, cela provoque un effondrement de la chaîne alimentaire de cet écosystème, qui favorise la prolifération du parasite[9]. En effet, l'abattage des arbres a pour effet d'ouvrir de la lumière sur les milieux aquatiques, ce qui permet aux oiseaux de chasser plus facilement les poissons, qui eux-mêmes se nourrissaient de petits insectes invertébrés, lesquels, du coup – faute de prédateurs –, vont se mettre à pulluler. De plus, l'arrivée de lumière provoque une augmentation de la température et une baisse de l'oxygénation de l'eau, ce qui modifie les conditions physico-chimiques du milieu aquatique : cela favorise le développement de microalgues, qu'on appelle "périphyton", où la bactérie est naturellement présente. Les petits insectes vertébrés broutent ces microalgues et se chargent en mycobactéries, car ils sont ce qu'on appelle des "hôtes compétents", c'est-à-dire aptes à héberger l'agent infectieux. Progressivement, la déforestation transforme l'écosystème en réduisant sa biodiversité : apparaît une gadoue constituée de biofilms de microalgues que l'on ne trouve pas dans des sites ombragés. Fondamentalement, on a créé un nouvel écosystème simplifié qui amplifie la présence de la bactérie et augmente le risque infectieux. Les effets de la déforestation peuvent être accentués par l'exploitation aurifère, qui libère des métaux lourds et de l'arsenic, lesquels augmentent l'acidité de l'eau et réduisent encore plus son niveau d'oxygène.

— Comment les humains peuvent-ils être contaminés ?

— Par contact avec l'eau. Il suffit d'avoir une plaie ou une égratignure pour que la mycobactérie pénètre dans le corps et fasse ses dégâts. C'est d'ailleurs en reprenant les cas d'ulcère de Buruli et d'autres maladies infectieuses que nous avons pu réaliser une cartographie des émergences, en identifiant les facteurs écologiques qui les favorisent.

— Comment avez-vous procédé ?

— Nos collègues médecins nous ont fourni les bases de données géoréférencées des malades qu'ils ont eu à soigner. Par exemple, M. X – pour des questions d'éthique, nous n'avons pas le nom des malades – a été hospitalisé pour une leishmaniose, une maladie cutanée extrêmement défigurante, causée par un parasite transmis par une piqûre d'un insecte appelé "phlébotome". Nous avons reporté sur une carte l'adresse et le lieu d'infection de ce patient. Nous avons fait de même pour deux cent trente-deux cas de leptospirose – une maladie bactérienne transmise par l'urine de rongeurs qui peut être mortelle dans 10 % des cas – et deux cent trente-six cas d'ulcère de Buruli officiellement enregistrés dans l'hôpital de Guyane entre 2007 et 2017. Ensuite, nous avons fait une cartographie de la région en tenant compte de plusieurs paramètres : utilisation des sols, déforestation, pluviométrie, altitude, température, topographie. Nous avons tracé une zone tampon d'une dizaine de kilomètres autour de chaque point infectieux géolocalisé, pour garder une marge d'incertitude. Et les résultats de notre étude furent spectaculaires[10] : on observe que l'émergence de telle maladie est systématiquement liée à un groupe de paramètres récurrents, comme la déforestation ; alors que, à l'inverse, lorsque ces paramètres sont absents, il n'y a pas d'émergence. Ce travail a permis de corriger une conviction erronée des médecins : ils pensaient que les gens qui contractaient la leptospirose étaient surtout des chasseurs d'or, contaminés dans les zones d'orpaillage. Mais c'est faux, parce que les réservoirs de la bactérie *Leptospira interrogans* sont exclusivement des rats des villes qui pullulent dans les lieux pauvres et insalubres où vivent les orpailleurs et leurs familles.

— Cela veut dire qu'il y a une écologie des maladies infectieuses émergentes ?

— Tout à fait ! D'ailleurs, les facteurs écologiques qui les favorisent sont également liés au dérèglement climatique. Nous avons constaté qu'une augmentation de la pluviométrie, de plus en plus courante avec le changement climatique, pouvait décupler les effets de la déforestation sur la mycobactérie responsable de l'ulcère de Buruli. En effet, lorsqu'il pleut énormément, les rivières débordent et inondent toute la plaine alluviale, y compris les mines d'or. Cela entraîne une expansion géographique de la mycobactérie, jusque dans les zones d'habitat. Puis, quand l'eau se retire, elle laisse derrière elle des ocelles, de petites flaques qui ont les mêmes effets qu'une activité de déforestation en créant les conditions favorables au développement de la mycobactérie. Dans un article publié en 2014[11], nous avons montré qu'il y avait une corrélation entre les épisodes pluviaux extrêmes des quarante dernières années et le nombre de cas d'ulcère de Buruli enregistrés sur la période. En croisant avec les données environnementales, nous avons fait une prédiction concernant le nombre de cas qui pourraient surgir dans les cinq ans suivant la publication de notre étude. Et la réalité a confirmé nos prévisions.

— Qu'est-ce que la "maladie X" ?

— C'est un concept développé par l'Organisation mondiale de la santé (OMS), qui a établi en 2018 la "liste Blueprint des maladies prioritaires" sur lesquelles elle invite les chercheurs à travailler car elles présentent un risque pour la santé publique en raison de leur potentiel épidémique. Cette liste comprend les maladies à virus comme le Nipah, Marburg, Ebola ou les coronavirus, mais aussi ce que l'OMS appelle la "maladie X", c'est-à-dire une maladie inconnue, qu'on ne saurait pas soigner mais qui serait très contagieuse. Un peu comme la covid-19… Forts de l'outil de prédiction que nous avions développé en Guyane, nous avons procédé de la même manière, mais cette fois-ci au niveau mondial, en géolocalisant les émergences des maladies infectieuses de la liste Blueprint que nous avons croisées avec différents facteurs : taux de déforestation, densité de population, climatologie, etc. L'étude que nous avons bouclée en septembre 2019 et qui est en ligne depuis le 20 mars 2020 prévoyait deux lieux d'émergence : Wuhan en Chine et une région de l'Ouganda[12].

— Ouah ! me suis-je étonnée, impressionnée par la démonstration du chercheur français. Mais que répondez-vous à ceux qui disent qu'une corrélation ne signifie pas forcément un lien de causalité ?

— Cette objection n'est pas valide ici, parce que nous ne proposons pas de mécanisme de la transmission infectieuse. Nous nous contentons de pointer des zones à risque pour d'éventuelles émergences, en recommandant une surveillance accrue pour éviter que le risque ne se transforme en danger. Mais je dois admettre que, pour nous, les chercheurs qui avons mis au jour les facteurs contribuant à créer des territoires d'émergence, il est difficile de communiquer auprès d'un large public ou des décideurs politiques, parce que les processus à l'œuvre sont multifactoriels, à l'image de l'écologie. C'est comme un puzzle où, dès qu'une pièce bouge, c'est l'ensemble des pièces qui bougent. C'est une sorte d'effet domino qui engendre une émergence infectieuse. Il n'est pas simple de comprendre comment le fait de couper un arbre peut rendre des gens malades. Et pourtant, c'est bien ce qui se passe. »

Les routes favorisent l'émergence de nouvelles maladies

« Bien sûr, que nous avons besoin de routes, mais si nous voulons éviter un effondrement global, la question est de savoir jusqu'où l'homme est autorisé à pénétrer dans les derniers espaces naturels, car tout est lié. » À cinquante-trois ans, Pierre Ibisch est professeur de « conservation de la nature » à l'université d'Eberswalde, une petite ville située au nord de Berlin. « Pour moi, le confinement n'a pas été un problème, m'a-t-il expliqué lors de notre entretien le 9 juin 2020. J'habite dans une maison au bord de la forêt, où je vais me balader tous les jours et que je traverse pour rejoindre le campus universitaire. Nous sommes à une demi-heure de la capitale, mais cette région est la moins peuplée d'Allemagne et l'une des plus forestières.

— D'où vous vient votre passion pour la forêt ?

— Je suis né dans le nord-ouest de l'Allemagne, près de la frontière danoise, dans une région où en revanche tous les arbres avaient pratiquement disparu, à l'exception de quelques bosquets ridicules que les grands exploitants agricoles avaient laissés pour se donner bonne conscience ! Quand j'étais gamin, mes parents m'emmenaient en excursion en forêt, où j'adorais attraper des grenouilles ou des serpents pour les observer. Voilà comment j'ai fait des études de biologie ! Je me suis d'abord intéressé aux animaux, puis je suis passé à la botanique grâce à un professeur extraordinaire qui m'a fait entrer dans l'univers fascinant des plantes.

— Y a-t-il une expérience qui a influencé votre carrière ?

— Tout à fait ! Pour ma thèse, j'ai fait un séjour prolongé en Bolivie dans la province d'Arque, entre Cochabamba et Uru. Je participais à un projet du ministère allemand de la Coopération et j'étais chargé de réaliser une évaluation écologique du secteur pour développer un programme nutritionnel. Et là j'ai appris beaucoup de choses qu'on ne m'avait pas enseignées à l'université. J'étais dans la région la plus pauvre de l'un des pays les plus pauvres de la planète, dans une vallée andine dont l'environnement était extrêmement détérioré. J'en ai tiré deux enseignements : 1) une fois qu'on a passé un certain point de bascule, la dégradation des écosystèmes est irréversible ; 2) on ne pourra pas préserver efficacement l'environnement sans régler la question de la pauvreté. J'ai été aussi très impressionné de constater que l'érosion des écosystèmes s'accompagne d'une érosion culturelle tout aussi dramatique. Je me souviens de virées que j'ai faites avec des *campesinos* avec qui je travaillais. Nous sommes allés dans d'autres vallées où la forêt primaire avait été épargnée : ils n'en croyaient pas leurs yeux ! Là j'ai compris que si on ne fait pas soi-même l'expérience de la biodiversité, on ne peut rien savoir de ses bienfaits ni développer de vision pour la préserver. Résultat : on est condamné à la pauvreté.

— Est-ce que la pandémie de covid-19 était prévisible ?

— Évidemment ! Car elle est le produit d'une chaîne d'événements d'origine anthropique qui nous rendent très vulnérables, comme l'étaient les paysans boliviens de ma vallée dégradée : la pression sur les écosystèmes, la densité de population, la globalisation et notre mode de vie hypermobile. Cette pandémie est le fruit de notre relation avec la nature et de notre invasion obsessionnelle de l'environnement.

— J'ai été surprise de lire dans l'un de vos articles que 80 % de la surface terrestre étaient sans routes. C'est beaucoup ?

— En fait, de la surface terrestre il faut retirer de vastes territoires, qui n'ont certes pas de routes, mais qui ne sont pas très productifs biologiquement : les déserts du Sahara, les hautes montagnes, la région arctique ou la toundra. Pour le reste, les aires "sans routes" sont fragmentées en quelque 600 000 portions territoriales dont plus de la moitié ont une superficie inférieure à 1 kilomètre carré, et dont seulement 7 % sont supérieures à 100 kilomètres carrés. Depuis la publication de notre étude en 2016[13], nous avons réactualisé nos données en utilisant notamment OpenStreetMap, un service collaboratif de cartographie qui renseigne la moindre petite route ou piste. La situation est encore pire que nous ne le pensions car les aires sans routes se sont encore réduites de 5 %.

— Comment les routes affectent-elles la biodiversité ?

— Il y a toute une série d'effets directs ou indirects. Le premier, bien sûr, c'est la perte d'habitats naturels. Ensuite, les routes, encore plus si elles sont goudronnées, provoquent des microcrises climatiques, parce que le sol se réchauffe. De nombreux arbres meurent aux abords des routes. De plus, elles provoquent une fragmentation des communautés animales, voire leur disparition quand il s'agit de gros mammifères. D'une manière générale, pour fuir l'activité perturbatrice de la route, les animaux sont contraints de se déplacer et parfois de changer de comportement. Les oiseaux, par exemple, se mettent à chanter plus fort, pour être entendus en raison de la pollution sonore. Viennent ensuite les effets indirects : la route est toujours le prélude à des activités de déforestation, pour exploiter le bois, des ressources minières ou développer l'élevage ou l'agriculture. Elle permet aux hommes de s'installer, de chasser ou de braconner. C'est comme une maladie qui se déploie en une cascade d'événements affectant la santé des écosystèmes, des animaux et finalement des hommes.

— Quel est le lien entre les routes et les maladies infectieuses émergentes ?

— S'il n'y avait pas eu de routes ouvertes dans les forêts tropicales d'Afrique de l'Est, il n'y aurait probablement jamais eu d'épidémie de sida ou d'Ebola ! Car ce sont les routes qui permettent un contact de l'homme avec la faune dont l'espace vital se réduit. On sait aussi que certaines espèces d'insectes hématophages, tels les moustiques – vecteurs de maladies comme le paludisme, la dengue, le Zika ou le chikungunya –, profitent des routes pour coloniser de nouveaux environnements, notamment les zones urbaines d'où partent les routes. Sans oublier les gigantesques feux de forêt, dont les fumées déportées par les vents provoquent des maladies respiratoires dans les zones urbaines.

— Mais nous avons besoin de routes ?

— Je dirais plutôt : nous *avons eu* besoin de routes dans une partie de notre histoire. En Europe, où le réseau est déjà très développé, on continue de vouloir en construire, pour gagner dix petites minutes sur un trajet ! Quand on sait les dégâts que les routes causent pour la biodiversité et la fonctionnalité des écosystèmes, cela laisse perplexe… Quant aux régions tropicales, il est absolument indispensable de protéger les dernières aires sans routes. Si nous ne le faisons pas, nous exposons nos enfants à de graves dangers qui leur rendront la vie impossible. »

Le rôle des animaux domestiques dans la transmission des pathogènes

« Les animaux domestiques associés aux humains depuis très longtemps jouent un rôle central dans la transmission de pathogènes issus de la faune sauvage vers les humains, mais aussi vers d'autres animaux domestiques[14]. » Telle est la conclusion d'une étude publiée en 2014 par Serge Morand, Marie McIntyre et Matthew Baylis, directeur de la chaire d'épidémiologie vétérinaire à l'université de Liverpool.

Des animaux domestiques et des hommes

La domestication des animaux sauvages débute avec le chien, il y a plus de 17 000 ans, et peut-être à plusieurs reprises dans le continent eurasiatique. Mais c'est avec la révolution néolithique, il y a 12 000 ans, que la grande domestication émerge de manière indépendante dans plusieurs centres en Asie, Afrique et Amérique. La grande majorité des espèces sont domestiquées en Asie (la vache, le zébu, le yack, le cochon, le poulet, le canard...), laissant peu d'espèces pour l'Afrique (l'âne, la pintade, l'oie, le pigeon) et pour les Amériques (le lama, le cochon d'Inde, le dindon) et encore moins pour l'Europe (le lapin). Il ne faut pas oublier l'importance des espèces apprivoisées (le renne, l'éléphant) et des espèces commensales (rats, souris, moineaux) qui ont commencé leur association avec l'émergence des villages puis des cités agrariennes.

Le processus de domestication, souvent nommé syndrome de domestication, engendre un stress important pour des animaux dont les petits effectifs et la faible variabilité génétique favorisent les infections. La proximité de ces nouveaux compagnons avec les humains explique le passage d'agents infectieux, comme le cas d'un virus proche de celui de la peste bovine hébergé par le bétail et qui a émergé au VIe siècle avant notre ère pour donner la rougeole.

Les échanges infectieux ne se font pas que dans un sens. Les humains ont aussi donné des maladies infectieuses aux animaux lors de leur domestication. Ainsi, l'agent de la tuberculose bovine est issu de l'agent de la tuberculose humaine. Les premiers éleveurs ont transmis à leur bétail le bacille de Koch qui s'est ensuite adapté et a évolué pour donner une nouvelle espèce bactérienne chez le bétail.

« Comment avez-vous eu l'idée de faire cette étude ? ai-je demandé au chercheur français.

— J'ai lu *Plagues and Peoples* publié en 1976 par l'historien américain William McNeill, qui fut le premier à suggérer que l'acquisition des maladies infectieuses par les humains est en grande partie liée à l'histoire de la domestication animale. C'est dommage que ce bouquin ne soit pas traduit en français, car il est vraiment fascinant. Il montre comment au Moyen Âge les pestes empruntent les routes asiatiques de la soie et comment elles transforment l'économie de l'Eurasie ; et puis comment la circulation des pathogènes se globalise avec la colonisation des Amériques et la traite esclavagiste. Il dit finalement que les maladies infectieuses sont des éléments déterminants dans le cours de l'histoire humaine, qui est elle-même intimement liée à l'histoire de la domestication. Ce livre m'a conforté dans l'idée que l'écologie devait collaborer avec les sciences sociales, comme l'histoire, pour pouvoir se socialiser et s'humaniser ! (*Rires.*) En tout cas, je me suis dit qu'il fallait vérifier scientifiquement ce constat historique. J'ai commencé à rassembler les données et ça s'est parfaitement aligné. C'était magique ! (*Rires.*)

— Comment avez-vous procédé ?

— Avec mes collègues britanniques, nous avons constitué trois bases de données : la première recensait toutes les maladies zoonotiques connues et leur origine, la deuxième tous les pathogènes identifiés, et la troisième s'appuyait sur le travail des archéozoologues qui ont pu reconstituer les dates de la domestication des différents animaux, à travers les fouilles archéologiques. Au final, nous avons pu déterminer quels pathogènes étaient partagés par les humains et tel ou tel animal domestique. Nous avons conclu que le nombre d'agents en commun augmentait proportionnellement avec le temps de la domestication. »

« Les animaux domestiques constituent un pont épidémiologique entre les animaux sauvages et les humains, m'a expliqué de son côté le professeur Matthew Baylis lors de notre entretien le 19 juin 2020. Et les cochons jouent un rôle central dans le réseau infectieux que partagent humains et animaux domestiques. Lorsqu'un virus zoonotique trouve les clés pour passer aux porcs, c'est la voie royale pour son humanisation. Par ailleurs, si les cochons ou les poulets sont élevés de manière intensive, le pathogène est amplifié, avant de sauter à l'homme. C'est ce qui s'est passé avec les grippes H5N1 ou H1N1. »

Chaîne de production animale et marchés humides : l'exemple du SARS

« Je ne vous cacherai pas que je suis très déprimé... Si nous ne repensons pas radicalement notre rapport à la nature et aux animaux, nous entrerons dans une ère de confinement chronique qui nous coûtera très cher humainement et économiquement. » À soixante et onze ans, le professeur Malik Peiris est un virologue de renommée internationale. Né au Sri Lanka, il a obtenu son doctorat à l'université britannique d'Oxford, où il s'est fait remarquer pour ses travaux sur les mécanismes du virus de la dengue. En 1995, il a pris la direction de l'école de santé publique de l'université de Hong Kong, puis est devenu codirecteur d'un pôle de recherche de l'Institut Pasteur.

« J'ai lu dans un article du *Lancet Infectious Diseases* que vous avez toujours été fasciné par les microbes, lui ai-je déclaré lors de notre rencontre virtuelle dans son bureau de l'université de Hong Kong, le 5 juin 2020.

— C'est vrai ! m'a-t-il répondu avec un large sourire. J'avais quatorze ou quinze ans quand j'ai lu un livre sur la vie de Louis Pasteur, et j'ai dit à mes parents que je voulais suivre ses pas ! C'était sûrement un peu prétentieux, mais je ne regrette pas d'avoir eu cette ambition ! Ce qui me plaisait, c'était le fait de pouvoir avoir un énorme impact en étudiant et comprenant comment fonctionnent les microbes.

— Quel est le bilan de la pandémie à Hong Kong ?

— Pour l'heure, nous pouvons être satisfaits, puisque nous avons 1 080 cas et seulement quatre morts, pour une population de 7,5 millions d'habitants. Il faut dire que nous avons déjà connu la grippe H1N1 en 1997, puis le SARS en 2003 et la grippe H5N1 en 2009. Dès qu'est apparu le SARS-CoV-2 en Chine, les ministères de la Santé et de l'Agriculture, ainsi que notre université, ont immédiatement réagi. Dès que quelqu'un était diagnostiqué positif, il était systématiquement hospitalisé, et le reste de son foyer placé en quarantaine dans des hôtels ou centres de vacances réquisitionnés pour ça. Les animaux de compagnie étaient aussi pris en charge, le temps de la quarantaine. C'est ainsi que nous avons identifié, dès le début, deux chiens et un chat infectés par le coronavirus. Quant à la population, qui avait déjà traversé l'épidémie de SARS, elle a aussitôt adapté les mesures préconisées par le gouvernement : port du masque, hygiène des mains, distanciation sociale. Vu de Hong Kong, il est difficile de comprendre les réticences des Européens à se protéger ! Dès la fin janvier, notre université avait mis au point des tests de dépistage qui ont été fournis à cinquante pays à travers l'OMS. Nous avons mené une campagne de dépistage très agressive, ce qui a permis de limiter le nombre de cas avec des complications graves.

— C'est vous qui avez isolé le virus du SARS. Que sait-on aujourd'hui de la chaîne de transmission ?

— Dès que nous avons entendu parler en février 2003 de cette pneumonie inhabituelle, apparue dans la province chinoise du Guangdong, nous l'avons prise très au sérieux, car Hong Kong était géographiquement très proche. Le nouveau virus a été identifié sur deux patients et j'ai pu effectivement déterminer que c'était un coronavirus. Ce fut une grande surprise, car jusque-là les coronavirus n'étaient pas considérés comme des pathogènes humains. À partir de là, nous avons pu développer des tests de dépistage et stopper rapidement la chaîne de transmission, en isolant les personnes contaminées. Le virus du SARS était très différent de celui de la covid-19, qui est contagieux avant même que les personnes ne développent des symptômes et le reste quelques jours après les premiers symptômes. De ce point de vue, on peut dire – et nous l'avons signalé dès début février – que le SARS-CoV-2 se comporte comme le virus de la grippe, ce qui rend son contrôle plus difficile.

— Comment votre collègue Guan Yi a-t-il découvert le virus sur des civettes palmistes masquées ?

— Nous avons très vite compris que ce nouveau virus n'était pas issu d'une manipulation de laboratoire, mais qu'il était d'origine animale. Mais de quel animal provenait-il ? Guan Yi est allé acheter des animaux sur le marché humide de Shenzhen, dans la province du Guangdong, d'où était partie l'épidémie. Il a finalement identifié un virus très proche du SARS sur trois civettes palmistes masquées et deux chiens viverrins. »

Apparentée aux mangoustes, la civette palmiste masquée (*Paguma larvata*) est un petit animal nocturne et arboricole, vivant dans les forêts de l'Asie du Sud. Elle doit son nom aux taches blanches qui mouchettent sa tête. Omnivore, son goût pour les fruits lui vaut le surnom de « *guo zi li* » (renard des fruits) en Chine, où sa chair est traditionnellement consommée au début de l'hiver car elle protégerait des rhumes et de la grippe. Longtemps réservée à une élite, sa consommation a explosé. Conséquence : elle est chassée dans toute son aire de répartition naturelle (Inde, Indonésie et sud de la Chine) pour alimenter les marchés humides chinois, ces marchés d'animaux vivants dont on a beaucoup parlé après l'émergence de la covid-19. Pour faire face à la demande, le petit mammifère, qui est en danger d'extinction, est aussi élevé dans des fermes installées aux abords des grandes villes chinoises.

« Des collègues de Chine continentale ont testé des civettes provenant de ces fermes d'élevage, m'a expliqué le professeur Peiris, mais ils n'ont pas trouvé le coronavirus. Nous en avons conclu que les civettes, comme les chiens viverrins, ne constituaient qu'un hôte intermédiaire du virus. Ce n'est que plus tard que, quasiment au même moment, une équipe de mon université et une autre de l'Institut de virologie de Wuhan, dirigée par ma consœur Zengli Shi, ont déterminé que le réservoir naturel du coronavirus était une chauve-souris rhinolophe, encore appelée "fer à cheval" en raison de la forme de son nez.

— Mais les civettes sont consommées en Chine depuis des centaines d'années. Comment expliquez-vous qu'elles représentent soudainement un danger sanitaire ? ai-je demandé.

— De fait, de tout temps, les civettes ont été considérées comme du gibier, au même titre que les sangliers pour les populations européennes. Mais leur consommation était locale : à l'entrée de l'hiver, les villageois allaient les chasser en très petites quantités et les mangeaient sur place, de même d'ailleurs que les chauves-souris. Il est possible qu'il y ait eu des cas d'infection et que quelques rares personnes en soient décédées, ce qui signait aussi la mort du virus. Rien à voir avec aujourd'hui. Les transformations économiques de la Chine ont poussé des millions de personnes à s'installer dans la province du Guangdong, dont la capitale Canton est l'un des moteurs industriels et commerciaux du pays. Il faut nourrir toutes ces familles qui sont majoritairement d'origine paysanne et qui auparavant connaissaient une certaine autosuffisance alimentaire. Pour faire face à la demande, s'est développée une véritable industrie alimentaire, dont les marchés humides constituent les piliers. Ces énormes plaques tournantes sont alimentées par une multitude de petits producteurs, grossistes, voire des braconniers et trafiquants : on y trouve des mollusques, crustacés et poissons, qui côtoient toutes sortes d'animaux domestiques et sauvages, comme des scorpions, amphibiens, reptiles, oiseaux, civettes ou pangolins. Tous ces animaux ont été transportés sur de longues distances, malmenés, puis entassés dans des conditions de promiscuité et de stress extrêmes, qui favorisent l'excrétion et la transmission de pathogènes. D'ailleurs, en 2003, nous avions constaté que 20 % du personnel qui travaillait dans ces marchés présentaient des anticorps au virus du SARS. C'est la massification de la production animale qui est à l'origine des émergences infectieuses, comme d'ailleurs celles de la grippe aviaire. Si vous y ajoutez la destruction de l'environnement et la globalisation des échanges, vous avez un cocktail qui conduit inéluctablement à des pandémies. »

Les élevages intensifs augmentent les risques de pandémie de grippe

Ma première conversation avec Malik Peiris a duré très exactement une heure et vingt minutes. Nous avons dû l'interrompre car le chercheur avait un autre rendez-vous. Du coup, nous nous sommes parlé une seconde fois, deux jours plus tard. Je dois dire que je buvais du petit-lait, car la précision de ses propos – comme ceux de Serge Morand ou de la plupart des scientifiques que j'ai interviewés pour ce livre – me faisaient du bien : loin du discours anxiogène qui prévalait depuis l'émergence de la covid-19, ils remettaient de la cohérence dans les désordres qui nous assaillent.

« Pourquoi m'avez-vous dit que la grippe aviaire et le SARS présentaient des mécanismes d'émergence similaires ? ai-je demandé.

— D'abord, il faut savoir que les virus grippaux comptent huit segments de gènes qui peuvent se combiner de multiples manières, en donnant des souches différentes comme H1N1, H5N1 ou H7N9. Dans tous les cas, un certain nombre de ces gènes proviennent de sauvagines, c'est-à-dire de canards et oies sauvages. Pour la grippe H5N1, qui a débuté à Hong Kong en 1997, nous avons pu reconstituer le parcours du virus : il provenait de canards sauvages qui avaient transité par le lac de Poyang, la plus grande réserve d'eau douce chinoise. Chaque année, plus de 500 000 oiseaux migrateurs font une halte sur ce lac, situé dans la province du Jiangchi dans le sud de la Chine. Malheureusement, un certain nombre d'entre eux sont capturés et élevés en captivité avec des canards et oies domestiques, car leur chair est très prisée. C'est dans ces fermes d'élevage qu'a eu lieu le premier échange viral. Ensuite, les oiseaux sont vendus à des grossistes qui les stockent avec des poulets, avant de les vendre aux marchés humides ou de volaille vivante un peu partout dans le pays. Ce brassage favorise la transmission du virus mais aussi son amplification et son adaptation à d'autres espèces animales, y compris humaine.

— D'où vient cette habitude asiatique de vendre les poulets et autres animaux vivants ?

— Des collègues de l'université de Hong Kong ont mené une enquête à ce sujet. Ils ont demandé à des clients des marchés de volaille vivante de l'ancienne colonie britannique pourquoi ils n'achetaient pas les poulets dans les supermarchés. La réponse fut que le goût de la volaille achetée vivante est meilleur. Cela n'est pas impossible car, dans la cuisine chinoise, la viande est peu cuite. Ils ont posé la même question à des clients de la province du Guangdong et la réponse fut différente : pour eux, la raison essentielle était liée à la sécurité alimentaire. Cela peut aussi se comprendre, car en Chine les conditions d'hygiène et la chaîne du froid peuvent être aléatoires… En 2016, j'ai publié une étude qui montre l'efficacité des mesures prises en 2008 à Hong Kong pour limiter le risque grippal[15] : les marchés de volaille vivante sont toujours autorisés, mais les animaux ne sont pas autorisés à rester sur place pendant la nuit. De même, pour enrayer la circulation du virus, on peut introduire un jour hebdomadaire de fermeture totale du marché, ce qui permet de faire un vide sanitaire très efficace.

— Quel est le rôle des élevages intensifs de poulets pour le risque de pandémie de grippe ?

— Il est énorme, m'a répondu sans hésiter le professeur Peiris. D'abord, parce que les poulets des grands élevages sont des clones du point de vue génétique. Quand un virus y pénètre, il peut se transmettre très facilement, puis contribuer à la création de souches très virulentes. Par ailleurs, il peut facilement voyager en raison du mode de production industriel, qui déplace les animaux sur de grandes distances. »

Cet avis est partagé par Benjamin Roche, un chercheur de l'Institut de recherche pour le développement (IRD) basé au Mexique depuis 2017 (j'y reviendrai). En 2009, alors qu'il travaillait à l'université du

Michigan (États-Unis), il a conduit une recherche sur la grippe aviaire. En mars de cette année-là, un foyer de grippe avait été détecté dans l'un des plus grands élevages industriels de porcs mexicains, à Gloria, dans l'État du Veracruz. « Pour une pandémie de grippe, il y avait deux régions du monde qui faisaient peur à tout le monde, m'a-t-il expliqué le 26 mai 2020, à savoir l'Asie du Sud-Est – tout particulièrement le Viêtnam et la Thaïlande – et le Mexique, où sont concentrés d'énormes élevages de porcs et de poulets, avec à proximité des concentrations de populations extrêmement élevées. Finalement ce fut le Mexique, avec la grippe H1N1.

— Quelle était la caractéristique de ce virus ? ai-je demandé.

— C'était une construction assez rare avec une recombinaison de séquences génétiques issues de grippes porcine, aviaire et humaine. En fait, la grippe est une maladie qui circule depuis très longtemps. D'une année sur l'autre, on peut avoir un changement graduel du virus, qui fait que les humains sont partiellement protégés grâce à une immunité croisée acquise lors de l'exposition aux précédentes souches saisonnières. Mais, avec le virus H1N1, il y a eu ce qu'on appelle un "shift antigénique", c'est-à-dire qu'il y a eu un tel changement dans la structure génétique du virus que les anticorps précédemment développés par la population ne servaient à rien. Comme tous les virus de grippe, celui-ci provenait d'oiseaux sauvages, qui constituent des sortes de banques virales très diversifiées. Tout indique qu'il s'est introduit dans des élevages industriels de poulets, dont l'uniformité génétique contribue à la fabrication de souches hautement pathogènes. Mais s'il tue beaucoup de poulets, un virus aviaire virulent ne saute pas forcément chez l'homme, car les systèmes immunitaires sont très différents. Pour que ce passage ait lieu, il faut un hôte intermédiaire, et pour cela le porc est idéal, car il a des récepteurs antigéniques qui marchent à la fois pour les oiseaux et pour les humains. Donc pour qu'il y ait une pandémie de grippe, comme en 1918 lors de la grippe espagnole, ou en 1967, 1972 et 2009, il faut un virus qui circule chez les oiseaux – sauvages puis d'élevage –, qui saute chez le porc, puis chez les humains. Là, ça devient un virus transmissible qui part en flambée. »

3

Les liens entre la biodiversité et les maladies infectieuses émergentes

« Les trois quarts de la planète sont sous domination humaine et en état de dégradation parfois très avancée. Les scientifiques sont très inquiets, voire découragés, car l'érosion de la biodiversité s'accélère et, pour de nombreuses espèces, on s'approche d'un point de non-retour. Ce qui manque, c'est la véritable prise de conscience politique et citoyenne que, si la biodiversité disparaît, l'humanité disparaîtra avec elle… » À soixante ans, Anne Larigauderie est secrétaire exécutive de la Plateforme intergouvernementale d'expertise sur la biodiversité et les services écosystémiques (IPBES), créée en 2012 sur le modèle du GIEC (Groupe d'experts intergouvernemental sur l'évolution du climat). En mai 2019, cent cinquante experts en sciences naturelles et sociales, issus de cinquante pays et appuyés par deux cent cinquante scientifiques d'autres disciplines, ont rendu un premier rapport de 1 700 pages qui faisait la synthèse de 15 000 références bibliographiques sur l'état de la biodiversité.

La sixième extinction des espèces

Et le volumineux document fait froid dans le dos : 1 million d'espèces animales et végétales sont menacées d'extinction (sur 8 millions recensées), dont un quart des mammifères, un sixième des oiseaux, un tiers des amphibiens, des mammifères marins et des récifs coralliens. « Le taux d'extinction des espèces est inédit dans l'histoire de l'humanité », notent les auteur(e)s, qui confirment que nous sommes entrés dans la « sixième extinction de la biodiversité »[a]. La cause est clairement identifiée : l'activité humaine qui a déjà profondément altéré 75 % de la surface terrestre, 66 % des océans et plus de 85 % des zones humides, et provoqué un dérèglement du climat, lequel accélère l'érosion de la biodiversité. Sans précédent, cette pression anthropique sur les écosystèmes a fait basculer la planète dans une nouvelle ère géologique, baptisée anthropocène – l'« ère de l'humain » –, car l'impact de l'homme sur la biosphère est tel qu'il constitue désormais la principale « force géologique » capable de provoquer des changements environnementaux qui affectent tous les domaines de la vie, à commencer par la diversité des espèces (voir chapitre 6).

Impossible de retranscrire ici toutes les informations fournies par les experts. Je n'en retiendrai que quelques-unes, glanées au fil des pages : en 2018, la population humaine a augmenté de 105 % depuis 1970, pour passer de 3,7 à 7,6 milliards d'habitants ;

---

a Due probablement à la chute d'un astéroïde dans le golfe du Mexique, la dernière (et cinquième) extinction massive des espèces a eu lieu il y a 65 millions d'années et a entraîné la disparition de 62 % des espèces, dont celle des dinosaures.

chaque année, les humains extraient 60 milliards de tonnes de ressources renouvelables et non renouvelables, soit une hausse de 100 % depuis 1980 ; la superficie des zones urbaines a crû de 100 % depuis 1992 ; 33 % de la surface terrestre et 75 % des ressources en eau douce sont consacrés à l'agriculture ; d'ici à 2050, 25 millions de kilomètres de routes goudronnées devraient être construits, principalement dans les pays du Sud ; et entre 2002 et 2013, 2 500 conflits pour l'accès aux combustibles fossiles, à l'eau, la nourriture et la terre ont eu lieu dans le monde, lors desquels un millier de journalistes et militants écologistes ont été tués.

« Le constat est dramatique, m'a expliqué lors de notre entretien, le 9 juillet 2020, l'écologue Anne Larigauderie, spécialiste en biologie végétale, qui a dirigé le comité scientifique de Diversitas, un programme onusien de recherche sur la biodiversité créé en 1991. Pourtant, notre rapport montre que, dès qu'on prend des mesures de conservation, ça marche ! Par exemple, la mise en place de politiques de gestion durable de la pêche a permis de réduire le pourcentage de stocks de poissons surexploités dans les eaux atlantiques et baltiques de l'Union européenne de 94 % en 2007 à 41 % en 2014. De même, le rythme de destruction des zones humides européennes, dont la superficie a diminué de moitié depuis 1970, a marqué le pas, grâce à la mise en œuvre de mesures de conservation contraignantes.

— Vous êtes l'initiatrice de l'IPBES, comment vous est venue cette idée ?

— Avec des collègues scientifiques, nous avons fait un constat : la convention sur la diversité biologique, qui a été signée à Rio de Janeiro en 1992, ne disposait pas d'un outil scientifique indépendant permettant de fournir aux gouvernements une synthèse des connaissances sur la biodiversité. Curieusement, ce dispositif existait pour la Convention sur le climat, signée au même moment : c'est le GIEC, dont le travail d'expertise peut guider l'action publique d'une manière solide, rationnelle et quantifiée. En l'absence de cette évaluation globale, validée par les gouvernements, les questions sur la destruction de la biodiversité se perdaient toujours en conjectures – c'est la faute à la pollution, au climat, etc. – qui freinaient toute possibilité d'agir. Or les publications sur la biodiversité ont explosé ! Le but de l'IPBES est de servir de lien entre la science et le politique, mais aussi les citoyens, qui ont besoin d'être informés. On l'a vu avec la convention citoyenne pour le climat, mise en place en 2019 par le président Macron. Les cent cinquante membres tirés au sort n'avaient pas *a priori* la fibre verte, mais ils l'ont acquise au fur et à mesure qu'ils ont découvert l'ampleur du problème.

— En octobre 2010, vous êtes montée à la tribune de la Convention sur la diversité biologique réunie à Nagoya (Japon) pour proposer la création de l'IPBES. Quelles furent les réactions ?

— Ce ne fut pas un long fleuve tranquille ! m'a répondu en souriant Anne Larigauderie. Il y eut même pas mal de résistances ! Certains gouvernements ont argué qu'il y avait déjà eu en 2005 l'"évaluation des écosystèmes pour le millénaire" sous les auspices de l'ONU, qui avait fourni un premier état des lieux sur la biodiversité. Mais l'idée était justement de créer un dispositif permanent qui permette de réévaluer régulièrement les connaissances, pour éviter la tentation de s'endormir sur ses lauriers ! Certaines organisations de conservation ne voyaient pas non plus cette initiative d'un bon œil, car elles craignaient de perdre une partie de leurs financements, ce qui est un peu triste… Mais, finalement, la qualité de notre premier rapport, qui a été approuvé mot pour mot par cent cinquante pays, a connu un important retentissement. Nos experts ont témoigné devant les parlements, comme le Congrès américain. Ils ont participé à de nombreuses émissions de télé ou de radio. Du coup, on a vu apparaître le thème de la biodiversité sur les banderoles brandies lors des manifestations pour le climat, ce qui est pour moi une priorité, car le dérèglement climatique et l'extinction de la biodiversité ont les mêmes causes anthropiques.

— Quel fut l'impact de la pandémie de covid-19 ?

— Il fut très important ! L'IPBES a été saisi par cent trente-sept gouvernements, qui nous ont demandé de faire un rapport spécifique sur le lien entre les pandémies et la biodiversité. Nous avons aussitôt lancé un appel à nomination d'experts qui ont été choisis par le comité scientifique de l'IPBES en accord avec les gouvernements. Ils vont participer à un *workshop* organisé en ligne du 27 au 30 juillet 2020. Il y aura deux volets : "Origine des zoonoses" et "Options pour l'action". Le rapport qui s'appuiera sur l'audition des experts, mais aussi sur l'énorme corpus scientifique existant, doit être publié à l'automne 2020.

— Quelles sont les motivations des dirigeants des États qui ont saisi l'IPBES ?

— Beaucoup sont désemparés, car le fait qu'il puisse y avoir un lien entre la biodiversité et l'émergence de maladies infectieuses ne fait pas du tout partie de leur mode de pensée. C'est même une vraie surprise. Dans nos sociétés modernes, la santé, c'est la médecine : quand on a un problème de virus, on essaie de le contrôler en investissant massivement dans la recherche d'un vaccin, mais on ne se soucie pas de savoir d'où vient cette maladie. L'idée que la santé des humains soit liée à celle de l'environnement est largement méconnue dans les instances dirigeantes. Cela explique pourquoi les travaux menés par des scientifiques comme Serge Morand, Jean-François Guégan ou Rodolphe Gozlan, pour ne citer que la France, ont été longtemps ignorés et très mal financés. La pandémie de covid-19 a clairement ouvert une porte.

— Comment expliquez-vous que la biodiversité, sans laquelle aucune vie sur terre n'est possible, soit si peu valorisée ?

— Pendant longtemps, en effet, on considérait que la biodiversité relevait des seules sciences naturelles. On pensait au Muséum d'histoire naturelle ou à la taxinomie : on mesurait la taille de certaines populations d'oiseaux ou de plantes, en considérant que finalement tout cela était un peu à l'extérieur de nous, même si – soit dit en passant – ce n'était pas l'avis des dirigeants du Muséum !

— On considérait aussi que la biodiversité était à notre disposition *ad vitam aeternam* ?

— Tout à fait ! La doxa qui a longtemps prévalu, c'est que la diversité biologique, à l'instar de l'air et de l'eau, était un bien commun infini qui n'a donc pas de valeur, car tout le monde peut se servir à volonté.

À l'image de l'océan, archétype de la ressource infinie. Or le rapport de l'IPBES a montré qu'aujourd'hui seuls 3 % de l'océan peuvent être considérés comme sauvages. 3 % ! Petit à petit, nous découvrons que non seulement la biodiversité n'est pas infinie, mais qu'elle est même menacée de disparition. En d'autres termes, c'est parce qu'elle devient rare que nous prenons conscience de sa valeur. C'est triste, et on ne peut qu'espérer que nous saurons prendre rapidement les mesures nécessaires avant qu'il ne soit trop tard... »

Biodiversité : un concept récent

« Jusqu'au début des années 1980, la biodiversité n'existait pas, ni pour les politiques ni pour le grand public ! Ce n'était pas non plus une préoccupation des scientifiques, à l'exception de quelques pionniers qui n'intéressaient pas grand monde. » À ces mots, Bruce Wilcox s'est levé de son siège et a momentanément disparu de mon écran d'ordinateur. Il s'est dirigé vers la bibliothèque qui tapissait le mur derrière lui. Puis il s'est rassis, en exhibant deux livres. « Le premier à avoir utilisé l'expression "diversité biologique" est Ray Dasmann, un professeur d'écologie (1919-2002), considéré comme l'un des fondateurs du mouvement de protection de la nature, qui a participé à la création du programme sur l'homme et la biosphère de l'Unesco. En 1968, il a publié ce livre, intitulé *A Different Kind of Country*[1], où il parle de diversité biologique », m'a expliqué le chercheur américain, qui vit en Thaïlande depuis dix ans.

Puis il a brandi le second livre : « L'expression est entrée dans le domaine scientifique grâce à cet ouvrage, intitulé *Conservation Biology. An Evolutionary-Ecological Perspective*, que j'ai codirigé en 1980 avec Michael Soulé (1936-2020), qui fut mon maître à penser[2]. Nous l'avons écrit à l'issue d'une conférence qui avait réuni des écologistes et des biologistes à l'université du Michigan. Quelques années plus tard, nous avons cofondé la Société pour la biologie de conservation, ainsi que la revue *Conservation Biology*. Dans l'introduction du livre, mon collègue Thomas Lovejoy utilise l'expression "diversité biologique". Celle-ci sera contractée en "*biodiversity*" en 1985 par un autre collègue, le botaniste Walter Rosen, alors qu'il préparait le Forum national sur la diversité biologique, organisé en 1986 à Washington par l'Académie des sciences des États-Unis. Les actes de ce colloque ont été publiés en 1988 par l'entomologiste Edward Wilson dans un livre intitulé *Biodiversity*. »

À soixante-douze ans, Bruce Wilcox est un puits de science intarissable, avec qui j'ai échangé plus de deux heures, ce 8 juin 2020. L'homme a tout vu, tout lu et tout entendu, et il porte un regard très acerbe – d'aucuns diront sans concession – sur le monde de la recherche, y compris sur la biologie de la conservation, la discipline qu'il a pourtant portée sur les fonts baptismaux. Après des études d'écologie et de biologie de l'évolution, il a enseigné à l'université de Stanford, avant de diriger la chaire d'écologie et de la santé – la première des États-Unis – à l'université d'Hawaii. Il a pris sa retraite en 2011 et s'est installé en Thaïlande, où il collabore à des programmes de recherche pilotés par l'OMS.

« Y a-t-il un événement qui a marqué votre carrière ?

— Absolument ! C'est le livre d'Eugene Odum (1913-2002), *The Fundamentals of Ecology*, paru en 1953 et traduit en de nombreuses langues, que j'ai lu et relu, tant il fut une source d'inspiration[3]. Odum y introduit le concept d'écosystème qui m'a aidé à sortir du réductionnisme caractérisant alors la science, y compris l'écologie. C'est grâce à lui que j'ai compris aussi que la conservation n'a aucun sens si on ne tient pas compte des communautés humaines qui vivent et cohabitent avec les espèces qu'on veut protéger !

— En 1982, vous avez été le premier à définir ce qu'est la diversité biologique. Comment avez-vous procédé ?

— Dans le livre qu'il a publié en 1968, Ray Dassman parlait certes de diversité biologique mais n'en donnait aucune définition, m'a répondu Bruce Wilcox. J'ai reçu une lettre de Jeffrey McNeely, qui était alors le chef des scientifiques de l'IUCN (Union internationale de la conservation de la nature). Il m'a demandé d'écrire un article pour le congrès mondial des parcs nationaux, organisé à Bali (Indonésie) en octobre 1982, afin de proposer une définition de ce qu'il appelait alors la "diversité génétique". Il faut bien comprendre le contexte : en 1976, l'Unesco, sous la houlette de Ray Dassman, avait développé le concept de réserve de biosphère, dont le but était de promouvoir une gestion durable de la nature, en s'appuyant sur une démarche scientifique. L'objectif que nous partagions tous à l'époque était de protéger strictement 10 % de la superficie d'un pays dans des parcs nationaux, où les humains n'étaient pas autorisés à habiter ni vivre. Autour de chaque aire centrale intouchée, il y avait une zone tampon où pouvaient se développer des activités forestières ou agricoles, mais à petite échelle et avec un mode de gestion durable. La question qui se posait alors était de savoir, et donc de définir, ce que nous voulions protéger dans les aires centrales. À l'époque, on parlait de ressources génétiques, issues des règnes animal et végétal. On évoquait les espèces que l'on considérait comme sensibles, telles que les grands mammifères – tigres ou éléphants. Mais tout cela était très flou !

« Je me suis donc lancé dans un travail de classification des ressources génétiques, en suivant l'exemple de Carl von Linné (1707-1778), ce naturaliste suédois qui a inventé la nomenclature binominale[a]. Comme lui, je me disais que, pour donner une définition de la diversité biologique, il fallait d'abord que j'en répertorie les éléments constituants. Je me suis aussi inspiré d'Eugene Odum en intégrant le concept d'écosystème, qui permet d'avoir une vision beaucoup plus large que la simple taxinomie, en incluant les interactions qui existent entre les différents niveaux d'organisation des systèmes naturels. Finalement, la définition que j'ai proposée fut (je cite de mémoire) : "La diversité biologique désigne la variété de toutes les formes de vie, à tous les niveaux des systèmes biologiques, c'est-à-dire au niveau des molécules, des organismes, des populations, des espèces et des

a Cette nomenclature est fondée sur la combinaison de deux mots servant à désigner une espèce : le premier caractérise le genre, le second, lié au premier, détermine l'espèce au sein de ce genre. Exemple : la chauve-souris grand fer à cheval, réservoir du SARS, est appelée *Rhinolophus ferrumequinum*.

écosystèmes." Cette définition, qui a été publiée avec mon article dans les actes du congrès mondial des parcs nationaux[4], a été reprise par l'ONU.

— Pourquoi avez-vous dit récemment que le concept de biodiversité est réductionniste et qu'il représente une construction sociale occidentale ?

— Parce que ceux qui l'ont conçu, comme moi, étaient des Occidentaux ! À l'époque, nous n'avons pas tenu compte de l'expérience ni des valeurs, et encore moins des besoins, des populations qui dépendent de la biodiversité pour vivre. Fort heureusement, certains d'entre nous – en particulier ceux qui vivent dans les régions tropicales –, mais aussi l'Unesco, s'en sont rendu compte, mais quel temps perdu ! En fait, les spécialistes de la conservation, dont je faisais partie, ont fait preuve, au minimum, d'une incroyable naïveté : nous avons été incapables d'anticiper l'ampleur des dégâts qui allaient venir, car nous étions trop déconnectés de la réalité des gens qui doivent vivre et survivre dans les régions tropicales. Aujourd'hui, dans tous les pays du Sud-Est asiatique, les petits paysans exercent une énorme pression sur les parcs nationaux, parce qu'ils doivent abandonner les cultures traditionnelles – celles qui nourrissent leurs concitoyens –, qui ne sont pas assez rémunérées. Ils ont besoin de terres pour planter des cultures de rente, qui, elles, sont soutenues par les gouvernements, comme le sucre, qui sera exporté, ou le maïs qui servira à nourrir les usines à poulets. Allez leur parler de protection de la biodiversité ! On ne pourra jamais protéger efficacement la biodiversité si on ne résout pas la question de la pauvreté et si on ne revoit pas de fond en comble le système économique qui génère cette pauvreté. »

La nécessité de rétablir le lien entre la santé et l'environnement

« En 2005, vous avez publié un article affirmant : "Les épidémies de maladies infectieuses précédemment inconnues représentent l'un des problèmes scientifiques les plus difficiles auxquels la société est confrontée aujourd'hui[5]." Que vouliez-vous dire ?

— Cet article a été publié dans l'un des premiers numéros de la revue *EcoHealth* que j'ai créée en 2004, précisément pour traiter ce type de questions, m'a répondu Bruce Wilcox. L'idée était d'encourager la recherche interdisciplinaire entre les sciences de l'écologie et de la santé, en privilégiant les études de terrain. C'était juste après les épidémies de SARS et de la grippe H5N1. Il s'agissait de promouvoir une vision holistique qui intègre les processus biologiques depuis le niveau moléculaire jusqu'à la dynamique comportementale des écosystèmes dans laquelle est imbriquée la relation entre les pathogènes et leurs hôtes, en relation avec les changements démographiques, sociaux et environnementaux. Dans l'article que vous citez, nous prenons l'exemple du choléra qui nous paraissait un excellent cas d'école pour la compréhension des mécanismes conduisant à l'émergence ou à la réémergence de maladies infectieuses. À la fin des années 1990, des études ont en effet permis de sortir du modèle linéaire qui réduisait le choléra à un simple problème de transmission orale-fécale d'une bactérie aquatique à un hôte humain. Elles ont montré que d'autres facteurs pouvaient entrer en jeu, comme le changement climatique, la prolifération du zooplancton et le réchauffement de la surface des océans. En d'autres termes : les épidémies de choléra, comme celles de maladies infectieuses zoonotiques et vectorielles, sont liées aux altérations de l'environnement naturel et à des processus biologiques, sur lesquels les humains ont une influence grandissante.

— Dans votre article, vous parlez de biocomplexité. Qu'entendez-vous par là ?

— Contrairement à ce que les scientifiques pensent généralement, y compris certains écologues, il n'y a pas d'un côté les humains et, de l'autre, les écosystèmes. Non seulement les deux ne sont pas séparés, mais ils sont même intimement liés, car il y a très peu d'endroits sur la planète qui n'aient pas été touchés par l'homme. Dans son livre *Plagues and Peoples*, paru en 1976, l'historien William McNeill montre comment l'histoire des maladies infectieuses est corrélée à celle des changements sociaux et environnementaux causés par l'activité humaine, et *vice versa*. Il a identifié huit grandes ères infectieuses à travers les âges, comme celle de la petite vérole qui a décimé les populations aztèques, ou celle de la peste bubonique en Chine. La dernière, qu'il a ajoutée lors d'une édition augmentée de son ouvrage, concerne bien sûr le sida et les maladies infectieuses émergentes, caractéristiques de ce que j'appelle la *biocomplexité*, parce qu'elles sont le résultat du système complexe d'interactions entre les humains et la nature, en particulier la biodiversité. Or ce système n'est pas linéaire, mais adaptatif, c'est-à-dire qu'il

Peste et premières mondialisations

Le bacille de la peste est toujours bien présent dans les populations de marmottes des plaines d'Asie centrale. Il s'agit d'une bactérie du sol qui se transmet aux rongeurs par la puce. En se multipliant et en s'accumulant dans la partie antérieure de l'œsophage de la puce, elle empêche celle-ci de se nourrir. Affamée, la puce pique désespérément ses hôtes rongeurs, ou d'autres mammifères, facilitant la transmission de la bactérie.

La peste de Justinien est la première pandémie de peste connue et documentée. Probablement venue de Chine par les routes de la soie, elle sévit de 541 à 767 dans tout le Bassin méditerranéen. À son paroxysme, elle aurait tué près de 10 000 personnes par jour selon le contemporain Procope. Les estimations récentes suggèrent une mortalité de 15 % à 40 % de la population de l'époque. La peste de Justinien marque la fin de l'Antiquité et le début du monde médiéval. Les fouilles menées en 2012 dans une nécropole de Bavière confirment que l'agent infectieux était bien le bacille *Yersinia pestis* décrit par le médecin Alexandre Yersin en 1894 à Hong Kong (alors sous le nom de *Pasteurella pestis*).

Entre 1347 et 1353, la peste noire frappe à son tour la Méditerranée et l'Europe, tuant au moins un tiers de la population européenne. Les écrits de l'époque permettent de retracer l'itinéraire de l'épidémie à partir de son introduction dans la ville de Cafta, sur les bords de la mer Noire, lors de son siège en 1346 par les troupes tatares de la Horde d'Or.

La troisième pandémie de peste débute en Chine, probablement dans la province du Yunnan en 1867 ; elle gagne ensuite Canton, où près de 100 000 personnes décèdent, puis le port de Hong Kong et les Indes. Sa vitesse de propagation suit le développement de la marine à vapeur. Les bateaux se déplacent désormais suffisamment vite pour transporter des personnes ou des rats infectés avant leur détection et mise en quarantaine. La peste bubonique frappe l'Europe et l'Afrique du Nord, les Amériques et les îles du Pacifique. Les nouvelles routes commerciales du Pacifique lui ouvrent la voie vers Sydney en 1898 et vers San Francisco en 1899. Le bacille s'installe en Afrique australe, à Madagascar (les épidémies de peste y sont désormais récurrentes), en Amérique du Sud et aux États-Unis. L'épidémie de San Francisco permet au bacille de s'installer dans des populations de rongeurs sauvages, comme le chien de prairie.

provoque des réactions en chaîne, comme des propriétés émergentes, qu'on peut difficilement étudier ou prévoir dans un laboratoire. C'est pourquoi seul un retour au terrain des scientifiques visant à comprendre comment fonctionne l'interface humains-animaux-environnement nous permettra de quitter l'ère des maladies infectieuses émergentes. »

« Il est clair qu'il faut retourner aux fondamentaux, m'a dit de son côté l'écologue Jean-François Guégan. L'avènement de la biologie moléculaire et la sophistication des outils qui permettent de séquencer les virus ou n'importe quel micro-organisme dans un temps record ont contribué à une sorte d'amnésie, due à une vision réductionniste de la science. Depuis une trentaine d'années, les chercheurs en biomédecine ont oublié ce que savait un infectiologue comme Charles Nicolle (1866-1936) ou l'un des premiers disciples de Pasteur comme Émile Duclaux (1840-1904), à savoir qu'on ne peut lutter efficacement contre un agent pathogène sans connaître le milieu dont il est issu ni les conditions biologiques et environnementales qui favorisent sa transmission. Moi-même, dans les années 1970, j'ai été formé en parasitologie par des médecins qui étaient aussi de grands naturalistes et qui avaient cette culture du lien entre la biodiversité et les microorganismes. Je ne dis pas que le travail des virologues en laboratoire ne sert à rien, mais il ne peut être que complémentaire de la recherche de terrain.

— En 2018, vous avez cosigné un article sur la "pathogéographie"[6]. Est-ce qu'il y a une géographie des pathogènes ?

— Tout à fait ! m'a répondu sans hésiter Jean-François Guégan. Les zones intertropicales abritent beaucoup plus d'agents pathogènes que les régions septentrionales plus tempérées comme celles d'Europe ou d'Amérique du Nord. La raison est simple : il y a une corrélation positive entre la richesse en oiseaux et mammifères et celle des microorganismes que ces animaux abritent. En d'autres termes : les régions que l'on considère comme des hotspots de biodiversité sont riches en espèces animales et végétales, mais aussi en microorganismes de toutes sortes : virus, bactéries ou parasites. »

« Plus de biodiversité signifie plus de pathogènes, mais moins de biodiversité signifie plus d'épidémies infectieuses »

« Les pathogènes affectant les humains ne sont pas distribués au hasard sur la planète, m'a confirmé Serge Morand, qui représente avec Jean-François Guégan l'un des rares scientifiques français à avoir étudié cette question cruciale. La richesse en maladies infectieuses augmente depuis les latitudes élevées vers les zones tropicales et ce gradient latitudinal suit celui observé pour la biodiversité générale : plus on descend vers les tropiques, plus la richesse en vertébrés – oiseaux et mammifères –, mais aussi en pathogènes est grande.

— Comment êtes-vous parvenu à cette conclusion ?

— Les cartes, toujours les cartes ! m'a répondu le chercheur avec un enthousiasme contagieux. D'abord, j'ai découvert l'étude fondamentale dirigée par mon collègue américain Michael Gavin et publiée en 2010 dans *Proceedings of the Royal Society B*[7]. Il a recensé et géolocalisé les pathogènes humains connus ainsi que les maladies infectieuses et parasitaires déclarées pays par pays. Puis il a fait de même avec les mammifères et les oiseaux. Les deux cartes se superposent ! Je dis souvent à mes étudiants qu'il ne faut pas montrer ces cartes à des hommes politiques, car ils s'empresseraient de clamer : tuez-les tous ! (*Rires.*) »

Effectivement, la conclusion peut être tentante : si une biodiversité riche en oiseaux et en mammifères est associée à un grand nombre de maladies infectieuses potentielles, l'extinction massive de ces animaux sauvages devrait logiquement se traduire par une réduction des agents infectieux et donc du risque épidémique. Le déclin de la biodiversité serait donc une bonne nouvelle pour la lutte contre les pestes !

« Or c'est le contraire qui se produit, m'a expliqué Serge Morand. J'ai conduit une étude avec des collègues asiatiques pour comprendre comment la biodiversité affecte la distribution et l'émergence des maladies infectieuses en Asie et dans la région pacifique[8]. Pour cela, nous avons tenu compte de facteurs socio-économiques – comme la taille de la population, le niveau du PIB et celui des dépenses en santé publique –, de la géographie – la latitude et la superficie des pays –, du climat – les précipitations et la température – et des caractéristiques de la diversité biologique – comme la richesse en espèces de mammifères et d'oiseaux, la couverture forestière et les espèces de mammifères et d'oiseaux menacées d'extinction. Puis nous avons consulté les données de Gidéon et de l'OMS pour la période de 1950 à 2008 : nous avons identifié cent vingt-quatre épidémies déclenchées dans les pays asiatiques et du Pacifique, en constatant une augmentation constante du nombre d'émergences mais aussi des types de maladies, majoritairement zoonotiques. Il faut noter que le nombre d'épidémies est corrélé à l'augmentation des dépenses de santé, ce qui peut signifier une meilleure capacité de détection et de *reporting*, c'est-à-dire de signalement. Mais il n'empêche, nos résultats sont sans appel : le nombre total de maladies émergentes est positivement corrélé au nombre d'espèces de mammifères et d'oiseaux menacées d'extinction. Par ailleurs, le nombre de maladies infectieuses vectorielles est négativement corrélé à l'importance de la couverture forestière : il augmente lorsque celle-ci diminue. Dit autrement : les épidémies de zoonoses et de maladies à transmission vectorielle sont liées aux pertes de biodiversité, mesurées par le nombre d'espèces sauvages menacées ou par la densité du couvert forestier. Donc, si on résume : plus de biodiversité signifie plus de pathogènes, mais moins de biodiversité signifie plus d'épidémies infectieuses.

— Comment expliquez-vous ces résultats apparemment contradictoires ?

— La première explication avancée est que la perte de biodiversité, due à la fragmentation ou à la destruction des habitats naturels, favorise des contacts nouveaux entre les animaux sauvages et les humains. La seconde hypothèse est complètement contre-intuitive et fait l'objet de nombreuses études depuis une quinzaine d'années : si la biodiversité peut être considérée comme une source de danger, car elle héberge de nombreux pathogènes, la crise de la biodiversité s'accompagne de crises épidémiques, dues précisément à l'effondrement de la diversité des espèces animales qui joue le rôle de tampon pour la propagation des agents pathogènes. C'est ce qu'on appelle l'*effet dilution* ». Je suspends ici provisoirement cette démonstration de Serge Morand, car étant donné l'importance de cette « hypothèse » effectivement « contre-intuitive », je consacre tout le chapitre suivant à l'explicitation de cet « effet dilution ».

« Que répondez-vous à ceux qui vous disent que la corrélation entre le nombre d'épidémies infectieuses et celui des espèces menacées d'extinction ne signifie pas forcément un lien de causalité ? ai-je poursuivi.

— Je réponds que, pour comprendre le lien entre la biodiversité et les maladies infectieuses émergentes, on ne peut pas mener une étude à grande échelle, qui consisterait à manipuler des écosystèmes entiers ! En fait, les États d'Asie du Sud ne me donneront jamais l'autorisation ! C'est curieux, non ? (*Rires.*) Pour des raisons éthiques évidentes, je ne peux pas manipuler les épidémies humaines à ma guise ! En revanche, la perspective historique permet de constater des évolutions et de rapprocher des données, qui pourraient sembler ne présenter aucun rapport. Cela revient à travailler comme des épidémiologistes de la santé, qui mesurent et comparent plusieurs facteurs pour déterminer les causes de l'apparition d'une maladie. Une fois que ces causes potentielles sont définies et qu'elles apparaissent cohérentes, on peut, dans un second temps, tenter de mettre au jour les mécanismes à l'œuvre. Mais dans tous les cas, la démarche historique peut être très utile : par exemple, la Thaïlande a décidé de remonter sa couverture forestière, en plantant des monocultures d'hévéas. Ce n'est pas de la forêt, car il n'y a aucune biodiversité. Nous savons, par les corrélations que nous avons établies précédemment, que cela va entraîner une prolifération des moustiques tigres qui transmettent le virus chikungunya ou Zika. Nous pouvons donc émettre des mises en garde.

— Comment a été accueillie votre étude de 2014 ?

— Ni bien ni mal, parce qu'elle a été complètement ignorée ! (*Rires.*) En fait, c'est la pandémie de covid-19 qui a fait qu'elle est enfin citée !

— Comment l'expliquez-vous ?

— La première raison, c'est que mon étude concernait les épidémies en Asie du Sud-Est et – passez-moi l'expression – tout le monde s'en foutait ! Avec la covid-19, disons que la perspective a changé ! (*Rires.*) La seconde raison, c'est qu'en 2014 l'extinction de la biodiversité était encore un sujet tabou. Et parler du lien entre la destruction de la biodiversité et la santé était carrément iconoclaste. Comme pour le climat, nous avons en France, mais aussi aux États-Unis – Trump et son entourage en constituent un triste exemple –, de vrais négationnistes qui nient ou persistent à vouloir relativiser la réalité de l'impact des humains sur la nature. Je ne donnerai pas de noms…

— Si ! Donnez des noms !

— Il y a par exemple Christian Lévêque, un spécialiste des milieux aquatiques qui fut le directeur de thèse de Jean-François Guégan. Je me suis opposé à lui lors d'une intervention à l'Académie française d'agriculture : c'est un négationniste pur et dur de l'extinction de la biodiversité, qui a le culot de dire que des gens comme moi ne sont pas des scientifiques, mais des militants. Alors que j'ai publié mille fois plus que lui et que ce qu'il écrit dans ses bouquins, c'est de la politique pure ! (*Rires.*) Il y a aussi notre ancien ministre de l'Éducation nationale et de la Recherche, le philosophe Luc Ferry [voir introduction], ou encore la géographe Sylvie Brunel, qui a viré sa cuti en travaillant pour l'agrobusiness. Bref, tous ces gens sont nuisibles. Il est dommage qu'ils aient l'oreille de certains journalistes, parce qu'ils font perdre beaucoup de temps. »

Comment se transmettent les virus

Les virus sont des agents infectieux des cellules vivantes de toutes les formes de vie, des bactéries aux plantes et aux animaux. Un peu plus de 6 000 espèces de virus sont précisément caractérisées, mais leur nombre est estimé à plusieurs millions. Leur rôle est important dans les dynamiques écologiques, ainsi que dans la régulation des croissances bactériennes dans les écosystèmes marins.

En médecine, les virus de bactéries, appelés phages, sont utilisés comme antibiotiques dans les traitements contre les infections bactériennes. C'est l'étude des résistances des bactéries à l'infection par les phages qui a permis de découvrir le mécanisme de défense immunitaire adaptatif CRISPR-Cas à la base du développement des nouvelles techniques d'édition génétique. Des virus sont également employés en lutte biologique contre les insectes prédateurs des cultures.

Cependant, on connaît plutôt les virus comme des agents infectieux de nombreuses maladies comme la rage, la poliomyélite ou la variole. L'origine des infections virales est à rechercher d'abord dans l'évolution de la lignée humaine, comme les virus de l'herpès que nous avons acquis de nos ancêtres. Notre proximité évolutive et écologique avec les primates non humains a permis à de nombreux virus circulant chez ces derniers d'émerger chez les humains comme le virus de la fièvre jaune, celui de la dengue, et plus récemment ceux du chikungunya et du Zika. Les primates non humains africains sont les réservoirs naturels de ces virus membres de la famille des *Flaviviridae*. La transmission se fait par l'intermédiaire de moustiques, dont des espèces du genre *Aedes*, qui ont bénéficié du commerce international pour coloniser la planète.

L'autre grande partie des virus infectieux chez les humains a émergé durant la domestication animale ; c'est le cas de celui de la rougeole, apparenté au virus de la peste bovine. Les animaux domestiques sont également des ponts épidémiologiques, ou des hôtes intermédiaires, entre des virus circulant dans la faune sauvage et les humains. Ainsi, les virus influenza des pestes aviaires qui peuvent se recombiner avec des virus influenza circulant chez les animaux domestiques à l'origine d'épidémies récurrentes de grippe chez les humains.

Rencontre avec un chasseur de virus, spécialiste des chauves-souris

« Vous êtes ce qu'on appelle un chasseur de virus ? » La question a fait sourire Gaël Maganga, qui s'apprêtait à me répondre, ce 22 mai 2020, quand la liaison Skype a coupé. « J'ai dû me coller à la box, m'a dit quelques instants plus tard le chercheur gabonais, car à Franceville et dans pas mal d'endroits du Gabon, la réception d'Internet est un peu aléatoire… Je suis effectivement virologue. Mon travail consiste à effectuer une surveillance de la circulation du virus Ebola chez les animaux sauvages, comme les chauves-souris ou les primates, mais aussi chez le gibier que les Européens appellent “viande de brousse”, comme les petits singes, porcs-épics, gazelles, antilopes qui sont des espèces autorisées à la consommation.

L'une de mes activités principales est de capturer des chauves-souris dans les grottes de la forêt tropicale : j'effectue des prélèvements de salive, fèces et sang, afin de détecter les virus qu'elles hébergent, avec en tête Ebola et les coronavirus. Je fais également une veille chez les grands singes : les ouvriers des chantiers forestiers et les ONG de la conservation qui travaillent dans les parcs nationaux me préviennent dès qu'un gorille ou un chimpanzé est retrouvé mort, pour que je puisse identifier une éventuelle maladie. Nous sommes inquiets d'une possible propagation du SARS-CoV-2, mais aussi de la résurgence d'Ebola qui a déjà décimé les populations de primates. D'ailleurs, lors des épidémies au Gabon en 1994 et 1996, les cas humains ont été précédés d'une forte mortalité chez les singes. La faune est une vraie sentinelle pour les maladies infectieuses.

« Pour revenir à votre question, j'ai du mal à dire que je suis un "chasseur de virus", car je trouve ça un peu péjoratif. Grâce à l'influence de Serge Morand, qui fut mon codirecteur de thèse, je me considère comme un écologue de la santé. J'étudie aussi les facteurs écologiques et épidémiologiques qui président à la propagation d'un virus à partir de son réservoir. »

À quarante ans, Gaël Maganga affiche déjà une belle carrière. Après des études de vétérinaire à l'université de Dakar et un doctorat en parasitologie et microbiologie à l'université de Montpellier, le chercheur a intégré le Centre international de recherches médicales de Franceville (CIRMF), situé dans le sud-est du Gabon. Installé sur 40 hectares et dirigé par un colonel médecin militaire, ce haut lieu de la recherche internationale attire des chercheurs du monde entier car il héberge un laboratoire P4 – l'un des deux seuls en Afrique, avec celui d'Afrique du Sud. Cette unité ultrasécurisée est habilitée à traiter les virus les plus dangereux, comme Ebola, qui représente l'« un des agents pathogènes les plus virulents et mortels pour l'homme », ainsi que l'écrit Gaël Maganga dans un article qu'il a cosigné avec le virologue Éric Leroy, codirecteur de sa thèse avec Serge Morand[9].

« Comment se passe la pandémie au Gabon ?

— Le 20 mai, il y avait 1 567 personnes contaminées et douze décès, ce qui est très peu comparativement à l'Europe ou aux États-Unis, m'a répondu le directeur de l'unité Émergence des maladies virales du CIRMF. Pour être franc, avec mes collègues africains, nous avons du mal à comprendre la panique qui s'est emparée des pays du Nord… Entre le 1er janvier et le 1er mai 2020, il y a eu 367 000 morts du paludisme dans le monde, principalement en Afrique. Il y a, comme on dit, deux poids, deux mesures. On aimerait qu'il y ait autant d'émotion et d'investissements par rapport à d'autres maladies qui sévissent dans les zones tropicales…

— Serge Morand m'a dit que vous étiez le "Monsieur chauve-souris". D'où vient votre intérêt pour les chiroptères ?

— Pour être franc, c'est le hasard et la nécessité ! Après mon master, j'avais très envie de faire une thèse sur une problématique qui touchait le Gabon. Mais il fallait que je trouve un financement. L'opportunité m'a été offerte par Éric Leroy, qui est l'un des spécialistes mondiaux du virus Ebola. Il m'a proposé de travailler sur les chauves-souris d'Afrique centrale. Comme j'adore la nature et les animaux, j'ai foncé.

Et je me suis pris d'affection pour ces incroyables mammifères volants.

— Dans votre thèse publiée en 2012, vous écrivez que le nombre de virus détectés chez les chauves-souris est en augmentation. Comment l'expliquez-vous ?

— D'abord, il faut savoir que l'ordre des chiroptères est le deuxième plus grand groupe de mammifères en termes de richesse spécifique, après les rongeurs. Il y a donc une extraordinaire variété. On a identifié 1 400 espèces – avec cent soixante-quinze genres regroupés en vingt familles –, ce qui représente un quart des espèces de mammifères connues. On trouve des chauves-souris sur tous les continents, sauf en Arctique, avec des régimes alimentaires très variés : certaines sont insectivores, d'autres frugivores, hématophages – c'est-à-dire qu'elles se nourrissent de sang, comme Dracula… – ou carnivores. Ce sont des animaux très cosmopolites, qui peuvent vivre dans toutes sortes d'habitats : dans les toitures des maisons, les creux des arbres, les feuillages ou les grottes. Depuis qu'on soupçonne les chauves-souris d'être le réservoir du virus Ebola, l'intérêt des chercheurs n'a cessé de grandir. Au point qu'elles représentent probablement l'animal sauvage le plus étudié au monde ! À ce jour, quelque deux cents virus y ont été identifiés, dont une soixantaine d'agents pathogènes pour l'homme.

— Comment expliquez-vous cette richesse virale ?

— Elle est due au système immunitaire exceptionnel des chauves-souris, dont l'anagramme préférée des virologues est "souche à virus". De fait, elles sont les seuls mammifères capables de voler, ce qui représente une performance physique tout à fait exceptionnelle. Pour cela, elles arrivent à rendre leur métabolisme deux fois plus performant que celui des rongeurs, grâce à leur système immunitaire très développé, qui leur permet de maintenir à un seuil très bas le niveau de réplication des virus. C'est pourquoi elles constituent d'excellents réservoirs : elles sont capables d'héberger une multitude de virus, sans manifester le moindre symptôme ni la moindre mortalité – à l'exception du virus de la rage, dont elles peuvent parfois mourir. Ensuite, il y a un facteur bioécologique : ce sont des animaux grégaires, qui vivent en communautés, ce qui est propice à la transmission de virus interespèces. De plus, elles peuvent se déplacer sur de très longues distances, jusqu'à 3 000 kilomètres, ce qui favorise aussi la dissémination des virus. Avec Serge Morand, nous avons montré dans une étude que deux facteurs augmentent leur richesse virale : la fragmentation de leurs aires de distribution et leur poids. Certaines chauves-souris pèsent jusqu'à 1 kilo et elles sont très chargées en virus.

— Est-ce que les chauves-souris peuvent s'attaquer à l'homme ?

— Quand elles le font, c'est qu'elles sont chassées de leur habitat naturel. On a eu des cas au Brésil de chauves-souris hématophages qui ont mordu des hommes en train de déforester en Amazonie. Comme leurs proies habituelles avaient disparu, elles se sont rabattues sur les zones anthropisées et du coup ont contaminé leurs victimes avec le virus de la rage. Mais c'est très exceptionnel. En général, la transmission des virus aux humains se fait par un hôte intermédiaire, chez qui le virus s'adapte par un phénomène de mutation et de recombinaison génétiques, au cours duquel il acquiert sa virulence : on parle d'"hôte amplificateur", car il permet la contamination d'espèces sensibles, comme les humains.

— Pour quelles maladies infectieuses est-on sûr que le réservoir du virus est la chauve-souris ?

— On en est sûr pour la rage, le Nipah, le SARS et le virus de Marburg [voir chapitre 1]. Pour ce dernier, on a retrouvé exactement le même matériel génétique chez des ouvriers qui travaillaient dans des mines d'or en République démocratique du Congo que dans des chauves-souris. En revanche, pour le SARS-CoV-2, responsable de la covid-19, on n'est pas sûrs à 100 %, car on n'a pas encore trouvé un virus strictement identique chez les chauves-souris ni chez aucun hôte intermédiaire, comme le pangolin. Même chose pour Ebola, où depuis 2005 on n'a jamais plus retrouvé le virus chez des chauves-souris, alors qu'il y a eu plusieurs flambées épidémiques, dont une très importante en 2014, en Afrique de l'Ouest, qui a fait plus de 11 000 morts.

— Sait-on aujourd'hui quelle fut la première personne contaminée en 2014 par Ebola ?

— On pense qu'il s'agit d'un enfant guinéen qui aurait manipulé la carcasse d'un singe infecté. Parce que, pour Ebola, la contamination à partir de l'animal se fait au moment du dépeçage, lors du contact avec les fluides corporels, comme le sang. Une fois que l'animal est cuit, il n'y a plus de danger.

— Vous avez cosigné en 2014 un article intitulé "Ebola en Afrique de l'Ouest : une épidémie qui change beaucoup de choses"[10]. Pourquoi ce titre ?

— D'abord, c'est grâce à la grande épidémie d'Afrique de l'Ouest qu'on a compris les différentes voies de la contamination interhumaine. Celle-ci peut se faire à travers les fluides corporels des malades, comme la salive, la sueur, le lait maternel, mais aussi à travers le sang, la diarrhée et même le sperme. Comme le virus est très contagieux – en particulier l'espèce Zaïre qui provoque un taux de mortalité de 80 % à 90 % –, il y a aussi un risque important de transmission nosocomiale dans les hôpitaux mal équipés. Ensuite, c'était la première fois que le virus apparaissait dans des régions très différentes de celle de son origine, à savoir la grande forêt tropicale humide. Même si on pense que l'épidémie a débuté dans la partie forestière de la Guinée, elle a aussi touché simultanément la Guinée-Bissau, la Sierra Leone et le Liberia, des pays secs et chauds. Et là, du coup, on a eu très peur… Tant que le virus ne menaçait que la République démocratique du Congo ou le Gabon, on se disait que c'était circonscrit et on ne s'inquiétait pas plus que ça…

— C'est qui, "on" ? ai-je demandé, provoquant une hésitation chez mon interlocuteur.

— Eh bien, les pays occidentaux ! a fini par lâcher Gaël Maganga. Ils ont décidé d'investir massivement dans des laboratoires de haute sécurité, de type P3 ou P4, comme celui de Franceville où je travaille. L'idée était d'augmenter et de fiabiliser la capacité de diagnostic en Afrique pour être capable de circonscrire rapidement l'épidémie, avec des mesures de confinement strict des personnes contaminées. En effet, l'une des craintes soulevées par l'épidémie de 2014, c'est que, vu le nombre de personnes et de pays touchés, le virus mute et augmente sa virulence, voire modifie son mode de transmission. Imaginez qu'il puisse se transmettre par voie aérienne, ou par des vecteurs comme les moustiques, cela serait catastrophique…

— Et ce n'est pas exclu ?

— Non ! D'où l'intérêt de poursuivre les recherches sur le virus et les chauves-souris ! »

Le stress des chauves-souris augmente le risque épidémique

Une fois de plus, mon entretien avec Gaël Maganga a dépassé la durée que j'avais annoncée (une heure trente). Nous avons donc dû fixer un second rendez-vous, car j'avais encore de nombreuses questions à lui poser. Certaines concernaient une étude qui avait été publiée, le 8 avril 2020, par une équipe de l'école vétérinaire de l'université Davis en Californie[11]. Les scientifiques ont analysé cent quarante-deux virus zoonotiques et les mammifères terrestres – domestiques ou sauvages – qui en sont les réservoirs ou hôtes. En croisant les données avec la liste des espèces en danger d'extinction de l'UICN, ils ont pris en compte la taille de la population pour chaque espèce, son état de conservation et les risques d'extinction qu'elle court. Ils en ont tiré deux conclusions importantes : les animaux domestiques hébergent huit fois plus de virus zoonotiques que les mammifères sauvages. Rien d'étonnant à cela car, comme nous l'avons vu, les humains entretiennent des relations étroites avec ces espèces depuis très longtemps. Par ailleurs, parmi les animaux sauvages, ce sont ceux qui sont en danger d'extinction qui abritent le plus de virus zoonotiques, susceptibles de contaminer les humains. Les espèces qui sont chassées ou menacées par la destruction de leur habitat hébergent deux fois plus de virus zoonotiques que les espèces menacées par des facteurs indépendants de l'activité humaine. Avant notre second entretien, j'avais transmis cette étude à Gaël Maganga, car je voulais avoir son avis.

« En Afrique, les populations villageoises mangent des chauves-souris depuis toujours ? lui ai-je demandé.

— Oui ! Tout particulièrement en Afrique centrale, où vivent historiquement des peuples de chasseurs-cueilleurs. Aujourd'hui encore, la viande de grandes chauves-souris, comme les roussettes d'Égypte, de l'île de Guam ou les roussettes paillées, est très prisée. Il n'est pas rare que, dans les grottes où nous allons faire des prélèvements, nous tombions sur des montagnes d'ailes de chauves-souris qui ont été massacrées avant d'être fumées sur place. C'est un spectacle lamentable.

— Est-ce que les chauves-souris sont menacées d'extinction en Afrique ?

— Au Gabon en tout cas, il y a deux espèces – la *Coleura afra* et la *Miniopterus inflatus* – qui courent un risque certain.

— Mais si les gens mangent depuis longtemps des chauves-souris ou des singes sans tomber malades, comment expliquez-vous que ces animaux constituent subitement un risque sanitaire ? Qu'est-ce qui a changé ?

— L'une des explications récentes, que semble confirmer l'étude de l'université Davis que vous m'avez transmise, c'est le stress que provoquent les différentes pressions anthropiques sur les chauves-souris. Je me souviens par exemple d'une grande grotte où j'étais allé faire des prélèvements : j'y ai constaté un niveau élevé de stress chez les animaux, soumis à une forte pression de chasse mais aussi environnementale, ce qui se traduisait par une importante excrétion virale. Ce phénomène a également été constaté en Asie pour le virus Nipah, ou en Australie pour le virus Hendra, une zoonose émergente qui provoque des affections respiratoires et neurologiques mortelles chez les chevaux et les humains. Outre la chasse, la déforestation et la fragmentation des habitats naturels engendrent un stress chez les chauves-souris, qui provoque un affaiblissement de leur système immunitaire, encore plus sensible lors des périodes de soudure alimentaire, de reproduction ou de mise à bas. Tous ces événements sont propices à une explosion de l'excrétion virale, qui favorise la transmission des pathogènes à d'autres espèces animales, y compris aux humains. Cette hypothèse a été vérifiée par deux excellentes études publiées par une équipe australienne sur l'émergence du virus Hendra. »

Dans la première, publiée en 2008, l'écologiste de la santé et vétérinaire de la faune Raina Plowright a étudié l'impact biologique du stress provoqué par la pénurie de nourriture sur les *Pteropus scapulatus*, des chauves-souris frugivores appelées « petits renards volants » et qui sont le réservoir du virus Hendra[12]. Pour cela, elle a mesuré dans leurs fèces, urines et salives la séroprévalence, c'est-à-dire la quantité d'anticorps créés en réponse au virus Hendra, qui est un indicateur du niveau d'infection. Elle a constaté que celui-ci augmentait considérablement dans deux types de circonstances : un événement climatique extrême et la perte d'habitats naturels, qui provoquent une pénurie alimentaire, laquelle touche particulièrement les femelles enceintes ou en période de lactation. « Ces processus environnementaux qui altèrent les sources alimentaires des renards volants sont susceptibles d'augmenter l'infection et la transmission du virus Hendra », conclut Raina Plowright, qui a confirmé ces résultats dans une étude de modélisation, publiée en 2011[13]. Elle y constate que, sur quatorze épidémies de Hendra, dix sont survenues dans des zones urbanisées où vivent des colonies de chauves-souris sédentarisées. Pour expliquer ce phénomène, elle avance une hypothèse : contraints de fuir leurs habitats forestiers, les « renards volants » se sont installés près des villes, où ils ont perdu l'habitude de se déplacer, parfois sur de longues distances, pour chercher de la nourriture, ce qui a causé une baisse de leur immunité collective. Dans le modèle qu'elle a développé, l'équipe australienne note que les pics d'épidémie sont aussi liés aux cycles de reproduction des femelles, qui ont tendance à être immunodéprimées, ce qui favorise l'excrétion et donc la propagation des virus. Ce qui rappelle l'histoire du virus Nipah, que j'ai présentée dans le chapitre 2 : chassées des forêts de Bornéo, où les humains rasaient les arbres pour développer la monoculture de palmiers à huile, les chauves-souris frugivores avaient trouvé le gîte et le couvert sur les manguiers cultivés au milieu des fermes porcines. Le lecteur connaît la suite…

« Après la publication des deux papiers de l'équipe australienne, j'ai lancé ma propre étude, m'a expliqué Serge Morand lors de l'un de nos entretiens au printemps 2020. Je voulais vérifier ces données d'immunoécologie, à savoir les variations de l'immunité des chauves-souris en fonction des stress anthropique et climatique, mais aussi de leurs cycles de reproduction. Avec ma collègue Alice Latinne, nous avons épluché toutes les maladies zoonotiques dont des chiroptères sont des réservoirs en Asie, depuis 1990. Et nous avons confirmé l'hypothèse australienne. Notre papier est en cours d'évaluation avant sa publication. »

Rencontre avec une spécialiste des coronavirus

Quand j'ai parlé avec Alice Latinne, le 27 juin 2020, elle rentrait d'une mission dans un parc national vietnamien, où elle avait formé des rangers – les gardes forestiers – à la manipulation sécurisée d'animaux sauvages morts. Titulaire d'un doctorat en biologie moléculaire, qu'elle a obtenu à l'université de Liège (Belgique), la jeune chercheuse a collaboré au programme PREDICT pour le compte d'EcoHealth Alliance (j'y reviendrai), avant de rejoindre le bureau de la Worldlife Conservation Society (WCS) à Hanoï.

Sachant qu'elle était spécialiste des coronavirus, j'avais préparé une série de questions concernant un article que j'avais lu en avril 2020 sur le site de GRAIN, une ONG basée à Barcelone qui milite pour la préservation de la biodiversité – animale ou végétale – dans l'agriculture. Le titre de cet article avait attiré mon attention : « De nouvelles recherches suggèrent que l'élevage industriel, et non les marchés de produits frais, pourrait être à l'origine du covid-19[14]. » L'auteur, Devlin Kuyek, y citait et commentait les deux articles scientifiques qui avaient nourri son interrogation. Le premier a été publié en mars 2020 dans *Nature* par une équipe de l'Institut de recherche Scripps (Californie), qui a analysé le séquençage du SARS-CoV-2[15]. Ses membres confirment d'abord l'hypothèse la plus souvent avancée, à savoir que le virus provient d'une chauve-souris rhinolophe ou « fer à cheval », qui l'a transmis à un hôte intermédiaire où il a évolué par sélection naturelle, avant d'être transféré aux humains. Puis, s'appuyant sur les spécificités génétiques du SARS-CoV-2, ils suggèrent que « l'animal intermédiaire devrait probablement avoir une forte densité de population (pour que la sélection naturelle puisse se dérouler efficacement) et un gène similaire au gène codant ACE2 », qui permet au virus de se lier à l'humain. D'où la question de Devlin Kuyek : quels sont les animaux qui répondent à ces deux critères ?

La réponse semble fournie par une étude chinoise publiée peu après dans la revue *Microbes and Infection*[16]. Après avoir noté que les animaux intermédiaires doivent effectivement posséder un gène codant ACE2 de type humain, les auteurs dressent la liste des candidats possibles : civettes, porcs, pangolins, chats, vaches, buffles, chèvres, moutons et pigeons. Et l'expert de GRAIN de commenter : « Une grande partie des animaux de cette liste sont élevés industriellement en Chine, même certains animaux sauvages comme les civettes font l'objet d'élevage intensif. [...] Mais pour le critère de la forte densité de population, le porc constitue le candidat idéal. »

« En quoi consiste votre travail ? ai-je demandé à Alice Latinne en guise d'introduction.

— Dans le jargon de la WCS, je suis conseillère technique en santé, m'a-t-elle expliqué. Je collabore à la mise en place d'un réseau pour améliorer la surveillance de la santé de la faune en partenariat avec les institutions vietnamiennes. Nous collectons des animaux sauvages, ciblés pour le risque qu'ils représentent pour les humains ou les animaux domestiques : les coronavirus chez les chauves-souris, le virus de la grippe aviaire chez les oiseaux et les *Rickettsia* – les bactéries responsables du typhus des broussailles – chez les rongeurs. Actuellement, nous surveillons particulièrement les sangliers, pour le virus de la peste porcine africaine, qui peut contaminer les populations de cochons.

— Apparemment, il y a eu en 2019 une épidémie de peste porcine africaine dans les énormes usines à cochons de la province chinoise du Hubei, où est situé le fameux marché de Wuhan, origine supposée de la diffusion du virus SARS-CoV-2. Des milliers de porcs ont été abattus…

— Oui ! Et l'épidémie a gagné également la Thaïlande et le Viêtnam.

— Certains soupçonnent que les porcs de ces élevages intensifs pourraient avoir servi d'intermédiaires entre les chauves-souris et l'homme pour le SARS-CoV-2. Qu'en pensez-vous ?

— C'est une hypothèse parmi d'autres, mais à ma connaissance rien ne permet de trancher. Ce qui est sûr, en revanche, c'est qu'on ne sait toujours pas aujourd'hui avec certitude quel est l'animal qui a servi d'intermédiaire pour le SARS-CoV-2. Ce n'est pas comme pour le SARS-CoV-1 de l'épidémie de 2003, où un virus strictement identique a été retrouvé chez les civettes.

— On a beaucoup parlé des pangolins qui auraient été vendus sur le marché de Wuhan…

— Le pangolin est une espèce emblématique du Viêtnam. Il y a un énorme trafic qui sert à alimenter les marchés de Chine, où l'espèce a quasiment disparu, en raison notamment de l'utilisation de ses écailles dans la pharmacopée traditionnelle. Hier, j'étais dans un centre où sont soignés les animaux qui ont été confisqués aux trafiquants, avant d'être éventuellement relâchés s'ils survivent aux mauvais traitements qu'ils ont subis. Tous les jours arrivent des pangolins. Tous ceux qui ont été testés étaient négatifs pour le SARS-CoV-2. Un article vient de sortir en Malaisie, dont les auteurs ont testé trois cents pangolins sauvés du trafic : tous étaient négatifs. Pour l'heure, les seuls pangolins testés positifs au virus l'ont été en Chine. Ce qui voudrait dire qu'ils ont été contaminés à la fin de la chaîne du trafic, peut-être par une autre espèce animale. D'ailleurs, il faut préciser que le virus identifié chez les pangolins en Chine n'est pas le SARS-CoV-2, mais un cousin. Pour l'instant, on n'a trouvé aucun animal porteur du même virus que l'homme.

— Donc, l'hypothèse que le coronavirus aurait transité par le porc n'est pas plus farfelue que celle selon laquelle il serait passé par le pangolin ?

— Ce n'est pas farfelu du tout ! C'est déjà arrivé avec le virus Nipah, qui n'est pas un coronavirus. La proximité phylogénétique que nous avons avec les cochons fait que ce sont de bons hôtes intermédiaires pour une transmission virale à l'homme. D'ailleurs, entre octobre 2016 et mai 2017, on a peut-être frisé une épidémie aussi grave que celle de la covid-19 : un nouveau coronavirus que l'on a identifié chez des chauves-souris rhinolophes, le SADS-Cov (pour *Severe Acute Diarrhea Syndrome*), a décimé quatre élevages de porcs industriels dans le Guangdong, tout près du site d'origine de l'épidémie de SARS de 2003. Des études ont montré qu'une transmission à l'homme était possible. Et, contrairement à ce qu'on affirme souvent, le SARS-CoV-1 n'était pas le premier coronavirus à infecter les humains. Avant, il y avait eu le OC 43, un coronavirus d'origine bovine qui provoque un rhume chez les humains.

— Vous avez publié en mai 2020 une étude sur les chauves-souris en Chine[17]. Sait-on combien de coronavirus elles hébergent ?

— Il y en a des dizaines, avec des centaines de souches différentes. On est loin de les avoir tous identifiés ! Ceux qu'on a recensés en Chine ne représentent probablement que la partie émergée de l'iceberg. Après l'épidémie de SARS, les chercheurs se sont beaucoup intéressés aux chauves-souris chinoises, mais pas à celles des pays environnants, comme le Viêtnam, la Birmanie ou le Laos, dont on ne sait pratiquement rien. Or, à mesure que les économies de ces pays vont se développer, on retrouvera les mêmes facteurs de risque d'émergence : déforestation, urbanisation, agriculture et élevages intensifs, marchés d'animaux sauvages. Donc, ce n'est que le début…

— Les résultats de l'étude que vous avez publiée en mars 2020 sur le trafic de chauves-souris sur l'île indonésienne de Célèbes (Sulawesi) sont terrifiants[18]…

— C'est un vrai carnage ! Chaque année, entre 660 000 et 1 million de roussettes ou renards volants sont chassés pour approvisionner les marchés du nord de l'île où vit une minorité chrétienne, qui, à la différence de la majorité musulmane, mange des animaux sauvages.

— Mais cette pratique a toujours existé ?

— Certes, mais c'était à l'échelle locale. La construction des routes dans les années 1980 a permis le développement d'un trafic à l'échelle de l'île. Comme les chauves-souris ont toutes été exterminées dans le nord, les chasseurs les traquent au fusil – plus rarement au filet – dans les coins les plus reculés du sud. Le stress pousse les colonies à migrer sans cesse, ce qui favorise l'excrétion de virus. J'ai constaté le même phénomène au Bangladesh, lors d'une étude que j'ai cosignée en 2019 sur le virus Nipah[19].

— Où en est la circulation du virus Nipah en Asie ? Sait-on depuis quand ce paramyxovirus existe chez les chauves-souris ?

— Il existe certainement depuis toujours ! Après son émergence officielle en Malaisie, on s'est rendu compte qu'il circulait au Bangladesh probablement depuis très longtemps. Mais on ne l'avait tout simplement pas identifié. Dans ce pays, les gens ont l'habitude de consommer le jus de palme. Ils accrochent des petits pots sur les palmiers pour récolter le sirop. Les chauves-souris viennent boire le jus dans les réceptacles et le contaminent avec leur salive. Ensuite, les gens tombent malades.

— Mais les Bangladais boivent le jus de palme récolté de cette manière depuis longtemps. Pourquoi est-ce soudain un problème ?

— Avant, les chauves-souris vivaient dans la forêt et elles n'avaient pas besoin de venir se nourrir dans les palmiers proches des habitations. En réduisant leur habitat naturel, on les contraint soit à disparaître, soit à vivre en contact avec les humains. Dans une étude que j'ai réalisée avec Serge Morand et qui n'est pas encore publiée, nous avons montré que les chauves-souris sont aussi très sensibles aux phénomènes de variabilité climatique, comme El Niño ou La Niña, qui avec le réchauffement global sont de plus en plus courants. En période par exemple de forte sécheresse, elles souffrent – comme la végétation – de stress climatique qui affaiblit leur système immunitaire, ce qui augmente leur excrétion virale.

— Vous avez cosigné en 2013 une étude sur la prévalence de coronavirus chez des animaux sauvages destinés à la consommation humaine au Viêtnam[20]. Apparemment, le stress qu'ils subissent est aussi un facteur qui contribue à la propagation des virus ?

— Tout à fait ! Je dois même dire que les résultats de notre enquête furent spectaculaires. Nous nous sommes surtout intéressés aux rats consommés dans les restaurants, ce qui est très courant au Viêtnam du Sud, mais aussi en Thaïlande, au Cambodge, au Laos ou sur l'île de Célèbes, où l'on trouve des montagnes de rats sur les marchés.

— Quelles espèces de rats sont consommées ?

— Il s'agit plutôt de rats des champs, parce que les gens les préfèrent aux rats des villes… Je sais qu'à Célèbes ils ont la queue blanche, alors il arrive que les vendeurs blanchissent la queue, pour faire croire que c'est bien un rat des champs ! Mais il y a aussi les "rats de bambou", qui ont de très grandes dents et vivent dans des terriers. Sur les étals, ils côtoient les porcs-épics et parfois des civettes élevées dans des fermes. Donc tous ces animaux finissent par se retrouver ensemble chez un grossiste où ils peuvent échanger leurs pathogènes.

— Qu'avez-vous constaté pour les rats ?

— D'abord, il faut savoir que les rats possèdent leurs propres coronavirus, qui proviennent très certainement il y a très longtemps de chauves-souris, mais qui se sont définitivement adaptés aux rongeurs. La famille des coronavirus est très grande ! Il n'empêche que nous avons aussi trouvé des coronavirus de chauves-souris qui avaient été identifiés en Chine chez des rats du Viêtnam. Nous avons remonté la chaîne depuis le chasseur jusqu'aux restaurants : nous avons constaté qu'au niveau du premier marchand, le taux de rats infectés est d'environ 20 % ; et qu'il monte à 30 % sur les marchés, puis à 55 % dans les restaurants.

— Pourquoi ? Que se passe-t-il ? ai-je demandé, un peu sonnée par toutes ces informations.

— Il y a ce qu'on appelle un phénomène d'amplification, m'a répondu Alice Latinne, sans se départir du ton clinique qui avait prévalu tout au long de notre entretien : quand on capture des animaux sauvages et qu'on les entasse avec d'autres individus, ils stressent, ils ne sont pas en forme et ils sont moins résistants. Ils transpirent, bavent, urinent ou défèquent. C'est un vrai bouillon de culture qui n'est bon pour personne, ni pour les animaux ni pour les humains. Et j'ajouterai, car tout est lié : ni pour les écosystèmes d'où ont été arrachés ces animaux. »

4

Comment la biodiversité protège la santé : l'effet dilution

C'était très exactement le 14 mai 1993. Le docteur Bruce Tempest n'oubliera jamais ce jour-là, comme il l'a raconté vingt ans plus tard à l'*Albuquerque Journal*[1]. Il dirigeait alors le centre médical indien de Gallup, dans la région de Four Corners où convergent les quatre États du Colorado, du Nouveau-Mexique, de l'Arizona et de l'Utah, au cœur de la réserve des Navajos. Ce jour-là, cinq jeunes gens sont hospitalisés en raison d'une « maladie mystérieuse », d'abord surnommée la « grippe navajo ». Placés sous assistance respiratoire, les malades décèdent d'un œdème pulmonaire foudroyant. Le Center for Disease Control d'Atlanta identifie le coupable : une espèce d'hantavirus jusque-là inconnue. Les virologues connaissaient déjà la famille des *Hantaviridae*, dont les réservoirs sont toujours des muridés. Grâce à des études moléculaires et biogéographiques, ils savaient que tous les hantavirus ont un ancêtre commun, qui était associé à un seul et même rongeur il y a… 30 millions d'années. Ensuite, les hantavirus se sont diversifiés, tout comme leurs hôtes muridés, avec qui ils ont coévolué. Aujourd'hui, chaque espèce d'hantavirus est hébergée par un rongeur spécifique, qui en est pour ainsi dire l'hôte attitré. La distribution d'un hantavirus est donc liée à l'aire de répartition géographique du rongeur qui en est le réservoir.

Les maladies à hantavirus

C'est ainsi que le virus Dobrova est associé à la souris à cou jaune (*Apodmemus flavisollis*), que l'on trouve en Europe de l'Est ; le virus Puumala au campagnol roussâtre (*Clethrionomys glareolus*), dont l'aire de répartition va de l'Europe du Sud jusqu'à la toundra russe et scandinave ; le virus Séoul est transmis par le *Rattus norvegicus* et sa distribution est mondiale ; quant au virus Hantaan, il est associé au mulot (*Apodemus agrariae*) qui prolifère en Asie. Les hantavirus Dobrova, Puumula, Séoul et Hantaan provoquent la « fièvre hémorragique avec syndrome rénal » (FHSR), identifiée pour la première fois en France en 1982 et qui peut être fatale dans moins de 1 % des cas. Sa prévalence est en augmentation en Asie, où des dizaines de milliers de cas sont diagnostiqués chaque année. Comme pour tous les hantavirus, la transmission du virus à l'homme s'opère par l'inhalation des excreta – salive, urines ou déjections – des muridés infectés ou par contact à l'occasion d'une plaie.

Quel était donc le rongeur qui portait le virus responsable de la maladie infectieuse émergente qui a tué les jeunes Navajos ? De juin à la mi-août 1993, les équipes du CDC ont mené la traque, en capturant 1 700 rongeurs vivant à proximité des maisons où habitaient les victimes contaminées. Le verdict finit par tomber : c'est la souris sylvestre (*Peromyscus maniculatus*) qui était porteuse du virus, aussitôt baptisé « *Sin nombre* » (sans nom). Quant à la nouvelle maladie, dont le taux de létalité est d'au moins 30 %, elle fut appelée « syndrome pulmonaire à hantavirus » (SPH). À la fin des années 1990, le SPH a été déclaré « maladie panaméricaine » en raison de sa propagation dans toutes les Amériques, du Canada à la Terre de Feu. Dans le même temps, une autre maladie infectieuse, également transmise par les rongeurs, s'est propagée en Amérique du Sud et en Afrique occidentale. Causée par un arénavirus, elle provoque aussi des fièvres hémorragiques, comme celle dite de « Lassa » – au printemps 2020, au moment où je préparais l'écriture de ce livre, le Nigeria était frappé par une grave épidémie bien plus meurtrière que la covid-19, car la fièvre de Lassa tue 80 % des femmes enceintes infectées.

Au début des années 2000, l'Américain James Mills conduisit une étude pour déterminer les facteurs favorisant l'émergence de ces épidémies de syndrome pulmonaire à hantavirus et de fièvres hémorragiques. « Jim », comme le surnomment affectueusement tous ses collègues, a dirigé l'unité des pathogènes viraux au CDC d'Atlanta de 1994 jusqu'à sa retraite en 2010 et il fut rédacteur en chef du *Journal of Wildlife Diseases*. Souffrant d'une grave maladie, il a malheureusement annulé l'entretien que nous avions fixé. Mais je tiens à lui rendre hommage, car l'article qu'il a publié dans *Biodiversity* en février 2006, intitulé

« Perte de biodiversité et maladie infectieuse émergente : l'exemple des fièvres hémorragiques transmises par les rongeurs », a puissamment éclairé ma chandelle[2].

Dans l'introduction de son article, le chercheur, qui travaillait aussi à l'université Emory, rappelle le paradoxe « contre-intuitif » que j'ai déjà évoqué dans le chapitre 3 : « Bien qu'il semble logique d'imaginer qu'une plus grande biodiversité globale conduise à une plus grande diversité de pathogènes et donc à une plus grande incidence de maladies humaines, un examen des circonstances entourant les épidémies récentes de fièvres hémorragiques transmises par les rongeurs suggère l'inverse. » Après avoir « listé les agents étiologiques, les rongeurs hôtes et les conditions qui entourent l'émergence des maladies à hantavirus et arénavirus dans de nombreuses parties du monde », il fait deux constats qui m'ont bluffée par leur cohérence – et du coup rassurée, car qui dit « cohérence » dit « solutions ». D'abord, il a observé que toutes les émergences ont eu lieu dans des environnements perturbés par des activités anthropiques, comme le développement des monocultures ou de l'élevage intensif, et caractérisés par une très faible biodiversité animale et végétale. Pour illustrer ce constat, il fournit des photos de sites liés aux infections diagnostiquées. On y voit par exemple un gigantesque champ de soja transgénique dans la région de Santa Fe, en Argentine, où les prairies de la célèbre pampa ont été détruites pour implanter les cultures de Monsanto ; la légende précise que ce lieu est associé à des émergences de fièvres hémorragiques. On y voit aussi des monocultures de canne à sucre dans une autre province de

Santa Fe, cette fois-ci de Bolivie, où la forêt tropicale primaire a été éradiquée, puis brûlée. Cette zone fut le berceau de plusieurs cas de syndrome pulmonaire à hantavirus. De même, au Panama, la péninsule Azuero est devenue une aire endémique de SPH. Or, précise la légende, la forêt primaire y a été détruite pour « être remplacée par une mosaïque de pâturages, champs agricoles et habitations humaines ». Ensuite, James Mills a observé que le rongeur réservoir du virus est systématiquement une espèce dite « généraliste » ou « opportuniste ». En effet, explique-t-il, les muridés forment une très vaste famille qui compte plus de 1 150 espèces, appartenant à dix-huit sous-familles (souris, rats, mulots, hamsters, gerbilles, etc.). Les zoologues ont identifié deux catégories qui, dans un écosystème sain, cohabitent :

– les espèces « spécialistes », hautement adaptées à un type d'habitat particulier, étroitement défini, et qui ont besoin de ressources alimentaires spécifiques. Occupant une niche écologique réduite dans un écosystème, ces espèces ont une espérance de vie très longue, une maturité sexuelle lente et une fécondité réduite. Elles ne survivent pas à la destruction de leurs habitats naturels ;

– les espèces « généralistes » ou « opportunistes », capables de s'adapter à des environnements très différents et de se nourrir avec une grande diversité d'aliments. Elles ont une espérance de vie plus courte, sont extrêmement fécondes et se développent rapidement. Elles survivent facilement à la modification des habitats et peuvent même en profiter si celle-ci est liée à l'introduction de nouvelles ressources alimentaires, comme celles fournies par les monocultures de soja, de maïs ou de canne à sucre. Les rongeurs dits « synanthropiques » ou « péridomestiques », qui vivent à proximité de l'homme, sont généralement des espèces généralistes.

Quand les écosystèmes sont perturbés, les espèces « spécialistes » disparaissent au profit des « généralistes », ce qui entraîne une baisse de la biodiversité des rongeurs. L'étude de James Mills montre ainsi que les rongeurs qui ont été identifiés comme réservoirs des virus provoquant le syndrome pulmonaire à hantavirus et les fièvres hémorragiques sont précisément des espèces généralistes, qui se mettent à proliférer quand leurs cousins spécialistes ont disparu, notamment du fait de la compétition pour la nourriture. « Le résultat est une augmentation de la transmission du virus dans la population hôte qui est plus abondante et un risque accru pour les humains », conclut le chercheur, qui a conduit une partie de son investigation dans le sud-ouest des États-Unis. Et d'ajouter : « Ces données confirment l'hypothèse de l'effet dilution. »

La maladie de Lyme : le modèle de l'effet dilution

Parfois raillée comme une lubie d'écologistes, l'hypothèse de l'« effet dilution » est aujourd'hui soutenue par nombre de scientifiques qui l'ont testée et vérifiée aux quatre coins du globe. Elle stipule qu'une riche biodiversité locale a un effet régulateur sur la prévalence, la transmission et la virulence des pathogènes. Par quels mécanismes ?

C'est précisément cette question qui obsède depuis les années 1990 Richard Ostfeld et Felicia Keesing, lesquels ont proposé ce concept dans un article publié en juin 2000 dans la revue *Conservation Biology*[3]. Pour préparer l'écriture de ce chapitre, j'ai contacté les deux chercheurs américains séparément, qui m'ont accordé un entretien à deux jours d'intervalle, les 20 et 22 mai 2020. Quelle ne fut pas ma surprise de découvrir que les deux scientifiques, qui ont cosigné de nombreux articles, sont aussi mari et femme ! Ils habitent dans une petite ville de l'État de New York, où ils ont élevé leurs enfants. Rick est écologue de la santé au Cary Institute of Ecosystem Studies, un centre de recherche situé à Millbrook dans la vallée de l'Hudson, dédié à la « science pour le futur de notre planète », ainsi que le proclame son site Web. Cet institut réputé dans la recherche environnementale a quatre domaines d'expertise : « écologie de la santé », « eau », « forêt » et « écologie urbaine ». Felicia est à la tête du département de biologie du Bard College, situé à Annandale on Hudson, dans le Dutchess County, à 180 kilomètres au nord de New York. Son laboratoire étudie comment les communautés écologiques – animaux, plantes ou microorganismes – répondent aux changements de la biodiversité. Le couple codirige depuis 2015 le « Tick Project », un programme de recherche sur les tiques conduit dans le Dutchess County, qui présente l'un des taux d'incidence de la maladie de Lyme les plus élevés des États-Unis. Car Rick et Felicia sont des « chasseurs de tiques », pour reprendre l'expression de Mark Jannot qui les a interviewés ensemble en 2019 pour le journal *Elemental*[4].

Dans cet entretien, Richard Ostfeld tord le cou à une rumeur complotiste qui voudrait que la bactérie spirochète *Borrelia burgdorferi* (responsable de la maladie de Lyme) aurait été créée dans un laboratoire de la CIA comme une arme biologique : une hypothèse qu'il juge absolument « ridicule », car cela fait belle lurette que cette bactérie est présente sur la Terre[a]. Son ADN a été retrouvé dans des spécimens de souris conservés dans des musées depuis le début du XXe siècle, ainsi que dans le cadavre momifié de Ötzi, cet homme du chalcolithique enseveli il y a quelque 5 300 ans sous un glacier des Alpes italiennes de l'Ötzal. Quant à la maladie, elle tire son nom de la ville de Lyme (Connecticut), où elle a été identifiée officiellement pour la première fois en 1977. Les victimes étaient des enfants qui souffraient d'une forme d'arthrite inconnue des professionnels de la santé. Finalement, on découvrit que les jeunes victimes avaient été mordues par des tiques de l'espèce *Ixodes ricinus* infectées par la bactérie *Borrelia*, dont les principaux réservoirs sont des rongeurs et, plus rarement, certaines espèces d'oiseaux. Depuis, l'incidence de cette zoonose vectorielle n'a cessé d'augmenter aux États-Unis où, d'après le site du « Tick Project » en 2012, elle touchait chaque année environ 300 000 personnes, occasionnant des dépenses de santé estimées à 1,3 milliard de dollars.

C'est précisément en travaillant sur la maladie de Lyme que Richard Ostfeld et Felicia Keesing ont développé le concept d'« effet dilution ». Je les ai interviewés à tour de rôle, en commençant par

a L'ordre des spirochètes désigne des bactéries de forme hélicoïdale responsables de maladies chez les mammifères, dont l'homme, comme la leptospirose, la syphilis ou la maladie de Lyme.

Rick, sur recommandation de Felicia car, m'avait-elle expliqué, « ce sont ses travaux qui ont tout déclenché ». « Au début des années 1990, je travaillais sur les forêts de chênes de la côte est des États-Unis, m'a dit le chercheur, auteur de quelque deux cents articles scientifiques et d'un livre sur la maladie de Lyme[5]. J'étudiais les interactions entre la production de glands, les mammifères sylvestres – comme les souris à pattes blanches (*Peromyscus leucopus*), les tamias et les cerfs – et les *Lymantria dispar*, dont les chenilles déciment les feuillus de l'hémisphère nord[a]. J'ai constaté que les souris à pattes blanches étaient fortement infectées par des nymphes de tiques à pattes noires. J'ai coutume de dire que les tiques m'ont choisi et depuis, je ne les ai plus lâchées ! »

Pour bien comprendre les explications de Rick, il faut savoir que le cycle de développement de la tique *Ixodes ricinus* est tout à fait particulier. Il se déroule en trois stades, qui peuvent s'étendre sur deux à six ans : de l'œuf pondu par une femelle naît une larve qui se transforme en nymphe d'environ 2 millimètres, laquelle double sa taille pour devenir un adulte. À chaque stade, y compris celui de la ponte des œufs, la tique a besoin d'un repas sanguin pour se nourrir, dont la durée varie de trois à sept jours, selon son niveau de développement. À la fin du festin, elle se détache de l'hôte, dont elle s'est gorgée, et tombe

a Appelé « bombyx disparate » sous sa forme de papillon et « spongieuse » sous sa forme de chenille, le *Lymantria dispar* est un lépidoptère envahissant considéré comme un ravageur des forêts.

sur le sol, où elle a besoin d'humidité pour survivre et où elle peut attendre plusieurs mois avant de passer au stade suivant de son cycle de développement.

« J'ai découvert qu'aux États-Unis les souris à pattes blanches sont le principal réservoir de la bactérie *Borrelia burgdorferi*, a poursuivi Richard Ostfeld. Donc imaginez une larve de tique qui attend, immobile sur le sol d'une forêt, que passe un mammifère pour son premier repas sanguin. Si elle est née dans un environnement qui favorise les souris à pattes blanches, la probabilité qu'elle soit infectée par la bactérie est extrêmement élevée. Et quand elle se transformera au printemps en nymphe, elle constituera un danger pour les humains. Deux situations permettent de réduire la probabilité que la tique se nourrisse sur une souris à pattes blanches : la première est la diminution de la population du rongeur, à cause de l'activité de prédateurs ; la seconde est la présence d'une communauté abondante de petits mammifères qui ne sont pas des hôtes compétents pour la bactérie. Un “hôte non compétent” est un vertébré qui n'est pas capable d'assurer la multiplication ni la transmission du spirochète. Dans la première étude que nous avons réalisée avec Felicia dans dix aires forestières de l'est des États-Unis, nous avons constaté que les hérissons, tamias, lapins, lièvres, musaraignes, taupes, lézards et certains oiseaux qui nichent au sol font partie de cette catégorie. Chaque repas sanguin que fait une tique sur l'un de ces animaux est donc une transmission perdue pour la bactérie. Nous en avons tiré une première conclusion : plus les hôtes non compétents sont nombreux et diversifiés dans un écosystème par rapport aux hôtes compétents, plus la transmission du pathogène est affectée négativement et plus le risque d'infection pour les humains diminue. En d'autres termes : les souris jouent le rôle d'amplificateur du risque infectieux, tandis que les hôtes non compétents ont un effet inhibant, car ils permettent au contraire de le diluer.

— Quels sont les facteurs qui influencent l'abondance des hôtes non compétents dans un écosystème ?

— Ce fut précisément le thème de l'étude que nous avons publiée en 2003, m'a répondu Rick Ostfeld[6]. Et la réponse est sans ambiguïté : quand on fragmente une forêt pour développer de l'agriculture ou des zones urbaines, on réduit la biodiversité des mammifères qui vivaient dans la forêt intacte et on encourage la prolifération des souris à pattes blanches qui adorent au contraire les environnements perturbés. Du coup, on augmente aussi la population des tiques infectées. Pour notre étude, nous avons collecté les tiques dans quatorze îlots de forêts d'érables du Dutchess County, dont la taille était comprise entre 0,7 et 7,6 hectares. Nous avons constaté que, plus la superficie des parcelles forestières était élevée, plus la prévalence des nymphes infectées était faible, de même que la densité des nymphes. Le risque de contracter la maladie de Lyme dans les parcelles les plus petites était cinq fois plus élevé que dans les parcelles les plus grandes.

— Les souris à pattes blanches sont donc des rongeurs généralistes ?

— Tout à fait, m'a confirmé le chercheur. L'une de mes collègues du Cary Institute, Barbara Han, l'a parfaitement démontré : ce sont des généralistes, qui se reproduisent rapidement et sont capables d'occuper de vastes territoires avec des environnements très variés.

Comment les vautours protègent les humains de la rage

Dans les années 1990, la population de vautours en Inde s'est effondrée. La cause : l'utilisation massive d'un anti-inflammatoire, le diclofénac, administré au bétail, qui s'est révélé mortel pour les charognards. Au pays des vaches sacrées, les carcasses sont traditionnellement abandonnées aux rapaces, qui constituent des éléments clés des écosystèmes car ils aident les détritivores – bactéries, champignons ou vers – à transformer les matières organiques des cadavres après leur dépeçage, tout en permettant d'endiguer la propagation des maladies.

Le médicament vétérinaire a provoqué une hécatombe : 95 % des trois espèces indiennes de vautours ont péri. L'extermination des nécrophages a entraîné une accumulation de carcasses de bovins dans les villes et les campagnes, puis une prolifération des chiens errants, principale source de transmission du virus de la rage. Entre 1996 et 2016, l'épidémie de rage due à l'usage du diclofénac, aujourd'hui interdit, a causé 30 000 morts par an. Mais il a fallu plus de dix ans à l'équipe de Lindsay Oaks, un chercheur américain du Peregrine Fund (un centre de conservation des oiseaux de l'Idaho), pour identifier le coupable. Pour sauver les vautours menacés d'extinction, la société naturelle de Bombay et l'Institut de zoologie de Londres ont créé un centre de soin et de reproduction dans l'Haryana, au nord de New Delhi.

Par ailleurs, la densité de leur population est inversement proportionnelle à la taille des aires forestières : plus la forêt est fragmentée, plus elles prolifèrent. Dans une étude publiée en 2004, nous avons montré que l'un des mécanismes qui expliquent ce phénomène est la disparition des autres espèces de rongeurs – comme les tamias ou les écureuils –, ainsi que des prédateurs qui ne peuvent pas vivre dans des espaces réduits[7].

Or les belettes, les renards roux ou gris, les coyotes ou les rapaces, comme les chouettes rayées, se nourrissent en partie des souris à pattes blanches et jouent donc un rôle de régulateur de leur population, mais aussi des pathogènes qu'elles hébergent. C'est pourquoi, avec Felicia, nous disons que les prédateurs, et plus généralement la biodiversité, protègent la santé humaine. »

Felicia Keesing et l'« écologie des maladies infectieuses »

« Vous avez forgé, avec Rick, le concept de l'effet dilution. Comment vous est venue l'idée ? ai-je demandé à Felicia Keesing.

— D'abord, il faut être clair, m'a-t-elle répondu tout de go, nous n'avons rien inventé : l'idée que la biodiversité protège contre les maladies existait avant que nous ayons publié notre premier papier en 2000 ! En 2006, j'ai cosigné une étude qui montre qu'en Inde les vaches sont sacrées pour des raisons religieuses, mais aussi parce que leur présence est protectrice : les paysans hindous savent que, si l'on dort près d'elles, elles vont attirer les moustiques, vecteurs du paludisme, qui vont se nourrir sur elles et du coup ignorer les hommes[8]. C'est le même phénomène que nous avons observé avec Rick pour les écureuils ou les opossums qui détournent les tiques des souris à pattes blanches. Les marsupiaux présentent même deux avantages : ils tuent les tiques et mangent les souris. Quand les écureuils et les opossums disparaissent d'un environnement, les souris font la fête ! J'ai fait le même constat au Kenya : quand la biodiversité se réduit en raison des activités anthropiques, les premières victimes sont les grands prédateurs et les herbivores, comme les lions, girafes et éléphants, ce qui entraîne la prolifération de petits mammifères comme les rongeurs, qui hébergent les trois quarts des virus zoonotiques. De même, dans le domaine agricole, les paysans savent depuis des lustres que la diversité dans un champ permet de réduire la transmission de certaines maladies végétales. Donc l'idée que la diversité des espèces est le meilleur antidote contre la transmission de pathogènes n'est pas nouvelle. Ce que nous avons fait avec Rick, c'est de mettre au jour les mécanismes à l'œuvre, en proposant un cadre théorique qui permette de faire des prédictions, y compris pour d'autres maladies que celle de Lyme. »

Les deux chercheurs réalisent depuis le début des années 2000 un patient travail de terrain. Sur des photos, on les voit en blouse blanche en train de collecter les tiques dans des sites forestiers. Ils utilisent un tissu blanc avec lequel ils ratissent le sol, puis comptent les tiques qui crapahutent dessus. Ils capturent aussi de petits mammifères, comme les souris et tamias, dont ils mesurent ce qu'ils appellent la « charge en tiques » et surveillent leur population grâce à des caméras qu'ils ont installées dans les arbres. « Toutes ces données de terrain nous ont permis de développer un modèle informatique où nous pouvons virtuellement modifier les variables, m'a expliqué Felicia. Dans notre première modélisation, publiée en 2003, nous avons clairement constaté que, lorsqu'on ajoute des espèces animales dans une communauté très pauvre en biodiversité, la prévalence des nymphes infectées décline fortement[9]. C'est ainsi que nous avons identifié ce que nous appelons des "hôtes de dilution", comme les écureuils, caractérisés par une charge en tiques élevée, une faible compétence de réservoir et une forte densité de population.

— Le titre de votre article parle d'"écologie des maladies infectieuses". Qu'entendiez-vous par là ?

— L'écologie est l'étude des interactions et les maladies infectieuses sont le résultat d'interactions entre un microorganisme, un virus ou une bactérie qui vit dans un hôte – animal ou plante – et qui interagit à un moment avec nous. Donc chaque maladie infectieuse est intrinsèquement un système écologique. Si cette manière de concevoir les maladies infectieuses était prise en compte par les politiques, cela permettrait de développer des mesures de prévention efficaces, plutôt que d'attendre qu'un pathogène ait déjà atteint la communauté humaine pour réagir. Depuis l'émergence d'Ebola, du SARS, du Nipah, ou des maladies à hantavirus, nous sommes un certain nombre de scientifiques à avoir tiré la sonnette d'alarme, mais nous n'avons pas été entendus. Je pense que la pandémie de covid-19 signe un échec collectif : celui de ne pas avoir pris les avertissements des scientifiques au sérieux. »

À ces mots, Felicia Keesing a marqué une pause. Et devant la fermeté de ses propos, j'ai eu envie de savoir comment la chercheuse était parvenue à des conclusions aussi définitives : « Vous avez étudié la biologie ?

— Non ! m'a-t-elle répondu. J'ai d'abord étudié la philosophie, ensuite j'ai repris un cursus de biologie. Aujourd'hui, à cinquante-quatre ans, je me dis que cette formation hybride fut une chance, car elle m'a permis d'avoir une vision inhabituelle sur la biologie. Finalement ce travail me convient parfaitement, car depuis toute petite j'ai toujours aimé vivre au grand air. Mon père était anthropologue et ma famille a vécu dans des coins reculés du Pacifique Sud. Cette expérience a nourri mon souhait de faire mon doctorat en Afrique de l'Est, où j'ai travaillé sur les interactions entre les grands mammifères, comme les zèbres, éléphants et girafes, et les petits mammifères de la savane. Et c'est là que j'ai découvert que ce que je faisais, c'était de l'écologie.

— C'était une époque où l'écologie était considérée comme une sous-discipline mineure de la biologie ?

— C'était au début des années 1990. Il faut reconnaître aussi que les écologues, qui étaient très liés à la conservation, rechignaient à mener des études expérimentales, ce qui n'est plus le cas aujourd'hui. En ce qui me concerne, c'est grâce à nos travaux sur la maladie de Lyme que j'ai pu aller dans cette direction, en découvrant les connexions concrètes entre l'écologie et la santé humaine. Et c'est passionnant ! Cela donne du sens à mon travail et du coup, que ce soit en Afrique de l'Est ou dans l'État de New York, mes travaux de recherche sont toujours en relation avec les problèmes quotidiens des communautés. C'est le but du "Tick Project" que je dirige avec Rick, dans le Dutchess County, où les habitants vivent dans l'obsession de contracter la maladie de Lyme. »

Pour ce projet, qui s'étale sur cinq ans, vingt-quatre volontaires représentant chacun un lot d'une centaine de maisons ont été recrutés. Chaque participant a reçu plusieurs *tick control system*, des boîtes qui attirent les rongeurs. Quand un animal y entre, il reçoit une dose de fipronil, un insecticide utilisé pour débarrasser les chiens et les chats des tiques, et qui est aussi efficace sur les souris à pattes blanches. Par ailleurs, l'équipe de Rick et Felicia distribue régulièrement du *Metarhizium anisopliae*, un champignon qui pousse naturellement dans les sols des forêts et qui a la propriété de tuer les tiques. « Il existe une formulation commerciale que l'on peut épandre sur les pelouses ou les parcs, m'a expliqué la chercheuse. À la fin du projet, nous évaluerons son impact sur le taux de prévalence de la maladie de Lyme dans le secteur et, s'il est positif, nous ferons des recommandations aux municipalités et aux administrations régionales. Ce projet de gestion sanitaire locale ne doit bien sûr pas faire oublier qu'il faut aussi repenser l'aménagement global de nos territoires, en préservant et développant la biodiversité.

— Dans un article que vous avez publié en 2010 dans *Nature*, vous évoquez le "rôle duel de la biodiversité"[10]. Que voulez-vous dire ?

— Ce papier était la première revue de la littérature scientifique concernant l'impact de la biodiversité sur l'émergence et la transmission de maladies infectieuses. Nous étions treize auteurs. Certains d'entre nous pensaient sincèrement que la biodiversité pouvait être dangereuse, car elle est source de pathogènes zoonotiques qui peuvent sauter vers les humains. La meilleure protection serait donc de se débarrasser le plus possible de la biodiversité.

— En supprimant les chauves-souris et les rongeurs ?

— Tout à fait ! Ce point de vue suppose que toutes les espèces ont la même capacité de nous fournir des pathogènes, ce qui n'est pas le cas. De nombreuses études montrent que ce sont les chauves-souris et les rongeurs qui sont les plus susceptibles de nous transmettre des virus ou des parasites. Donc notre problème n'est pas la biodiversité en général, mais les chauves-souris et les rats. Or ces deux groupes de mammifères prolifèrent ou deviennent dangereux quand les autres espèces disparaissent. Dans mes cours, je dis souvent que nous avons plus de chances d'attraper un pathogène émergent d'un rat que d'un rhinocéros. D'ailleurs, nous avons intérêt à protéger les rhinocéros car, comme je l'ai constaté en Afrique, ils contribuent à contrôler la population des rongeurs. Donc, encore une fois, ce n'est pas la biodiversité en tant que telle qui est dangereuse, mais ce qu'il en reste quand les activités humaines l'ont réduite comme peau de chagrin. Je précise que le papier dans *Nature* a été publié en décembre 2010, c'est-à-dire six mois après la création de l'IPBES. Et notre conclusion allait dans le sens des objectifs de cette plateforme. »

De fait, les treize auteurs concluent leur étude par ces mots : « En dépit de questions qui restent encore ouvertes, les connexions entre la biodiversité et les maladies sont maintenant suffisamment claires pour augmenter urgemment les efforts – aux niveaux local, régional et mondial – qui permettent de préserver les écosystèmes naturels et la biodiversité qu'ils contiennent. » « On nous a reproché à Rick et à moi de vouloir absolument, par tous les moyens, imposer le concept de l'effet dilution, a poursuivi Felicia Keesing. En fait, c'est le contraire qui s'est produit ! Nos travaux sur la maladie de Lyme ont déclenché une avalanche d'études et nous avons été totalement surpris de découvrir que l'effet dilution était observé dans des domaines aussi variés que les invertébrés aquatiques, les amphibiens, les oiseaux, les mammifères, mais aussi les plantes. »

« Les monocultures favorisent les épidémies »

« L'absence de diversité dans les champs est la principale cause des maladies des cultures. » C'est ce que m'a expliqué, le 12 juin 2020, Christian Lannou, un ingénieur agronome et épidémiologiste qui dirige le département Santé des plantes et environnement de l'INRAE[a]. Je dois dire que j'ai été très surprise d'entendre les mots de ce professionnel très pédagogue, qui a fait toute sa carrière dans l'une des institutions ayant le plus contribué à l'utilisation massive de pesticides et d'engrais chimiques dans l'agriculture française.

---

a L'Institut national de recherche pour l'agriculture, l'alimentation et l'environnement est né en janvier 2020 de la fusion de l'Institut national de la recherche agronomique (INRA) avec l'Institut national de recherche en sciences et technologies pour l'environnement et l'agriculture (IRSTEA).

« C'est précisément parce que la diversité génétique est très faible dans les cultures intensives que les agriculteurs utilisent autant de pesticides, a-t-il poursuivi. Le problème a commencé au néolithique : à partir du moment où on met une plante sauvage en culture et qu'on rassemble dans un même champ des végétaux très proches génétiquement, on crée un système qui favorise les épidémies. Le modèle agro-industriel a porté cette fragilité au centuple car, dans un champ de blé moderne, toutes les plantes sont des clones. Quand un parasite y fait irruption, il se répand comme une traînée de poudre.

— Pouvez-vous donner un exemple ?

— J'ai beaucoup travaillé sur la rouille brune du blé, une maladie provoquée par un champignon, la *Puccinia triticina*, qui est connue depuis l'Antiquité. Dans la mythologie romaine, Robigus était le dieu des cultures céréalières, dont le culte était censé protéger les champs de blé de la rouille. Lorsque le champignon arrive sur une feuille de blé, il provoque une petite lésion qui va produire des propagules, comme de minuscules spores, lesquelles vont être dispersées et tomber sur d'autres plantes alentour, où elles vont créer de nouvelles lésions. Car les plantes ne bougent pas !

— C'est la différence avec les rongeurs…

— Oui ! En épidémiologie végétale, c'est le pathogène qui bouge avec le vent et la pluie. Imaginons que dix spores soient tombées sur dix plants de blé identiques, on a donc dix lésions. Mais imaginons maintenant que dans le même champ on ait mélangé deux variétés de blé différentes, une sensible à la rouille et une qui présente des gènes de résistance lui permettant de ne pas être affectée par le champignon.

Sur les dix spores distribuées au hasard, la moitié tombera donc sur des plants sensibles et l'autre moitié sur des plants résistants. Au final, on aura cinq infections au lieu de dix. Cela veut dire qu'en introduisant de la diversité génétique, on diminue le risque infectieux et épidémique par deux. C'est ce qu'on appelle l'effet dilution.

— Dans votre exemple, vous avez mélangé deux variétés de blé génétiquement différentes. Est-ce qu'en mélangeant différents types de cultures dans un même champ, l'effet dilution fonctionne aussi ? ai-je demandé, littéralement captivée par la limpidité de l'explication de mon interlocuteur.

— Tout à fait, m'a répondu Christian Lannou sans hésiter. C'est ce qu'on appelle des cultures associées. Lorsqu'on cultive en même temps, par exemple, des céréales et des légumineuses, on éloigne les plantes sensibles les unes des autres, en créant une barrière, qui au final dilue l'*inoculum*, c'est-à-dire la quantité de champignon en circulation. Ce mélange permet aussi de changer le microclimat, l'humidité ou la circulation du vent. »

À ces mots, je me suis souvenue de la grande famine qui a décimé l'Irlande au milieu du XIXe siècle. Plusieurs raisons ont été avancées pour expliquer cette catastrophe humanitaire qui fit 1 million de morts et jeta 2 millions d'Irlandais sur les routes de l'exil. L'une d'entre elles – et pas des moindres – est la politique de la couronne britannique qui avait placé l'île sous son joug et réservait les meilleures terres aux sujets de Sa Majesté. L'autre est la monoculture de pommes de terre. Originaire d'Amérique du Sud, le tubercule avait été introduit en Irlande vers 1580, pour devenir l'aliment de base des laissés-pour-compte de l'Empire britannique. On estime qu'en 1845, plus de 1 million d'hectares de pommes de terre étaient cultivés sur les versants escarpés de l'île. « Quand la pomme de terre a été introduite en Europe par les conquistadors du Nouveau Monde, elle est arrivée sans le pathogène qui lui est associé, à savoir le mildiou, m'a expliqué Christian Lannou. Pendant près de trois siècles, les Irlandais ont donc cultivé le tubercule sans problème de maladie. Mais quand le mildiou a débarqué, il a fait des ravages, car il y avait d'immenses monocultures, sans aucune diversité génétique. »

En écoutant ces paroles, j'ai repensé aussi à un reportage que j'ai réalisé en 1992 au Pérou, le centre d'origine de la pomme de terre. Dans les Andes, les paysans continuent de cultiver toutes sortes de variétés, dont la diversité s'exprime aussi dans les couleurs : il y en a des noires, des bleues, des jaunes ou des rouges. Les tubercules sont cultivés en association avec d'autres plantes, il n'y a jamais de monocultures. « C'est toute la différence, a acquiescé l'agronome de l'INRAE. C'est exactement la même histoire avec l'hévéa, dont le latex était récolté jusqu'au début du XXe siècle dans la forêt amazonienne, de manière extensive. Quand l'Américain Henry Ford a voulu créer d'énormes plantations au Brésil pour alimenter sa production de pneus, cela n'a jamais marché. Les monocultures d'hévéas étaient attaquées par un champignon, le *Mycrocyclus ulei*, naturellement présent en Amazonie, mais qui du coup faisait des ravages. C'est pourquoi aujourd'hui les plantations d'hévéas se situent en Asie, car les Britanniques ont réussi à y introduire des graines, sans le parasite. Le jour où le champignon fera irruption en Asie, les producteurs auront les mêmes problèmes que les paysans irlandais.

— Peut-on dire que, d'une manière générale, l'intensification agricole rend la production très vulnérable ?

— Sans aucun doute ! Après la Seconde Guerre mondiale, on a remembré, agrandi les parcelles et uniformisé les paysages dans des régions entières. On a réduit le nombre d'espèces cultivées en développant des monocultures, qui de surcroît sont très bien nourries avec des engrais azotés. J'ai publié une étude qui montre que les engrais favorisent le développement de la rouille, en encourageant la multiplication du champignon qui produit plus de propagules sur un blé trop nourri. Il est aujourd'hui très bien établi que le système agricole intensif favorise les pullulations, ce qui entraîne un usage croissant de produits chimiques. Si on veut sortir de cette impasse, il faut entièrement repenser le système de production agricole mais aussi forestier, en réintroduisant de la biodiversité. Car très clairement il y a un lien entre la biodiversité et la santé végétale. »

Les conclusions de Christian Lannou sont confirmées par son collègue allemand Pierre Ibisch, le professeur de « conservation de la nature » que j'ai présenté dans le chapitre 2. Ce spécialiste des forêts a également observé que la diversité des essences arboricoles protégeait les arbres contre les maladies : « Actuellement, en Europe occidentale et spécialement en Allemagne, un champignon ravage les forêts de frênes, a-t-il commenté. Il est apparu soudainement et provoque la chalarose, encore appelée “flétrissement du frêne”.

Les origines coloniales des liens entre santé et biodiversité

La santé et l'écologie se sont rencontrées dans l'entreprise coloniale. Ainsi, Thomas Logan, médecin états-unien de la « nouvelle frontière » californienne, écrivait en 1859 : « La connaissance de l'étiologie des maladies peut être mieux atteinte en étudiant les infections dans différentes localités en lien avec toutes les conditions et circonstances préjudiciables ou non à la santé des habitants. Une telle investigation philosophique est particulièrement utile pour le suivi des modifications que les maladies peuvent subir du fait de l'agencement des causes particulières à une localité ; et pour élucider les relations des maladies au climat, aux formations géologiques, à la faune, aux végétaux, aux minéraux, à l'eau et à tout ce qui varie avec la croûte terrestre… »

Le biologiste britannique Julian Huxley (1887-1975) est probablement le plus éminent chercheur de cette science coloniale associant écologie et santé. Dans les années 1920, il souligne que, « à l'heure actuelle, il est clair que la plupart sinon la majorité des problèmes de biologie appliquée [santé, agriculture, foresterie] ne peuvent être résolus de manière satisfaisante qu'en se référant aux idées écologiques » ; et il propose un triumvirat associant écologie, anthropologie et médecine, afin d'assurer le développement économique et social de l'Afrique coloniale. Au sortir de la Seconde Guerre mondiale, Huxley a été (de 1946 à 1948) le premier directeur de l'Unesco. En 1961, il sera l'un des cofondateurs du Fonds mondial pour la nature (World Wildlife Fund, WWF).

C'est lors d'une conférence sur la biosphère organisée par l'Unesco à Paris en 1968 qu'ont été abordés pour la première fois publiquement les liens entre perte de diversité biologique et santé. Les actes de cette conférence relevaient notamment : « Que les défis lancés à l'espèce humaine soient d'origine physique ou sociale, la diversité du milieu est essentielle pour l'évolution de l'homme et de ses sociétés, parce qu'un milieu stéréotypé et uniforme peut entraîner – et entraîne souvent – un appauvrissement de la vie, une perte progressive des qualités mêmes de l'humanité et un affaiblissement de la santé physique et mentale. Nous devrions chercher à préserver ou même à accroître autant que possible la diversité du milieu où nous vivons. »

Je me suis rendu récemment dans les Carpates ukrainiennes, où l'on trouve encore des forêts primaires, avec une très grande diversité d'arbres. Le champignon de la chalarose est présent, mais il ne provoque que des dégâts très localisés. Son effet est dilué par la diversité génétique des espèces. D'une manière générale, les arbres sont en meilleure santé quand ils sont dans des forêts peu perturbées par l'homme et ils sont aussi plus résilients au stress que provoque le dérèglement climatique. » Et le scientifique allemand de me citer une étude publiée en 2019 par une équipe californienne de l'université de Stanford[11]. Ces chercheurs ont examiné les données biologiques (diversité des espèces) et sanitaires (déclaration de maladies par comté) pour 130 210 parcelles forestières, situées dans tous les États-Unis.

Ils ont constaté que la biodiversité des arbres réduit la transmission ainsi que la virulence des pathogènes.

Les engrais et les pesticides chimiques favorisent les maladies infectieuses

David Civitello, trente-cinq ans, est un jeune chercheur états-unien très demandé, en raison de ses compétences qui allient « les enquêtes de terrain, les expérimentations et la modélisation mathématique pour améliorer les prédictions et le contrôle des épidémies déterminantes pour la conservation de la biodiversité et la santé humaine », ainsi que l'explique le site du laboratoire qu'il dirige à l'université Emory (Géorgie). Quand nous avons échangé sur Skype le 1er juin 2020, il venait de clore une « fête d'anniversaire sur Zoom » pour son fils aîné de quatre ans. « Je ne quitte plus mon ordinateur, a-t-il soupiré. Je l'utilisais déjà beaucoup pour mon travail ; et maintenant je m'en sers aussi pour faire la classe à mes deux enfants et même pour les anniversaires ! »

David Civitello a grandi à New Haven, dans le Connecticut. Gamin, il explorait les criques du détroit de Long Island pour capturer crabes, palourdes et petits invertébrés ou taquiner le poisson. « La biologie m'a toujours fasciné, m'a-t-il raconté. Quand j'étais en licence, j'ai assisté à un séminaire d'un mathématicien qui nous a fait une démonstration brillante sur l'efficacité des mesures prises par Hong Kong pour contrôler l'épidémie de SARS : il avait intégré la mise en quarantaine et la distanciation sociale dans un modèle mathématique, et ça marchait ! J'avais toujours été fort en maths mais, ce jour-là, je me suis dit que je voulais associer la biologie aux mathématiques, car cela me semblait un outil puissant pour comprendre la dynamique des maladies, qui dépend de nombreuses variables, dont certaines sont souvent négligées, comme les caractéristiques abiotiques de l'environnement. »

Petite parenthèse : lorsqu'ils étudient un milieu naturel, les écologues font la distinction entre les facteurs « biotiques » et « abiotiques ». Les premiers désignent les interactions entre les différents organismes vivants, comme la compétition pour la nourriture, la prédation ou le parasitisme, mais aussi les caractéristiques physiologiques de ces mêmes organismes, comme leur taux de reproduction, leur durée de vie ou leur mode de déplacement ; les seconds ont trait aux composants physico-chimiques de l'écosystème, comme la lumière, la structure chimique de l'eau ou du sol, la température ou l'humidité de l'air.

« Dans mon laboratoire, nous étudions comment les facteurs environnementaux et physiologiques influencent deux processus clés pour l'émergence de maladies, à savoir la transmission de parasites vers de nouveaux hôtes et la reproduction des parasites à l'intérieur même des hôtes, m'a expliqué David Civitello. Et, conformément aux passions de mon enfance, ma spécialité, ce sont les milieux aquatiques et, plus généralement, l'agriculture.

— Est-ce que vous vous considérez comme un écologue de la santé ?

— Tout à fait ! J'ai même créé un séminaire à l'université Emory sur la *disease ecology*. Je suis d'ailleurs très heureux de voir que la covid-19 a permis de mettre sur la place publique les enseignements de cette discipline méconnue, à savoir les multiples liens entre la santé et la biodiversité. J'espère sincèrement que nous serons plus écoutés, car cette pandémie ne sera malheureusement pas la dernière. »

En 2019, le chercheur a cosigné un article intitulé « Les maladies infectieuses humaines émergentes et leurs liens avec la production globale d'aliments[12] ». Dans leur *abstract* (résumé), les auteurs écrivent : « Nous avons synthétisé les mécanismes par lesquels l'expansion et l'intensification annoncées de l'agriculture d'ici à 2100 auront un impact sur les maladies infectieuses humaines, lesquelles à leur tour affecteront la production et la distribution d'aliments. Nourrir 11 milliards de personnes nécessitera une augmentation substantielle de la production végétale et animale, ce qui entraînera un accroissement de l'utilisation d'antibiotiques, d'eau, de pesticides et d'engrais mais aussi des contacts entre les humains et les animaux sauvages ou domestiques. Et tout cela aura des conséquences pour l'émergence et la transmission d'agents infectieux. En effet, notre synthèse de la littérature scientifique suggère que, depuis 1940, les facteurs agricoles sont associés à plus de 25 % de toutes les maladies infectieuses qui ont émergé chez l'homme, et à plus de 50 % des maladies zoonotiques. Ces pourcentages risquent d'augmenter avec l'expansion et l'intensification de l'agriculture. »

« Les pesticides et engrais chimiques polluent les nappes phréatiques et les ressources aquatiques, a commenté David Civitello, et nous avons observé que la dégradation de la qualité de l'eau contribue à l'émergence de maladies infectieuses, comme la schistosomiase qui affecte plus de 200 millions de personnes chaque année dans les régions tropicales. » Encore appelée « bilharziose », la schistosomiase est une maladie parasitaire causée par un trématode – un ver plat de l'espèce *Schistosoma* –, transmis par un escargot d'eau douce, agissant comme un hôte intermédiaire : les œufs s'y transforment en larves (ou « cercaires »), lesquelles ont ensuite besoin pour devenir des vers adultes d'un hôte définitif, les humains ou d'autres mammifères. La contamination s'opère par contact cutané dans des réserves aquatiques. Les femelles pondent alors des œufs dans les organismes de leurs victimes et le cycle peut reprendre : une partie des œufs est expulsée dans les excréments ou les urines, qui contaminent les eaux et infectent les escargots, etc. Dans sa forme grave, la bilharziose provoque des cancers de la vessie, des lésions génitales ou des insuffisances hépatiques graves. Elle touche les populations pauvres d'agriculteurs et de pêcheurs, tout particulièrement les femmes qui lavent leur linge dans des eaux infestées, ainsi que les enfants qui s'y baignent. Pour l'heure, un seul médicament (le praziquantel) permet de la traiter, mais il est loin d'être accessible à tous.

Dans une étude publiée en 2018, David Civitello et ses coauteurs ont montré que la construction de barrages et le développement de l'agriculture irriguée entraînent une augmentation de la distribution et de la prévalence de la bilharziose, qui menace 800 millions de personnes[13]. Pour cela, ils ont constitué un mésocosme[a] comprenant plusieurs bassins, dans

---

a Un mésocosme est un dispositif expérimental, placé dans un laboratoire ou en plein air, qui permet d'étudier les réponses

lesquels ils ont reproduit fidèlement les conditions aquatiques d'un réservoir de barrage ou du lit d'une rivière. Ils ont introduit des algues et du zooplancton, trois espèces d'escargots – dont deux sont des hôtes des vers *Schistosoma*, deux espèces de prédateurs des gastéropodes, des écrevisses et des punaises d'eau, et des œufs de schistosomes (provenant de hamsters infectés). De plus, ils ont ajouté, séparément ou en mélange, des concentrations d'engrais et de pesticides chimiques – un herbicide (l'atrazine) et un insecticide (le chlorpyrifos) – que l'on peut trouver dans les régions où la bilharziose est endémique.

« Nos résultats ont montré que l'atrazine et l'engrais augmentent la population des escargots en stimulant le développement des algues qui constituent leur principale source d'alimentation, a commenté David Civitello. C'est un effet écologique *bottom-up* (du bas vers le haut). De plus, le chlorpyrifos tue les écrevisses et punaises d'eau, prédateurs des escargots, selon un effet *top-down* (du haut vers le bas). En résumé : la présence de résidus d'engrais et de pesticides chimiques dans les eaux augmente le risque de bilharziose pour les humains. Cette étude expérimentale permet de comprendre pourquoi la région du barrage de Diama, construit sur le fleuve Sénégal, notamment pour pratiquer l'agriculture intensive irriguée, a connu une explosion de la bilharziose. Et, malheureusement, les remèdes proposés ont été désastreux, à savoir l'usage de la niclosamide, un molluscicide censé éradiquer les escargots mais qui est aussi

d'un milieu naturel aux variations des paramètres le caractérisant : température, teneur en CO_2, salinité, polluants, etc.

néfaste pour les poissons. Dans une étude publiée en août 2020, nous avons montré que, en affectant les poissons, ce produit élimine un prédateur naturel efficace des escargots, mais prive aussi les populations locales d'une ressource capitale en protéines[14].

— Comment expliquez-vous que les effets que vous décrivez sont ignorés, voire niés par ceux qui fabriquent ou encouragent l'utilisation de ces produits chimiques ?

— Cette question m'obsède, a lâché David Civitello.

— Est-ce parce que ces interactions en cascade sont complexes et donc difficiles à comprendre ?

— Je crois effectivement que c'est l'une des explications, m'a répondu le chercheur. Il y a aussi une confiance démesurée dans les bienfaits de la technologie. Je me souviens de la réaction de l'un des relecteurs de notre papier sur l'usage de la niclosamide : il nous a dit que nous envoyions un message dangereux, en critiquant le contrôle des escargots. Alors que nous prônions une méthode écologique d'éradication des gastéropodes par la préservation de leurs prédateurs naturels. »

La méta-analyse de David Civitello

Les articles de David Civitello sur la bilharziose auraient pu être inclus dans la méta-analyse qu'il a publiée en 2015 et dans laquelle il a examiné plus de deux cents études évaluant l'existence de l'effet dilution pour diverses maladies affectant les humains, la faune, les animaux domestiques ou les plantes, concernant soixante et une espèces d'agents pathogènes[15].

Faute de pouvoir les citer toutes, je donnerai quelques exemples qui illustrent la richesse des travaux réalisés, dans la foulée de ceux de Richard Ostfeld et Felicia Keesing. C'est ainsi que Peter Johnson, un chercheur de l'université du Colorado, a mesuré l'impact de la biodiversité des amphibiens sur la transmission d'un parasite, le *Ribeiroia ondatrae*, qui provoque de graves malformations des membres et une mortalité élevée chez la rainette du Pacifique (*Pseudacris regilla*), laquelle constitue son hôte le plus compétent[16]. Le scientifique a examiné 24 125 grenouilles, provenant de trois cent quarante-cinq zones humides dans une région californienne de 760 000 hectares. Les résultats sont impressionnants : la transmission de l'agent pathogène est inférieure de 78,4 % dans les zones humides présentant une grande diversité d'espèces d'amphibiens, comparativement à celles où la diversité est moindre. Les observations de terrain ont été confirmées expérimentalement dans un mésocosme : le risque infectieux diminue de 64 % quand le nombre des espèces passe de un à trois. De son côté, John Swaddle, biologiste à l'université de Californie, a confirmé la validité de l'effet dilution pour la transmission de la fièvre du Nil occidental. Cette maladie qui peut provoquer des troubles neurologiques mortels chez l'homme, est causée par un flavivirus (une famille qui comprend les virus de la fièvre jaune, de la dengue ou du Zika). Son cycle de vie implique un réservoir animal – les oiseaux –, un insecte vecteur – le moustique – et des hôtes accidentels – le cheval et l'homme –, qui représentent des culs-de-sac épidémiologiques (c'est-à-dire qu'il n'y a aucune transmission directe du cheval à l'homme ni d'homme à homme). L'étude a montré que la prévalence de la maladie chez les humains est négativement corrélée avec la richesse en espèces d'oiseaux[17]. En d'autres termes : une forte biodiversité en oiseaux dilue la transmission du virus en l'orientant davantage vers des oiseaux non compétents, au détriment des oiseaux compétents (les oiseaux migrateurs ainsi que les espèces de passereaux, comme les geais, les moineaux et les corneilles), ce qui réduit le risque de transmission à l'homme. Plusieurs études ont aussi confirmé l'effet dilution pour la transmission de l'hantavirus *Sin nombre*, comme celles de Scott Carver[18] (université du Montana) et de John Orrock[19] (université du Wisconsin), ou pour la prévalence de la maladie de Lyme, comme celle de Taal Levi[20] (université de Californie). Notons aussi l'étude de la Britannique Cayla King (université d'Oxford), qui a montré qu'une réduction de la diversité génétique des daphnies favorise la transmission des parasites tout en augmentant leur virulence[21]. Les daphnies sont de petits crustacés, parfois appelés « puces d'eau », qui peuplent les eaux douces et stagnantes. Considérées comme d'excellents bio-indicateurs, elles contribuent à l'équilibre écologique des écosystèmes aquatiques et sont utilisées dans les laboratoires d'écotoxicologie pour mesurer la qualité de l'eau.

« Pourquoi avez-vous décidé de conduire une méta-analyse sur l'effet dilution ? ai-je demandé à David Civitello.

— En 2013, j'avais été interpellé par une première méta-analyse publiée par mon collègue Dan Salkeld qui infirmait l'effet dilution[22]. Or il n'avait examiné que douze études, ce qui est très peu, et avait ignoré des pans entiers de la recherche dans ce domaine, comme celles concernant les plantes, certains vertébrés et, encore plus grave pour moi (*rires*), les daphnies. J'ai fait ma thèse de doctorat sur ces petits invertébrés aquatiques et je sais qu'ils constituent un excellent modèle pour comprendre et même prédire les maladies infections humaines. À l'époque, il y avait une controverse, voire une polémique, sur les travaux de Rick Ostfeld et Felicia Keesing, certains scientifiques arguant que l'effet dilution était très rare et qu'en général la biodiversité provoquait une amplification de la transmission des agents pathogènes. Les résultats de ma méta-analyse disent le contraire : l'effet dilution a été observé dans la grande majorité des études que j'ai examinées, quel que soit le type de parasite ou d'hôte concerné. Mes conclusions sont similaires à la méta-analyse publiée la même année par Peter Johnson avec Rick et Felicia, où ils ont évalué soixante-dix études[23].

— Comment expliquez-vous les réticences que continue de susciter l'effet dilution chez certains scientifiques ?

— Il y a deux réponses à cette question. La première est scientifique et concerne l'échelle spatiale à laquelle on essaie d'observer les phénomènes. Ce problème a été brillamment exposé par le professeur Simon Levin, un théoricien des mathématiques et aussi l'un des grands noms de l'écologie américaine, lorsqu'il a reçu le prix Robert MacArthur en 1988[a]. Publiée en 1992, sa conférence a depuis été citée des milliers de fois[24]. Pour lui, l'une des plus grandes

a Le prix Robert MacArthur est une distinction biennale accordée par l'Ecological Society of America.

difficultés de l'écologie est qu'elle doit sans cesse combiner des informations obtenues à différentes échelles géographiques, allant du niveau très local au niveau régional ou même national. Pour faire simple, car c'est un peu technique (*rires*), je dirais que, pour les maladies infectieuses, on peut faire ce constat : plus on fait un zoom avant, plus les facteurs biotiques, comme les interactions locales entre les différents organismes vivants, jouent un rôle important ; plus on fait un zoom arrière, plus les facteurs abiotiques, comme le climat, apparaissent déterminants. Mais, bien souvent, ces deux types de variables entrent en synergie : c'est particulièrement vrai pour l'impact de la perte de biodiversité et du changement climatique sur l'émergence des maladies infectieuses. Quant à la seconde réponse à votre question, je dirais qu'elle est plus politique, car elle concerne l'application de l'effet dilution à la santé humaine et les mesures que nous devrions prendre si nous en tenions compte. Logiquement, ces mesures impliquent un changement dans les relations que les humains entretiennent avec leur environnement, comme leur rapport à la faune sauvage, ou leur manière d'exploiter les forêts et les océans. Et c'est peut-être ce qui fait peur… »

Une polémique « un peu malhonnête » pour nier l'effet dilution

« Je ne sais pas si c'est de la malhonnêteté ou si certains scientifiques veulent paraître plus intelligents que les autres, mais les arguments avancés parfois pour dénigrer l'existence de l'effet dilution me laissent un peu pantois. » À trente-neuf ans, Benjamin Roche est directeur de recherche à l'Institut de recherche pour le développement (IRD). Quand je lui ai parlé le 26 mai 2020, il était confiné avec sa famille à Montpellier et attendait de pouvoir repartir au Mexique, où il codirige un laboratoire international qui travaille précisément sur l'effet dilution. Un sujet qu'il connaît bien puisque sa thèse de doctorat, dirigée par Jean-François Guégan, portait sur « les liens entre la perte de biodiversité et l'émergence des maladies infectieuses ». Du reste, son parcours ressemble un peu à celui de David Civitello : après avoir travaillé comme ingénieur informatique, il a fait un master en biomathématiques, puis s'est spécialisé en écologie et évolution. Il a travaillé pendant deux ans sur la grippe aviaire aux États-Unis, avant d'obtenir en 2007 son habilitation à diriger des recherches en médecine de santé publique. « Ma première mission pour Santé publique France fut d'établir un modèle capable de prédire comment le moustique tigre, qui transmet la dengue ou le chikungunya, allait se propager en métropole, m'a-t-il expliqué. Cela fait déjà plusieurs années que le vecteur est présent dans le sud de la France, où il y a des services de démoustication. Le modèle devait permettre de planifier les équipements au fur et à mesure que le moustique se déplaçait vers le nord. Quand je l'ai présenté à la Direction générale de la santé, ils m'ont dit : "Oui c'est bien, mais comme le modèle n'est valable qu'à 95 %, on va attendre deux ou trois ans pour qu'il le soit à 99-100 %." Résultat : trois ans plus tard, le moustique tigre était partout, et lorsqu'il a été détecté pour la première fois à Paris, ce sont les techniciens de Montpellier qui sont venus démoustiquer… C'est hallucinant !

— Comment le moustique se déplace-t-il ?

— Il suit les autoroutes, comme l'A9 et l'A7 ! m'a répondu le chercheur. C'est d'abord du transport passif de moustiques adultes dans des voitures ou des camions. Tout indique que le réchauffement climatique lui fournit aussi des conditions favorables pour son implantation toujours plus vers le nord. Mais ce sont clairement les activités humaines qui favorisent son expansion.

— Pour revenir à l'effet dilution, quels sont les arguments avancés pour le dénigrer ?

— Je vais vous donner un exemple pitoyable, a dit Benjamin Roche. L'effet dilution signifie que la biodiversité protège contre les maladies infectieuses. Certains disent : "Oui, mais quand on rase absolument tout et qu'on se retrouve sur un parking, on n'a plus de biodiversité et on n'a plus de pathogènes non plus." J'ai lu cet argument dans la littérature scientifique ! En fait, c'est le même genre de déni qu'on avait il n'y a pas si longtemps pour le changement climatique. Parfois, les critiques contre Rick et Felicia ont été extrêmement violentes et cela les a beaucoup touchés. Mais, quand on les examine, elles sont souvent biaisées, et elles sortent du champ scientifique, pour relever plutôt de l'idéologie. Un exemple : Rick et Felicia disent qu'il y a un effet dilution pour la maladie de Lyme. Et puis il y a quelqu'un – je ne le nommerai pas ! – qui fait une méta-analyse pour conclure que la biodiversité des hôtes n'est pas le facteur le plus important pour déterminer le niveau de prévalence de la maladie. Sauf que ce n'est pas la même question ! Rick et Felicia ne disent pas que la biodiversité explique toute la prévalence de la maladie de Lyme, ils disent que, quand il y a plus de biodiversité, il y a moins de maladie de Lyme. Et ils ont raison ! Car l'effet dilution pour les maladies vectorielles est incontestable. Il fonctionne dans de nombreuses situations, mais probablement pas dans toutes. La prochaine étape est de quantifier ce "probablement" en multipliant les études de terrain et les données, en toute honnêteté. »

En 2012, Felicia Keesing et Rick Ostfeld ont publié une étude où ils ont dégagé trois conditions qui doivent être réunies pour que l'effet dilution fonctionne[25]. J'avoue que c'est un peu technique, mais, étant donné la polémique, il me semble important d'entrer (un peu) dans le détail. En substance, l'effet dilution est observé, quand : 1) « les hôtes diffèrent en qualité pour les pathogènes ou les vecteurs » ; appliqué à l'exemple de la maladie de Lyme, cela veut dire : quand il y a des hôtes très compétents (comme les souris à pattes blanches) et d'autres qui le sont moins (comme les tamias) ou pas du tout (comme les écureuils) ; 2) « les hôtes de haute qualité sont surtout présents dans des communautés avec une faible diversité d'espèces, tandis que les hôtes de basse qualité le sont plutôt dans des communautés plus diverses » ; 3) « les hôtes de basse qualité régulent l'abondance des hôtes de haute qualité ou des vecteurs, ou réduisent la fréquence des contacts entre ces derniers et les pathogènes ou vecteurs ».

« Nous n'avons jamais dit que l'effet dilution était systématique, m'a expliqué Richard Ostfeld car, en écologie, il n'y a jamais rien de systématique ! Felicia a même été l'auteure principale d'un papier très cité, où elle a introduit le concept d'amplification[26]. De fait, dans un même système hôtes-parasites, on peut avoir des mécanismes contradictoires, qui favorisent *en même temps* la dilution et l'amplification des agents pathogènes. Je ne rentrerai pas dans les détails, mais nous avons observé que, lorsqu'il y a une réduction de la biodiversité, l'effet dilution est plus fort que celui de l'amplification. C'est par exemple ce qu'a constaté James Mills avec ses coauteurs au sujet de la transmission de l'hantavirus *Sin nombre*[27]. Ce que nous appelons l'"effet net" allait en faveur de la dilution.

— Que pensez-vous de la première méta-analyse, conduite par Dan Salkeld de l'université de Stanford ?

— Il a retenu si peu d'études pour sa méta-analyse qu'il a été obligé d'inclure certaines de ses études qui n'étaient pas encore publiées, m'a répondu le chercheur en cherchant visiblement ses mots. Rien à voir avec la méta-analyse de David Civitello qui, de plus, a utilisé une approche statistique irréprochable… »

Rick Ostfeld n'en dira pas plus. Ce qui ne fut pas le cas de Felicia Keesing. « David Civitello a épluché plus de deux cents études et a conclu que plus de 70 % d'entre elles montraient un effet dilution, m'a-t-elle expliqué avec fermeté. Le principal argument des scientifiques qui nient l'existence de l'effet dilution est que la qualité des preuves avancées n'est pas suffisante. Ils vont par exemple critiquer une étude en disant qu'elle a été conduite sur les plantes et qu'elle n'a donc aucun intérêt parce qu'elle concerne une maladie qui n'affecte pas les humains. La seule preuve qui serait valable pour eux serait une étude expérimentale conduite sur les humains. Ce que nous ne pouvons éthiquement pas faire ! C'est ce même type d'argument qu'utilisent aujourd'hui les "scientifiques" – je mets volontairement des guillemets – de l'administration Trump pour maintenir sur le marché un produit dangereux : “Les preuves de sa toxicité ne sont pas suffisantes” ; ou pour refuser d’agir contre le réchauffement climatique. C’est une astuce épistémologique très prisée des industriels de la chimie ou des climatosceptiques : ils réclament une preuve expérimentale impossible à réaliser ! Pour moi, ainsi que pour de nombreux scientifiques, il n’y a pas de controverse, car l’effet dilution est un phénomène naturel, au même titre que l’arc-en-ciel. Les deux seules questions qui méritent d’être posées sont : 1) fonctionne-t-il fréquemment ? ; 2) quelle théorie pouvons-nous en tirer pour pouvoir l’appliquer utilement dans le monde réel ? Et avec la pandémie de covid-19, nous avons collectivement intérêt à répondre d’urgence à ces deux questions. »

Inutile de préciser que les mots de Felicia ont résonné en moi avec une acuité particulière, car ils faisaient écho aux pratiques délictueuses des industriels de la chimie que j’ai dénoncées dans mes films et livres *Le Monde selon Monsanto* et *Notre poison quotidien*.

« Pensez-vous que des intérêts privés utilisent certains scientifiques pour dénigrer l’effet dilution ? ai-je demandé à Rick Ostfeld.

— L’effet dilution nous dit que, en préservant la biodiversité, nous protégeons la santé des écosystèmes, des animaux, des plantes et des humains, m’a-t-il répondu. S’il y a des multinationales ou des groupes politiques qui n’ont pas intérêt à ce que cet argument très puissant envahisse la sphère publique, alors il n’est pas exclu qu’ils essaient de manipuler la science. Pour l’heure, je n’ai pas la preuve que ce soit déjà le cas. Peut-être parce que l’argument que la biodiversité protège contre les maladies infectieuses n'est pas encore utilisé officiellement pour justifier la nécessité de protéger l'environnement. Mais le jour où les spécialistes de la santé et de l'environnement commenceront à collaborer, on peut s'attendre à tout... »

Une fois de plus, Richard Ostfeld a répondu avec une extrême prudence, tout comme d'ailleurs Benjamin Roche. « Le système économique dominant repose sur l'exploitation, voire la destruction, de la biodiversité, m'a dit le chercheur français. La reconnaissance de l'effet dilution peut donc potentiellement provoquer des tensions économiques que les politiques peuvent réguler. Mais, pour cela, il faut arriver à les convaincre qu'investir dans la protection de la biodiversité est un choix judicieux, y compris du point de vue économique, étant donné le coût absolument astronomique d'une pandémie zoonotique comme la covid-19. Le but du laboratoire international du Yucatán que je codirige avec Gerardo Suzán depuis 2017 est précisément de fournir des outils scientifiques qui permettent d'éclairer l'action des politiques. »

Rencontre avec Gerardo Suzán

Impossible de terminer ce chapitre sans évoquer le parcours étonnant de Gerardo Suzán, spécialiste de l'écologie des maladies et de la santé à l'Université nationale autonome du Mexique (UNAM), qui codirige donc le laboratoire international du Yucatán avec Benjamin Roche. Le 26 mai 2020, j'ai échangé plus de deux heures avec le chercheur mexicain, qui a fait des études de vétérinaire, puis une spécialisation en écologie et sciences de l'environnement, avant de faire un doctorat en biologie sur l'effet dilution, sous la direction de James Mills. Je rappelle que j'ai rendu hommage à « Jim » au début de ce chapitre, pour avoir publié un article lumineux sur les maladies à hantavirus. La boucle est bouclée !

« Quelles sont les expériences qui ont influencé votre carrière ? lui ai-je demandé.

— Il y en a deux fondamentales, m'a répondu sans hésiter Gerardo Suzán dans un espagnol à l'accent mexicain qui m'a rappelé moult souvenirs. J'ai débuté ma carrière de vétérinaire comme bénévole sur une île où j'étais chargé de veiller sur les tortues marines. Je pensais que j'allais utiliser mes connaissances en zoologie, mais il n'en fut rien : j'ai découvert que, pour prendre soin des tortues, il fallait surtout connaître l'écologie et la biologie de la conservation (voir chapitre 3). Et j'ai décidé de ne plus être vétérinaire ! J'ai donc repris des études de biologie. Pendant ce cursus, j'ai rejoint une association qui fait du travail social dans les communautés indigènes de la Sierra Tarahumara, dans l'État de Chihuahua, au nord du Mexique. Cette expérience a bouleversé ma vision du monde ! J'ai vu comment les grandes entreprises violaient les territoires indigènes au nom du "développement", qui n'apportait aucun bénéfice aux communautés, au contraire : elles étaient marginalisées et entraient dans le cercle vicieux de la pauvreté, parce que l'environnement, dont elles dépendaient pour vivre, était détruit. Arrivaient aussi toutes sortes de maladies dues à la fragmentation des habitats naturels. C'est là que j'ai compris que tout est lié : la santé des écosystèmes, des animaux sauvages et domestiques et des humains ; et que la politique de conservation de la biodiversité était aussi un moyen de lutter contre les maladies et la pauvreté.

— Pourquoi avez-vous fait votre thèse sur l'effet dilution ?

— En 1997, j'ai rencontré le docteur James Mills dans un congrès. Il m'a proposé de faire un doctorat à l'université d'Albuquerque au Nouveau-Mexique. Il m'a décroché une bourse et j'ai pu intégrer une équipe pluridisciplinaire, avec des virologues, entomologistes, médecins, ornithologues, mathématiciens ou climatologues, qui travaillait sur les flambées de syndrome pulmonaire à hantavirus, qui avaient commencé en 1993 dans la région de Four Corners. Nous avons notamment mis au jour le rôle joué par le changement climatique : en effet, dans le sud des États-Unis, les sécheresses sont de plus en plus fréquentes et longues. Le phénomène El Niño provoque parfois de violentes pluies qui entraînent à leur tour la production massive de graines, lesquelles font le bonheur des rongeurs comme la souris sylvestre, porteuse du virus *Sin nombre*, qui du coup se met à proliférer. Et voilà comment je suis devenu un spécialiste des rongeurs ! À la fin des années 1990, le gouvernement du Panama a contacté James Mills, car le pays était frappé par des flambées de syndrome pulmonaire à hantavirus. Je suis parti là-bas sans savoir ce que je pouvais faire ! J'ai commencé par poser des pièges à rongeurs à proximité des maisons où vivaient les victimes qui venaient de décéder. J'ai constaté qu'il s'agissait toujours de la même espèce de muridés, qui était porteuse de l'hantavirus. Puis, j'ai étendu ma recherche, en capturant des rats dans des environnements différents : des secteurs agricoles, des forêts intactes ou fragmentées, des zones urbaines ou des aires protégées. J'ai découvert – avec surprise et enthousiasme (*rires*) ! – qu'à chaque type d'habitat correspondaient une ou plusieurs espèces de rongeurs spécifiques, mais que c'était dans les forêts intactes et les aires protégées qu'on trouvait la plus grande diversité. C'était tellement systématique que, lorsque mes collaborateurs m'apportaient des rats qu'ils venaient de capturer, je pouvais dire de quel type d'habitat ils provenaient ! Finalement, j'ai cartographié le risque de maladie à hantavirus dans tout le Panama, en soulignant particulièrement les zones agricoles et les interfaces entre les forêts fragmentées et les secteurs urbanisés, où prolifèrent les rongeurs généralistes, porteurs des hantavirus[28].

— Est-ce qu'on sait pourquoi ces rongeurs généralistes sont plus susceptibles d'être des réservoirs d'agents pathogènes ? ai-je demandé, littéralement fascinée par le récit de mon interlocuteur.

— C'est une caractéristique des espèces invasives et une énigme que les immunologues essaient de résoudre, m'a-t-il répondu. Plusieurs études suggèrent que les rongeurs généralistes ont une certaine plasticité génétique, avec des récepteurs capables de se lier à de nombreuses maladies, mais aussi de les transmettre. Ils sont aussi associés à des environnements perturbés, peut-être du fait d'un avantage évolutif qui leur permet de s'adapter à des habitats variés et de vivre à proximité des humains. »

Après cette mission au Panama, Gerardo Suzán a organisé en 2003 la première étude expérimentale – toujours unique à ce jour – pour vérifier l'effet dilution qu'il avait constaté sur le terrain. Avec l'accord du gouvernement panaméen, il a installé un « laboratoire en plein air » dans la péninsule d'Azuero, située au sud-ouest du petit pays d'Amérique centrale. Pour cela, il a choisi quatre localités, qui partagent la même altitude et des conditions environnementales strictement identiques, à savoir des zones de pâturage, aux abords de forêts tropicales primaires ou secondaires et une faible densité humaine. Dans chaque localité, il a construit six sites en bordure des forêts, constitués d'un carré de 49 mètres carrés (7 × 7 mètres), grillagés et comprenant des pièges à rongeurs avec, pour appât, du beurre de cacahuète et des graines. Du 27 juin au 20 novembre 2003, neuf cent cinq muridés, représentant neuf espèces, sont ainsi entrés dans les vingt-quatre enclos – dont douze dits « expérimentaux » et douze de contrôle –, dont ils ne pouvaient plus ressortir. Ils ont tous été systématiquement mesurés, équipés d'une boucle à l'oreille, puis relâchés dans les enclos après une prise de sang. Pendant les trois mois suivants, Gerardo et son équipe, habillés comme des cosmonautes, ont procédé à d'étranges manipulations : dans les sites dits « expérimentaux », tous les rongeurs qui n'étaient pas des réservoirs des hantavirus étaient retirés des enclos, pour ne laisser que les *Zygodontomys brevicauda* et *Oligoryzomys fulvescens*. Dans les sites de contrôle, les neuf espèces de muridés vivaient leur vie, les chercheurs n'intervenant qu'une fois par mois, pour leur faire une prise de sang. « Les résultats ont dépassé tous nos espoirs, a commenté Gerardo Suzán. Dans les sites de contrôle où il y avait une grande diversité de rongeurs, la population de chaque espèce s'est maintenue en équilibre, tandis que le taux d'infection aux hantavirus restait faible.

Dans les sites expérimentaux, où n'avaient été gardées que les deux espèces réservoirs, nous avons vu leur population augmenter, ainsi que le taux d'infection. Nous avons aussi constaté que les rongeurs qui étaient négatifs au début de l'expérience ont pratiquement tous fini infectés au bout des six mois. Notre étude confirme que la diversité génétique réduit la transmission des agents pathogènes[29]. Il n'y a aucun doute là-dessus ! »

En 2017, Gerardo Suzán a vu l'un de ses « rêves les plus chers » se réaliser : la création d'un laboratoire international, financé par l'Union européenne et la Conacyt, l'institution mexicaine chargée de soutenir la science, en partenariat avec l'Institut de recherche pour le développement (IRD), dont dépend Benjamin Roche. L'équipe pluridisciplinaire comprend des biologistes, des écologues de la santé, des sociologues et des économistes, provenant du Mexique, d'Allemagne, de France et des États-Unis. Elle travaille essentiellement dans la péninsule du Yucatán, située au sud-est du Mexique, connue pour ses plages et ses ruines mayas. « Outre les sites touristiques, la région comprend aussi des aires de conservation de la forêt tropicale, avec une extraordinaire biodiversité, des zones agricoles et d'élevage, des habitats forestiers fragmentés, ainsi que des aires urbaines de densité variable, m'a expliqué Gerardo Suzán. Nous suivons particulièrement les chauves-souris, les rongeurs, les oiseaux et les moustiques, qui sont à l'origine de la quasi-totalité des maladies zoonotiques. Nous menons une étude grandeur nature sur la durée, dont le but est de comprendre comment la biodiversité protège la santé, afin de faire des recommandations concrètes aux politiques, mais aussi aux populations qui vivent dans la péninsule. Notre laboratoire est aussi un centre de formation où les étudiants peuvent faire un master que nous avons créé, intitulé “Écologie, éco-santé et production durable”. Car nous tenons à promouvoir une vision holistique, qui seule nous permettra d’éviter les prochaines pandémies.

— Comptez-vous aussi travailler sur les facteurs de comorbidité de la covid-19, notamment l’obésité et le diabète, deux maladies qui ont explosé au Mexique ?

— Tout à fait ! m’a répondu le chercheur. En trente ans, le pays s’est élevé au premier rang mondial pour l’obésité des adultes et des enfants, en raison de la malbouffe, et le diabète constitue désormais la première cause de mortalité. Ces fléaux expliquent qu’au Mexique le SARS-CoV-2 tue beaucoup des personnes jeunes, comme aux États-Unis. La pandémie actuelle nous rappelle avec force que tout est lié… »

5

Les maladies non transmissibles : l'hypothèse de la biodiversité

« Avec la covid-19, notre étude prend encore plus de sens : c'est la première fois que va être examiné l'impact de la biodiversité environnementale sur la diversité des rongeurs et des agents pathogènes qu'ils portent, d'une part ; et, d'autre part, sur le microbiome de ces mêmes rongeurs, qui influence leur système immunitaire. » Pour être franche, j'ai dû faire répéter la biologiste Nathalie Charbonnel, car il y avait vraiment trop d'informations dans la phrase qu'elle venait de m'asséner, ce 5 juin 2020, avec un enthousiasme manifeste. Alors que j'enregistrais notre conversation, j'avais griffonné trois mots : covid, biodiversité, microbiome.

Biodiversité, rats et microbiome : une « très belle étude européenne »

Commençons par le dernier : le terme a été inventé par Joshua Lederberg, le généticien et prix Nobel de médecine qui avait ouvert en 1989 la fameuse conférence de Washington sur les « virus émergents » dont j'ai longuement parlé dans le chapitre 1. Dans un article publié en 2001, le mentor de Stephen Morse y définit le nouveau concept médical de « microbiome » comme la « communauté écologique de microorganismes commensaux, symbiotiques et pathologiques qui littéralement partagent notre espace corporel[1] ». En d'autres termes : le microbiome comprend l'ensemble des virus, bactéries et champignons qui vivent à l'intérieur de notre corps et sur notre peau. Il est constitué de plusieurs « microbiotes », comme le microbiote cutané qui compte 1 million de bactéries par centimètre carré de peau. Ou le microbiote intestinal qui héberge quelque 100 000 milliards de microorganismes, pesant environ 1,5 kilo chez un humain adulte… Aussi appelé « flore intestinale », ce mastodonte est notamment peuplé de bactéries qui favorisent la digestion, aident l'intestin à se protéger de l'intrusion d'agents pathogènes ou participent à la construction du système immunitaire. S'il est en déséquilibre, on dit que le microbiote intestinal souffre de « dysbiose », à l'origine de maladies inflammatoires comme la maladie de Crohn[a], mais aussi le diabète de type 1, l'asthme ou les allergies. Or ces pathologies chroniques, qui affectent un nombre croissant de personnes, notamment de jeunes, sont considérées comme des facteurs de comorbidité de la covid-19 : « Plusieurs études ont émis l'hypothèse que les symptômes de la maladie de Lyme pourraient être aggravés

a La maladie de Crohn est une maladie inflammatoire chronique du gros intestin, caractérisée par des diarrhées prolongées et des douleurs abdominales.

par un dysfonctionnement immunitaire dû à une dysbiose, m'a expliqué Nathalie Charbonnel. De même, le dérèglement du microbiote intestinal pourrait être à l'origine du fameux "orage inflammatoire" qui plonge certains patients de la covid-19 dans un état clinique grave, parfois fatal. Or des chercheurs ont montré que la biodiversité environnementale joue un rôle clé pour la constitution d'un microbiome équilibré dans les premières années de la vie. »

À quarante-cinq ans, Nathalie Charbonnel est directrice de recherche à l'INRAE où, explique sa fiche de présentation, « ses recherches visent à analyser les processus façonnant la biodiversité des interactions rongeurs/pathogènes et à évaluer l'impact des co-infections et des flores microbiennes sur la sensibilité des rongeurs à certains pathogènes ». Elle travaille notamment sur les hantavirus, qui sont portés en France par les campagnols et y provoquent non pas un « syndrome pulmonaire à hantavirus » comme en Amérique, mais une « fièvre hémorragique avec syndrome rénal » (FHSR). « Il y a des cas humains dans le quart nord-est de la France, des Ardennes au Jura, m'a dit la chercheuse. Dans certaines régions, comme la Sologne, le virus circule chez les campagnols, mais il n'y a pas de contamination humaine. Je cherche à comprendre quels sont les facteurs écologiques ou physiologiques qui font que le virus est présent chez les rongeurs mais qu'il n'est pas suffisamment excrété pour infecter l'homme. C'est ce que nous allons investiguer, avec Benjamin Roche, dans le cadre d'une très belle étude européenne que nous avons débutée en juillet 2020.

— Quels sont vos objectifs ?

— Notre premier but est de tester l'effet dilution en comparant les rongeurs qui vivent dans des forêts récentes ou fragmentées, comme dans le Jura et dans l'Ain, avec les espèces commensales que l'on trouve dans les aires urbaines comme les parcs de la Tête d'or ou de Lacroix-Laval à Lyon. Dans le même temps, nos partenaires polonais examineront les rongeurs qui vivent dans l'une des dernières forêts primaires d'Europe, où la diversité des muridés est beaucoup plus riche : on y trouve six ou sept espèces différentes contre deux à trois dans les espaces forestiers français. Notre approche est multipathogène. Nous ciblons les virus comme les hantavirus, l'hépatite E ou la chorioméningite lymphocytaire[a] ; les bactéries comme les borrélies, responsables de la maladie de Lyme, les anaplasma qui sont transmises par des tiques[b], ou les agents de la leptospirose ; les protozoaires[c] à l'origine de la malaria ou de la toxoplasmose ; et les helminthes, c'est-à-dire les vers intestinaux, comme les ténias du genre *Echinococcus*. Notre but est aussi de voir quel est l'impact de la biodiversité sur les microbiotes des rongeurs : sont-ils plus divers et plus équilibrés quand il y a plus de biodiversité environnementale ? Est-ce

---

a Provoquée par un arénavirus, la chorioméningite lymphocytaire est endémique chez les rongeurs. Elle provoque chez les humains des symptômes grippaux et des méningites aseptiques (inflammation du cerveau).

b L'anaplasmose humaine provoque un syndrome grippal, avec parfois nausées et vomissements. Elle peut être fatale dans 7 % à 10 % des cas.

c Les protozoaires sont de petits organismes souvent unicellulaires qui vivent dans l'eau ou des sols humides et peuvent coloniser le poumon ou l'intestin.

que des microbiotes biodiversifiés modifient la sensibilité ou la résistance des rongeurs aux pathogènes ? Tout cela est fort excitant ! »

Même ardeur du côté de Maciej Grzybek, le partenaire polonais de Nathalie Charbonnel, qui travaille dans le département de parasitologie tropicale de l'université de médecine de Gdańsk. Quand je lui ai parlé, le 10 juillet 2020, le chercheur de trente-trois ans venait de lire un rapport sur la « situation exceptionnelle des mineurs de Silésie », qui représentaient plus de 10 % des cas confirmés de covid-19 sur toute la Pologne, mais étaient majoritairement asymptomatiques. « Ce SARS-CoV-2 est un drôle de virus, a-t-il commenté. Pourquoi les mineurs ne développent-ils pas la maladie ? D'une manière plus générale, pourquoi les Polonais ont-ils moins de complications graves, donc de décès, quand ils sont infectés, que les Français ou les Italiens ? Peut-être que nous allons trouver des bribes de réponse dans ces magnifiques animaux que sont les rongeurs !

— D'où vous vient cette passion pour les muridés ? ai-je demandé, une fois de plus impressionnée par l'enthousiasme communicatif que manifestent souvent les chercheurs à l'égard de leur sujet d'étude – en l'occurrence des rats.

— J'ai fait mon doctorat en parasitologie vétérinaire à l'université de Nottingham (Royaume-Uni), sous la direction d'un scientifique qui m'a littéralement inoculé son amour pour les rongeurs, lesquels représentent la famille de mammifères la plus abondante de la planète. Certes, ils sont porteurs de maladies et peuvent faire des dégâts en agriculture, mais ils ont aussi un rôle bénéfique pour la biodiversité,

Brève histoire de l'asthme et du « rhume des foins »

Le rhume des foins est une allergie au pollen décrite pour la première fois en Angleterre en 1820 par le médecin John Bostock. Au milieu du XIXe siècle, le rhume des foins et ses causes sont assez bien décrits. Les personnes qui en souffrent ne sont généralement pas des fermiers et des ruraux, mais des urbains des classes aristocratiques et bourgeoises. L'augmentation rapide de sa prévalence est expliquée par l'urbanisation et les changements des pratiques agricoles. On rapporte des premiers cas de rhume des foins en France en 1837, puis aux États-Unis en 1852.

En 1873, le médecin Charles Blackley souligne que la maladie est presque entièrement confinée aux classes instruites et que « les personnes les plus soumises à l'action du pollen appartiennent à une classe qui fournit le moins de cas de désordre, à savoir la classe des agriculteurs ». Il suggère deux explications : l'absence de prédisposition ou la possibilité que les personnes soient rendues insensibles à l'action du pollen par une exposition continue. Les travaux récents ont confirmé les hypothèses de Blackley en démontrant l'importance de l'éducation de notre système immunitaire dans la jeune enfance afin d'éviter l'apparition des allergies et des maladies auto-immunes. L'exposition précoce à la biodiversité est significativement associée à un faible risque de développer des allergies dont le rhume des foins. Le pendant est l'augmentation des allergies, asthme et atopie chez les jeunes urbains.

L'accroissement spectaculaire des maladies allergiques dans les grandes métropoles des pays en développement en est la confirmation.

en créant de véritables banques de semences. J'ai pu le constater dans la forêt de Białowieża, qui n'a jamais été affectée par l'homme depuis sa formation lors de la dernière période glaciaire il y a 10 000 ans. C'est dans cette réserve de biodiversité de l'Unesco que je vais collecter les rongeurs, pour l'étude européenne que nous réalisons avec l'INRAE, mais aussi des collègues belges et finlandais.

— Qu'allez-vous particulièrement étudier ?

— Outre l'effet dilution – à savoir comment la diversité des rongeurs modifie la prévalence et la transmission des agents pathogènes –, je vais tester ce qu'on appelle l'"hypothèse de la biodiversité", c'est-à-dire la façon dont la richesse biologique de la forêt primaire influence la composition du microbiome des rongeurs ainsi que leur système immunitaire. Pour cela, je vais collaborer avec des généticiens pour évaluer le CMH [complexe majeur d'histocompatibilité] des rongeurs, qui permet à l'organisme de déclencher face à l'intrusion d'un virus des réactions inflammatoires ou immunitaires, tels des anticorps. Et je vais particulièrement m'intéresser au rôle potentiellement protecteur des helminthes.

— Le rôle protecteur des vers intestinaux ? ai-je répété, carrément interloquée.

— Contrairement à ce que nous a longtemps dit la médecine occidentale, éradiquer systématiquement les vers intestinaux n'est pas forcément une bonne chose, car ces parasites stimulent notre système immunitaire. Je me souviens d'un cours de parasitologie, où mon professeur britannique nous a posé une question : pourquoi les Africains n'ont-ils pas d'allergies ? La réponse peut surprendre, mais c'est notamment parce qu'ils sont exposés depuis tout petits à des nématodes, comme les ascaris ou les ankylostomes. Et c'est ce que nous allons vérifier avec nos charmants rongeurs. »

L'étude carélienne sur l'allergie

Sur le dessin à l'encre et au lavis, on voit un homme nu, à la chevelure épaisse et aux proportions parfaites, les bras tendus à l'horizontale. Son corps est inscrit dans un cercle, dont le centre est son nombril, ainsi que dans un carré, dont le centre est son sexe. Intitulée « L'homme de Vitruve[a] », l'œuvre est signée du peintre florentin Léonard de Vinci (1452-1519), qui suggère ainsi que le microcosme du corps humain est relié au macrocosme de l'univers. « Leonardo avait tout compris, bien qu'il n'ait rien su des microbes, du microbiome ou des gènes », commente le professeur Tari Haahtela, allergologue à l'hôpital universitaire de Helsinki (Finlande), dans un article intitulé « Pourquoi la communauté médicale devrait prendre au sérieux la perte de biodiversité[2] ? », qui ouvre sur le célèbre dessin. Et de poursuivre : « Nous sommes protégés par deux couches imbriquées de biodiversité, qui sont constituées des microbes résidant dans nos corps et

a Vitruve (90-15 avant notre ère) est l'auteur d'un traité d'architecture antique dédié à l'empereur romain Auguste.

de ceux de l'environnement dans lequel nous vivons. [...] Pour préserver notre biodiversité intérieure – qui interagit étroitement avec le système immunitaire –, nous devons préserver la biodiversité extérieure. [...] Leonardo serait enchanté de l'énorme progrès scientifique qui a révélé les secrets à la fois du micro- et du macrocosme. Mais il se demanderait sûrement pourquoi nous n'arrêtons pas de détruire l'environnement en utilisant nos récentes connaissances pour le bien de l'humanité et la santé des citoyens. »

Tari Haahtela est le concepteur de l'« hypothèse de la biodiversité » qui stipule que « le contact avec l'environnement naturel enrichit le microbiome humain, promeut l'équilibre immunitaire et protège des allergies et des désordres inflammatoires[3] ». Considéré comme l'un des meilleurs spécialistes internationaux de l'allergie, qui tue chaque année 400 000 personnes dans le monde, le scientifique finlandais a développé ce « nouveau paradigme » à la suite d'une étude qu'il a conduite pendant vingt ans en Carélie finlandaise et russe. Aujourd'hui retraité, il a décliné ma demande d'interview en raison de problèmes de santé. En revanche, j'ai pu longuement m'entretenir, le 16 juin 2020, avec le docteur Tiina Laatikainen, l'une de ses plus proches collègues, qui a cosigné nombre de ses articles. Pour bien comprendre le caractère exceptionnel de l'étude, il faut savoir que, à la fin de la Seconde Guerre mondiale, la Finlande fut contrainte de céder une partie de la Carélie – une région située au sud-est du pays – à l'Union soviétique, en raison de son soutien à l'Allemagne hitlérienne. C'est ainsi que naquit la république de Carélie, qui devint la seizième république fédérée de l'URSS, tandis que la Finlande baptisait sa province amputée la « Carélie du Nord ».

« Au début des années 1990, peu après l'effondrement de l'Union soviétique, le gouvernement de la république de Carélie a contacté notre ministère de la Santé pour solliciter sa collaboration, m'a raconté Tiina Laatikainen. Il avait constaté un taux très élevé de mortalité due aux maladies cardio-vasculaires et voulait profiter de notre expérience. En effet, de 1972 à 1992, la Finlande avait conduit un programme très efficace de prévention des maladies cardio-vasculaires dans la province de Carélie du Nord, qui était particulièrement affectée par cette pathologie. Nous avons proposé d'organiser une enquête sanitaire pilote dans le district de Pitkiaranta, ville située sur la rive nord du lac Ladoga, en république de Carélie. C'est en épluchant les questionnaires que nous avons découvert que la prévalence de l'asthme était beaucoup moins élevée du côté russe que du côté finlandais. En 1994, j'avais participé au lancement du programme national de lutte contre l'asthme qui touchait alors un nombre croissant de Finlandais. Voilà comment je me suis trouvée embarquée dans ce qu'on appelle désormais l'"étude carélienne sur l'allergie", qui a débuté en 1997.

— Comment votre équipe a-t-elle procédé ?

— Nous avons tiré au sort une cohorte d'adultes de vingt-cinq à cinquante-quatre ans des deux côtés de la frontière. Chaque participant répondait à un questionnaire et subissait un test cutané de sensibilisation à une quinzaine d'allergènes – comme le pollen de bouleau et de fléole des prés, ou les poils de chat – et une prise de sang pour mesurer le taux d'immunoglobines E (IgE), qui sont des anticorps caractéristiques d'une allergie ou atopie. Les résultats furent impressionnants : en Carélie du Nord, 20 % des adultes ont déclaré souffrir de rhume des foins, 25 % de conjonctivite et 25 % d'eczéma atopique[4]. Dans le district de Pitkiaranta, le pourcentage était respectivement de moins de 5 % pour le rhume des foins et la conjonctivite et de 10 % pour l'eczéma. Ces données furent confirmées par les examens cutanés et sanguins. En 2003, nous avons réalisé la même étude avec environ cinq cents enfants de sept à quinze ans et leurs mères, de chaque côté de la frontière. Nous avons aussi réalisé des prélèvements d'ADN et collecté des échantillons de poussières dans chaque maison. Les résultats furent encore plus spectaculaires : 45 % des enfants finlandais mais seulement 16 % des enfants russes présentaient des signes d'allergie[5]. Pour les mères, les pourcentages étaient respectivement de 36 % et 18 %. Nous avons constaté que le risque atopique était inversement proportionnel au nombre de microbes détectés dans les poussières des maisons : plus il y avait de microbes, moins il y avait d'allergies chez les enfants. De même, le fait que les mères aient grandi dans une ferme protégeait contre le risque d'allergie, tout comme le fait d'avoir un chien ou un chat. Pour vérifier le facteur générationnel, nous avons conduit une troisième étude en 2007 avec deux groupes d'adultes de vingt-cinq à cinquante-quatre ans. Elle a confirmé que les adultes finlandais et russes nés dans les années 1940 présentaient à peu près le même niveau bas d'allergie. En revanche, pour ceux nés dans les années 1970, le taux était cinq fois plus élevé en Carélie du Nord que dans le district de Pitkiaranta[6]. »

De l'« hypothèse hygiéniste » à l'« hypothèse de la biodiversité »

« Comment expliquez-vous ces différences ?

— Nos études montrent clairement le rôle des facteurs environnementaux et du mode de vie pour l'apparition d'allergies, m'a répondu Tiina Laatikainen. Or nous avions un terrain de recherche idéal ! Les habitants des deux Carélies présentent des caractéristiques génétiques similaires – ce qu'ont confirmé les tests ADN –, car ils partagent les mêmes ancêtres, la même culture historique, y compris le même climat. En revanche, ils ont été séparés par le rideau de fer, qui constituait une frontière très étanche entre deux styles de vie et deux systèmes économiques diamétralement opposés : d'un côté, une industrialisation et urbanisation très poussées, avec un régime alimentaire industrialisé, à l'image du reste de la Finlande ; de l'autre, une région très rurale, avec des villages qui vivent essentiellement de l'agriculture traditionnelle et de l'exploitation de la forêt. Nous avons calculé que les différences économiques et sanitaires entre la Carélie finlandaise et la Carélie russe sont plus importantes qu'entre le Mexique et les États-Unis ! L'espérance de vie des hommes, côté finlandais, est de dix ans supérieure à celle du côté russe. Pourtant, en ce qui concerne les allergies, les familles russes sont nettement moins affectées que les finlandaises, en raison d'un cadre de vie plus naturel et plus diversifié, qui permet tout particulièrement aux enfants de stimuler leur système immunitaire par un contact constant avec les microorganismes présents dans l'environnement, y compris dans l'eau qu'ils boivent. »

En 2007, Tiina Laatikainen a cosigné une étude comparant la qualité de l'eau consommée par les élèves dans neuf cantines de Carélie du Nord et neuf cantines de Pitkiaranta. Elle montre qu'en Russie l'eau contenait des bactéries *Escherichia coli* et coliformes, des entérocoques, des algues et des protozoaires, à un niveau vingt fois plus élevé qu'en Carélie du Nord[7]. La conclusion des auteurs a de quoi surprendre : « Un contenu élevé de microorganismes dans l'eau de boisson peut être associé à un risque réduit d'atopie, indépendamment d'autres facteurs déterminants. » En lisant ces lignes, j'ai pensé à l'« hypothèse hygiéniste » formulée en 1989 par l'épidémiologiste britannique David Strachan, qui postule que l'aseptisation du mode de vie occidental – avec la bétonisation des villes, l'obsession de la propreté ou l'usage démesuré d'antibiotiques – fait le lit des maladies allergiques, auto-immunes et inflammatoires, en raison de la réduction drastique de l'exposition aux agents infectieux, qui provoque alors des réactions immunitaires excessives ou inappropriées. Ce chercheur avance aussi que les familles nombreuses constituent un rempart notamment contre les rhinites allergiques, car les infections y sont plus fréquentes, ce qui renforce l'efficacité du système immunitaire de chacun de leurs membres.

« Le professeur Haahtela connaissait bien l'hypothèse hygiéniste, m'a expliqué Tiina Laatikainen, mais il a fait évoluer le concept, car il considérait que ce n'est pas l'hygiène en soi qui est un problème : il y a certains agents pathogènes ou microorganismes qui constituent un vrai danger pour notre santé. Prenons l'exemple de l'eau de consommation des écoles de la Carélie russe : il est clair que, si la présence des bactéries infectieuses dépassait un certain niveau, cela pourrait provoquer, par exemple, des diarrhées chez les enfants. Mais, à bas bruit, ces microorganismes environnementaux ne sont pas dangereux, et peuvent même être considérés comme une sorte de vaccin vivant. Ils font partie des "vieux amis", selon l'expression de Graham Rook que le professeur Haahtela cite régulièrement. » L'expression « *old friends* » a été introduite en 2013 par ce professeur de microbiologie médicale de l'University College de Londres, dans un article intitulé « La régulation du système immunitaire par la biodiversité de l'environnement naturel : un service écosystémique essentiel pour la santé[8] ». Graham Rook y explique que les microorganismes présents dans l'environnement – dans le sol, l'air, la végétation ou l'eau –, avec qui les humains ont coévolué depuis la nuit des temps, accomplissent une fonction capitale pour l'éducation et la stimulation du système immunitaire. Or c'est précisément parce que ces « vieux amis » ont été systématiquement éliminés dans les environnements urbains des pays dits « développés » qu'on assiste, aujourd'hui, à une augmentation constante des maladies associées à une « immunorégulation déficiente et à des réponses inflammatoires mal régulées ».

Dans un article extrêmement documenté sur l'« hypothèse de la biodiversité et les maladies allergiques[9] », qui représente la position officielle de l'Organisation mondiale de l'allergie, le professeur Haahtela souligne qu'en fait tout se joue dès la petite enfance. « Le microbiote intestinal est variable et présente des fluctuations temporaires au tout début de la vie, écrit-il.

Une fois qu'un état stable est atteint, la composition de la flore intestinale reste relativement identique au fil du temps, sauf si des changements majeurs dans le style de vie et l'environnement se produisent. C'est pourquoi les expositions environnementales précoces représentent un déterminant clé pour le microbiote intestinal de l'adulte, ainsi que le type de régime alimentaire. » Le scientifique finlandais cite par exemple une étude suédoise de Ylva Sjögren, qui a examiné les selles de quarante-sept enfants depuis la naissance jusqu'à l'âge de cinq ans[10]. Elle a constaté que les bébés qui présentaient un microbiote intestinal très diversifié – avec une forte population de bifilobactéries et de lactobacilles – ne souffraient pas d'allergie à l'âge de cinq ans, au contraire de ceux dont la flore intestinale était pauvre. « Le microbiote de la peau joue aussi un rôle clé pour le système immunitaire, m'a expliqué Tiina Laatikainen. Nous avons ainsi constaté que les enfants de Carélie russe avaient quarante-trois familles de bactéries différentes sur leur peau, contre seulement quinze pour les enfants finlandais. Or nous savons que la peau, qui représente le plus grand organe de l'organisme, sert de médiateur avec le monde extérieur, en fournissant la première ligne de défense contre les agents pathogènes ou les toxines qui proviennent de l'environnement. Cette fonction de barrière, à la fois physique et immunologique, est exercée par les communautés microbiennes qui peuplent notre peau et qui sont similaires à celles qui habitent les sols ou l'air que nous respirons. Cela veut dire qu'elles varient en fonction du type d'environnement ou d'agriculture dans lequel nous vivons. Une étude que nous avons publiée en 2012 montre que le microbiote cutané est plus sensible à l'environnement qui nous entoure que le microbiote intestinal. »

En 2010 en effet, le professeur Ilkka Hanski (décédé en 2016), qui a contribué à forger l'hypothèse de la biodiversité, a repris contact avec les quelque cinq cents enfants finlandais qui avaient participé à l'étude de 2003. Sept ans plus tard, ceux-ci étaient devenus des adolescents, voire de jeunes adultes. Outre une prise de sang, tous ont subi un frottis cutané, dans le but d'analyser l'ADN des microbes présents sur leur peau. De plus, leur cadre de vie a été scrupuleusement examiné : espaces verts, forêts, jardins, champs et cultures agricoles, etc. Résultats : les jeunes qui ne souffrent pas d'allergie vivent dans un environnement présentant une grande biodiversité naturelle – avec notamment beaucoup d'arbres et de fleurs – et hébergent sur leur peau une diversité significativement élevée de gamma protéobactéries, que l'on retrouve dans le sol, mais aussi dans la végétation, tout particulièrement les plantes qui fleurissent[11]. Or ces bactéries, comme celles du genre *Acinetobacter*, jouent un rôle clé pour l'expression de l'interleukine 10 (IL 10), une cytokine antiinflammatoire liée à la tolérance immunologique. « Le contact précoce et continu avec la biodiversité naturelle détermine la composition de notre microbiome et donc la capacité de notre organisme à gérer des agressions extérieures, a résumé Tiina Laatikainen. Tout indique que la dysbiose est à l'origine non seulement d'allergies, mais aussi de maladies chroniques inflammatoires, comme la maladie de Crohn, le diabète de type 1, l'obésité et même des troubles psychiatriques, comme la dépression. Elle peut aussi accentuer les effets d'une maladie infectieuse comme la covid-19, une hypothèse qui reste bien sûr à vérifier. »

Les vaches, le foin et le lait non pasteurisé : l'hypothèse de la ferme

« Aux États-Unis, nous avons aussi l'équivalent des Caréliens de Russie : ce sont les amish ! » Confinée dans sa maison des montagnes de l'Arizona, « pour échapper à la chaleur », Donata Vercelli n'en revient toujours pas de ce qu'elle a découvert chez les familles amish de Pennsylvanie. Cette communauté d'origine suisse s'est installée aux États-Unis au début du XVIIIe siècle, où ses membres continuent de vivre comme il y a deux cents ans. Refusant le progrès technologique, ils s'habillent comme leurs ancêtres – coiffes en dentelle et robes longues avec tablier pour les femmes ; chapeaux de paille et pantalon noir à bretelles pour les hommes –, se déplacent en calèche, s'éclairent à la bougie et pratiquent l'agriculture biologique non mécanisée avec des chevaux de trait. « Non seulement les amish n'ont pas d'asthme, quel que soit leur âge, mais ils ne savent même pas ce que c'est ! m'a expliqué la scientifique italo-américaine, le 19 juin 2020. Nous avons prélevé des poussières dans leurs maisons et elles sont bourrées d'allergènes, mais les enfants n'en souffrent pas, parce que leur système immunitaire fonctionne parfaitement. Leur niveau de protection est similaire à celui des enfants qui ont grandi dans des fermes laitières biologiques de l'Indiana. »

À soixante-six ans, Donata Vercelli est professeure de médecine cellulaire et moléculaire à l'université de Tucson et directrice du Centre de biologie des maladies complexes de l'Arizona. Après des études de médecine à Florence, elle s'est formée en immunologie à l'université de Harvard, puis est devenue une spécialiste des maladies allergiques et du microbiome.

« Comment vous êtes-vous orientée vers ce sujet d'étude ?

— Je travaillais dans un laboratoire d'immunologie sur les mécanismes moléculaires régulant la production d'immunoglobine E (IgE), qui est un marqueur des réponses allergiques. Et, au début des années 2000, je suis tombée sur les premières études qui montraient que la vie à la ferme protège de l'asthme et des allergies. Le concept de "microbiome" venait tout juste d'être forgé, mais franchement je n'avais jamais imaginé pouvoir m'intéresser aux microbes de l'intestin ! Comme tous les médecins de ma génération, j'ai appris dans mes cours de microbiologie qu'il faut absolument exterminer les microbes, à grand renfort d'antibiotiques. La première fois que j'ai entendu parler de "bactéries commensales", ça m'a paru complètement surréaliste ! Tout cela est très stimulant : nous découvrons, pratiquement chaque jour, une nouvelle espèce de microbes qui font toutes sortes de choses dans nos organismes et ça nous pousse à tout repenser.

— Vous avez publié une étude, intitulée "La vie à la ferme : effets sur l'asthme infantile et l'allergie[12]". Quelles sont ses conclusions ?

— Avec ma collègue Erika von Mutius, nous avons confirmé ce qu'ont déjà montré des dizaines d'études avant nous : les enfants qui sont nés dans des fermes traditionnelles ou biologiques sont protégés de l'asthme et des allergies. Je précise que l'effet protecteur est nul quand les fermes pratiquent l'agriculture intensive. Nous avons identifié trois sources majeures de protection : les vaches, le foin et le lait non pasteurisé. En revanche, il est quasiment impossible de savoir lequel de ces trois éléments est le plus protecteur : pour cela, il faudrait trouver un groupe d'enfants suffisamment nombreux qui ait été exposé uniquement aux vaches et pas au foin ou l'inverse, et c'est difficile à trouver ! Disons que les fils et filles de producteurs laitiers traditionnels sont exposés à un "*package*" de microbes différents qui est bon pour leur système immunitaire.

— Comment l'expliquez-vous ?

— La première raison, qui tombe sous le sens, c'est que l'environnement d'une ferme traditionnelle est finalement très proche des conditions de vie de nos lointains ancêtres préhistoriques qui ont permis à notre système immunitaire de coévoluer à travers l'exposition à des microbes issus de la nature ou de grands animaux. Or, dans les fermes traditionnelles, les enfants ont un contact direct avec les vaches, ce qui n'est pas le cas dans les exploitations laitières intensives et encore moins dans les *feedlots* [a] ! L'autre enseignement, c'est que la protection s'acquiert dès le plus jeune âge, à un moment où le système immunitaire est en pleine construction.

— C'est ce qu'on appelle l'"hypothèse de la ferme" ?

---

a Aux États-Unis, les *feedlots* désignent les parcs d'engraissement industriel de bovins, qui peuvent entasser plusieurs milliers d'animaux.

— En fait, toutes ces “hypothèses” – hygiéniste, de la ferme ou de la biodiversité – sont les facettes complémentaires d’un même processus, selon lequel l’environnement microbien ensemence le microbiome des jeunes enfants, ce qui les protège des maladies chroniques inflammatoires. Il s’agit vraiment d’un ensemencement, ainsi que l’ont prouvé les études que j’ai réalisées avec des collègues sur des souris exemptes de germes[a]. Nous avons injecté à ces souris stériles des matières fécales provenant d’enfants vivant dans des fermes traditionnelles et elles ont développé un système immunitaire qui les protège des allergies[13]. Nous avons répété l’expérience en exposant les souris à de la poussière provenant des maisons amish et ça marche aussi ! C’est fascinant ! Ces travaux permettent d’évacuer l’hypothèse génétique, à savoir que les fermiers qui vivent dans des communautés fermées, ce qui est particulièrement vrai pour les amish, partageraient des gènes leur conférant la protection contre les allergènes. Par ailleurs, nous allons publier bientôt une étude qui montre que certains métabolites issus des microbes sont capables de moduler les réponses immunitaires et l’inflammation allergique.

— Comment fonctionne l’interaction entre la biodiversité environnementale et le microbiome humain ? ai-je insisté, une fois de plus fascinée par la capacité des scientifiques à me rendre… intelligente.

---

a Les souris exemptes de germes ont été conçues *in vitro* puis élevées dans un milieu stérile afin d’être exemptes de micro-organismes vivant dans leur intestin ou sur leur peau. Elles sont notamment utilisées pour l’étude des microbiomes, nécessitant un contrôle rigoureux des contaminants extérieurs.

Comment s'est constitué le système immunitaire des humains

En 1883, le zoologiste Élie Metchnikoff (1845-1916), élève de Louis Pasteur, propose un principe de résistance des hôtes à l'infection fondé sur l'action d'une cellule particulière de l'organisme, le phagocyte. C'est l'acte fondateur d'une nouvelle discipline, l'immunologie. Cependant, au cours de l'évolution, l'immunité n'est pas apparue directement comme un mécanisme pour se défendre contre un agent infectieux. Le système immunitaire est le résultat d'un bricolage évolutif issu de la contingence et des nécessités adaptatives. L'immunité est issue du détournement d'une fonction acquise pour un tout autre objectif, celle de reconnaître et d'assurer le contrôle du « soi ». En étant détournée, cette fonction initiale de reconnaissance du « soi » va devenir une fonction de reconnaissance et de contrôle du « non-soi ». Car c'est seulement quand un organisme est capable de reconnaître les cellules ou les molécules de son « soi » qu'il est capable de reconnaître les agents infectieux. À partir de là, une course entre le perfectionnement du système immunitaire et la diversité du monde microbien et parasitaire a pu s'engager. Apparue très tôt dans l'évolution des êtres vivants, l'immunité constitue un élément essentiel de régulation de l'homéostasie interne au sens où l'entendait le physiologiste Claude Bernard.

La diversification du système immunitaire et les réponses immunitaires de plus en plus sophistiquées mises en place pour lutter contre les parasites résultent donc d'une longue adaptation évolutive dont on peut retracer l'histoire dans les gènes de l'immunité, des mouches drosophiles aux humains. Ainsi, l'immunité des humains modernes s'appréhende dans leur évolution. Au cours de leurs migrations vers l'Eurasie, les humains modernes ont rencontré d'autres hominidés, tels que les Néanderthaliens et les Dénisoviens. Les analyses génomiques montrent que nous sommes une espèce métisse, mosaïque. Les échanges génétiques au sein et en dehors de l'Afrique avec des humains prémodernes se retrouvent dans les gènes de l'immunité acquis chez les autres espèces d'humains prémodernes. Ces gènes ont permis à nos ancêtres de survivre dans des environnements épidémiologiques nouveaux et de coloniser l'entière planète.

— En fait, nous ne le savons pas vraiment, m'a répondu Donata Vercelli. Avec Suzanne Lynch, une gastroentérologue de l'université de San Francisco, spécialiste de la maladie de Crohn, nous avons développé un modèle dans lequel nous essayons de reconstituer les différentes étapes de l'ensemencement du microbiome des bébés. Un nouveau-né a un intestin vide de microbes. Les premiers microorganismes qui colonisent son microbiote proviennent de sa mère, puis de son environnement – de l'air, de la végétation, de l'eau ou de ses aliments. La composition du microbiote est le fruit de cette interaction précoce entre l'apport microbien de la maman et celui de l'extérieur. Plus cet apport est diversifié, plus l'organisme du petit doit s'adapter, en développant des réponses appropriées. En fait, les microbes participent à la programmation de fonctions vitales, comme l'immunité. Comme les combinaisons possibles sont quasiment infinies – il y a des milliers de milliards de microorganismes contre seulement 25 000 gènes –, chaque microbiome est absolument unique, au point d'être considéré aujourd'hui comme la véritable carte d'identité d'un individu. En tant qu'immunologue, je n'oublie pas non plus le rôle que peuvent jouer certains gènes dans l'apparition des allergies, comme je l'ai montré dans l'une de mes études[14]. À l'inverse, les helminthes, c'est-à-dire les vers intestinaux, qui sont comme les microbes de "vieux amis" de l'homme, peuvent exercer une fonction régulatrice de la réponse immunitaire, ainsi que l'ont révélé plusieurs de mes confrères. »

Le rôle protecteur des helminthes

« Entre les humains et les helminthes il y a une vraie course aux armements, qui souvent conduit à un compromis, puis à une trêve, avant la signature d'un pacte de non-agression où chacun finalement peut trouver son compte. » Pour être franche, je n'aurais jamais imaginé qu'un parasitologue et immunologue réputé, comme le Britannique Rick Maizels, puisse me parler en ces termes des vers intestinaux ! C'est pourtant bien ce qu'il m'a dit, ce 25 juin 2020, mais c'est aussi ce qu'il a écrit dans la très sérieuse revue *European Journal of Allergy and Clinical Immunology*[15]. En fait, ses propos concernaient précisément les « géohelminthes », qui, comme leur nom l'indique, sont une catégorie de nématodes vivant dans les sols et qui, à la différence des schistosomes provoquant la bilharziose, n'ont pas besoin d'un vecteur pour assurer leur transmission. Appartenant à quatre grandes familles – *Ascaris lumbricoides*, *Trichuris trichiura*, *Necator americanus* et *Ancylostoma duodenale* –, ils contaminent les humains qui marchent pieds nus sur un sol infesté ou qui consomment de l'eau et des aliments souillés. Une fois installés dans les intestins de leurs hôtes, ils pondent des milliers d'œufs chaque jour, dont une partie est excrétée dans les excréments, et le cycle reprend. Les géohelminthiases ont pratiquement disparu des pays industrialisés à la suite de campagnes de déparasitage systématique, mais aussi de mesures d'hygiène, comme la création de systèmes d'assainissement des eaux usées. Elles sont aujourd'hui considérées par l'OMS comme des « maladies tropicales négligées », qui affectent 1,5 milliard de personnes (presque) exclusivement dans les pays du Sud. Les populations les plus à risque sont les femmes enceintes et les enfants, qui lors d'infections chroniques peuvent développer une anémie et des troubles du développement cognitif.

En lisant ces lignes, le lecteur se dit sûrement qu'il faut en finir une fois pour toutes avec les vers intestinaux, mais ce n'est pas si simple, ainsi que le prouvent les travaux du professeur Maizels. Après avoir dirigé la chaire de zoologie de l'université d'Édimbourg de 1995 à 2015, le chercheur a pris la tête d'un laboratoire à l'Institut de l'infection, de l'immunité et de l'inflammation de l'université de Glasgow. Son site Web précise que son équipe pluridisciplinaire « essaie de comprendre le fondement moléculaire qui permet aux parasites d'échapper au système immunitaire sophistiqué des mammifères, afin d'identifier de nouveaux modulateurs qui atténuent les maladies inflammatoires telles que les allergies ou les colites[a], et de développer des stratégies effectives pour stimuler l'immunité des hôtes contre les infections ».

« Mon intérêt pour les helminthes est né d'un constat : les populations des pays tropicaux, qui sont souvent infectées, ne souffrent pas d'allergie, m'a-t-il expliqué. En effet, les vers, comme tous les parasites intestinaux, ont développé au cours de leur coévolution avec les humains des mécanismes qui leur permettent de manipuler le système immunitaire de leur hôte afin d'assurer leur survie. Pour faire simple : dès qu'ils pénètrent dans l'intestin, les helminthes déclenchent une réponse immunitaire de l'organisme, qui active les lymphocytes Th2, chargés précisément d'exterminer les parasites. Pour pouvoir survivre, les helminthes sécrètent des protéines qui bloquent l'action des Th2. Or les Th2 sont aussi associés au processus inflammatoire à l'origine de l'asthme et des allergies. Donc, par leur présence, les nématodes évitent à l'organisme de se mobiliser contre des allergènes – comme le pollen ou certaines protéines, telles que le gluten –, qui du coup ne sont pas considérés comme des agents infectieux ou du "non-soi". En d'autres termes : ils modulent le système immunitaire pour éviter d'être expulsés et, ce faisant, ils protègent l'organisme des désordres inflammatoires, ainsi que mon laboratoire l'a montré[16]. Bien évidemment, quand la charge parasitaire est trop élevée, les vers peuvent rendre leur

---

a La colite désigne une inflammation de la muqueuse du côlon qui se manifeste par différents troubles intestinaux, comme la diarrhée ou des douleurs abdominales.

hôte malade. Mais il existe aussi de nombreux cas d'Africains, par exemple, qui sont infectés à faible bruit pendant dix ou vingt ans, sans souffrir d'aucun symptôme. C'est une sorte d'homéostasie[a] que nous appelons la "tolérance", qui permet une coexistence pacifique et finalement bénéfique pour l'hôte et le parasite. »

Les chercheurs comme Rick Maizels soulignent que « le déclin des helminthiases dans les pays industrialisés est parallèle à l'augmentation des incidences des maladies immunitaires et inflammatoires telles que les ulcères inflammatoires digestifs, la sclérose en plaques ou les allergies », ainsi que l'écrivent Serge Morand et la juriste Claire Lajaunie dans un ouvrage scientifique intitulé *Biodiversité et Santé*[17]. Ce constat se fonde sur une relation statistique qui a été établie par exemple pour la sclérose en plaques, dont l'augmentation de la prévalence serait corrélée à une réduction de l'infection par le nématode *Trichuris trichura*[18]. Il s'appuie aussi sur les études qui montrent qu'une exposition précoce aux vers intestinaux permet de diversifier la composition du microbiote et donc de renforcer le système immunitaire.

« Au final, qu'est-ce qui protège le mieux des maladies inflammatoires : la verdure, les vaches ou les helminthes ? », ai-je demandé, un peu perturbée par la multiplicité des arguments qui semblaient tous très convaincants. La question a fait sourire Maria

a En biologie, l'homéostasie désigne un phénomène qui permet à un facteur important, par exemple la température ou le taux de sucre sanguin, de se maintenir à un niveau stable et bénéfique pour l'organisme.

Yazdanbakhsh, qui dirige le département de parasitologie à l'université de Leyde (Pays-Bas). « Tout ce que vous venez d'énumérer protège, m'a répondu la scientifique lors de notre entretien le 15 juillet 2020. Le principe est simple : pour se construire, le système immunitaire a besoin d'être mis à l'épreuve par les "vieux amis" de l'homme que sont les bactéries, les virus ou les parasites, qui peuvent provenir de sources diverses et complémentaires. Et tout passe par le microbiome, ainsi que l'a montré l'étude que mon laboratoire a réalisée en Indonésie[19].

— Comment avez-vous procédé ?

— Nous avons mené un essai en double aveugle pour mesurer l'impact d'une opération de déparasitage chez des populations rurales infectées par quatre nématodes, dont les ankylostomes. Au préalable, nous avions examiné la composition des microbiotes d'Européens et constaté qu'ils étaient très similaires à ceux des habitants de Jakarta, la capitale de l'Indonésie. Cela confirme que l'uniformisation des environnements urbains et des modes alimentaires, que l'on constate dans les grandes métropoles, conduit à une uniformisation des microbiomes et donc des pathologies. En revanche, les microbiotes des cent cinquante volontaires de Nangapanda, sur l'île de Flores, étaient très différents et beaucoup plus riches. Les participants du groupe expérimental ont été traités avec l'albendazole, un vermifuge, une fois par trimestre pendant deux ans, tandis que ceux du groupe contrôle recevaient un placebo. Nous avons constaté que le traitement n'avait pas modifié de manière significative la composition des microbiotes, ce qui confirme que, une fois acquise lors de la petite enfance, celle-ci varie peu. En revanche, certaines parties du système immunitaire des personnes déparasitées étaient devenues similaires à celles des habitants de Jakarta. Par exemple, les marqueurs indiquaient une plus grande résistance à l'insuline, ce qui entraînait une tendance à la prise de poids. Les participants du groupe contrôle avaient un système immunitaire mieux régulé que ceux qui avaient reçu le vermifuge. Ces résultats ont confirmé ceux d'une autre étude que nous avions publiée quatre ans plus tôt[20], à savoir que les opérations d'éradication massive des helminthes pourraient conduire à l'émergence de désordres métaboliques et inflammatoires dans des pays qui ne sont pas préparés à ce nouveau type d'épidémies, comme en Afrique. »

Les helminthes, la biodiversité et la covid-19 en Afrique

La préoccupation exprimée par Maria Yazdanbakhsh est partagée par André Garcia, un médecin épidémiologiste qui dirige l'unité Mères et enfants en milieu tropical de l'Institut de recherche pour le développement (IRD). Ce spécialiste des maladies parasitaires et vectorielles, comme le paludisme et la « maladie du sommeil » (nom familier de la trypanosomiase africaine), a travaillé une vingtaine d'années en Afrique, où il coordonne une vaste étude de déparasitage financée par la Fondation Bill et Melinda Gates, pour un montant de 15 millions de dollars. Baptisé « DeWorm3 », cet essai clinique prévu pour durer cinq ans se déroule depuis 2018 au Bénin, au Malawi et en Inde, sur des cohortes de 95 000 personnes[21]. « Les recommandations de l'OMS pour les helminthiases sont de traiter les enfants d'âge scolaire, les femmes en âge de procréer et les femmes enceintes à partir du deuxième trimestre de leur grossesse systématiquement, une ou deux fois par an, selon le niveau d'endémie, m'a expliqué le chercheur français, le 16 juin 2020. Mais cette stratégie ne suffit pas à éradiquer les vers intestinaux, car une grande partie des adultes en sont porteurs, donc il y a des réinfestations. Des chercheurs américains et britanniques du Muséum d'histoire naturelle de Londres ont donc proposé de faire un essai clinique pour voir s'il est possible d'arrêter définitivement la transmission avec un traitement de masse étendu à toute la population, à savoir les enfants à partir de douze mois et tous les adultes. L'étude s'appelle DeWorm3 parce qu'elle vise trois genres d'helminthes : les *Ascaris*, les *Ancylostoma* et les *Trichuris*. Nous en sommes à la troisième année.

— Quel type de maladies provoquent ces helminthes ?

— Nous avons fait plusieurs études pour évaluer l'impact des helminthiases sur la femme enceinte[22]. On soupçonne qu'elles peuvent provoquer des anémies. Mais c'est le quatrième facteur, après la malnutrition, le paludisme, les déficiences en fer et autres minéraux. Une autre étude a montré que les femmes qui étaient infectées au moins une fois pendant leur grossesse par des vers du type ankylostome donnaient naissance à des enfants qui développaient un retard cognitif et moteur[23]. Il y a aussi des helminthes digestifs qui provoquent des diarrhées aiguës. Je mets à part les schistosomes qui causent la bilharziose, avec parfois des insuffisances rénales et des cancers de la vessie, mais ce ne sont pas des géohelminthes. Comment vous dire… ? » À ces mots, André Garcia a marqué une pause, cherchant manifestement ses mots. « Je ne dis pas que c'est bien d'être infecté par des géohelminthes. On ne peut pas tenir ce discours, mais il faut tout de même reconnaître que les maladies qu'ils peuvent provoquer ne sont pas très graves. Ce sont des pathologies qui peuvent être invalidantes, en cas de surinfection, mais qui ne sont pas mortelles. Traiter les helminthes, ça ne coûte rien. En revanche, soigner un enfant asthmatique ou allergique est extrêmement onéreux. Il faut qu'il prenne des corticoïdes à vie, et aucun pays africain n'a les moyens d'assurer une telle prise en charge, surtout si elle est massive, comme c'est le cas dans les pays occidentaux. Il est aujourd'hui clairement établi que l'infection précoce par des helminthes, à bas bruit, protège les enfants des allergies et de certaines pathologies inflammatoires, comme l'asthme. Mes collègues ont publié un papier qui montre que les femmes enceintes traitées avec de l'albendazole contre les vers intestinaux ont un risque significativement accru d'avoir un bébé présentant des sifflements respiratoires et de l'eczéma, caractéristiques de l'asthme. »

L'étude a été conduite dans le district de Wasiko en Ouganda auprès de 2 507 femmes enceintes, qui ont effectué leur visite prénatale dans l'hôpital d'Entebbe d'avril 2003 à novembre 2005. Sa conclusion m'a tellement impressionnée que j'en traduis fidèlement les termes : « Les effets préjudiciables du traitement suggèrent que l'exposition *in utero* à l'infection maternelle par des helminthes peut protéger contre l'eczéma et la respiration sifflante dans la petite enfance. [...] Le déparasitage banal pendant la grossesse peut promouvoir les maladies allergiques chez les enfants[24]. »

« Je m'interroge sur la pertinence des campagnes de déparasitage massives, a poursuivi André Garcia, car l'éradication des helminthes pourrait entraîner l'émergence de pathologies chroniques liées au dérèglement du microbiote, comme le diabète, l'hypertension ou la maladie de Crohn, qui frappent les pays du Nord et qui, pour l'heure, épargnent les populations rurales africaines.

— Pensez-vous que les helminthiases puissent expliquer le faible impact de la covid-19 en Afrique ?

— C'est tout à faible possible : la caractéristique du SARS-CoV-2 est de déclencher une forte réponse inflammatoire. Les helminthes inhibant cette réponse, on peut parfaitement imaginer – du moins sur le papier – qu'ils limitent grandement l'impact du virus. »

Le 7 août 2020, Maria Yazdanbakhsh a cosigné dans le magazine *Science* avec des chercheurs sénégalais, gambiens et gabonais une « prospective » qui tend à confirmer l'hypothèse d'André Garcia[25]. « En mars 2020, on annonçait que la covid-19 allait provoquer une catastrophe sanitaire en Afrique avec des millions de morts, mais ce ne fut pas le cas, a constaté la chercheuse hollandaise. Y compris dans les mégapoles comme Dakar, Abidjan ou Lagos, qui ont pourtant une densité au kilomètre carré bien plus élevée qu'à New York. On a dit alors que c'était parce que les pays africains n'avaient pas les moyens de dépister ni de tester les cas. Les données récoltées par le site britannique Our World in Data, de l'université d'Oxford, montrent que c'est faux[26] ! On a dit ensuite que c'était un facteur génétique. Cela semble peu probable, car aux États-Unis ce sont précisément les Afro-Américains qui accusent le taux de mortalité le plus élevé. On a dit encore que c'était parce que les populations africaines sont jeunes. C'est vrai que l'âge médian des Africains est de 19,7 ans, contre 38,6 ans aux États-Unis. Si on se fonde sur le taux de mortalité dû à la covid-19 rapporté à l'âge et sur les caractéristiques démographiques de l'Afrique, il devrait y avoir quatre fois moins de morts qu'en Europe, or c'est quarante fois moins ! » Dans leur article, les auteurs soulignent que la plupart des pays africains ont décrété le confinement très tôt, parfois même avant l'identification du premier cas d'infection, en raison de leur expérience avec d'autres maladies infectieuses extrêmement contagieuses, comme Ebola ou la fièvre de Lassa.

Ils émettent aussi l'hypothèse d'une « immunité croisée » qu'avait évoquée Gaël Maganga, le virologue gabonais que j'ai présenté dans le chapitre 3 : « J'ai identifié plusieurs coronavirus chez les chauves-souris gabonaises qui sont très proches génétiquement de certains coronavirus humains, m'a-t-il expliqué. Il est donc possible qu'en zones rurales les populations qui chassent et consomment les chauves-souris aient acquis une immunité partielle, y compris à travers leurs animaux domestiques, qui ne sont jamais parqués et peuvent donc entrer en contact avec des chiroptères aux lisières des forêts. Dans les villages, les familles sont aussi exposées à toutes sortes d'agents pathogènes. Avec des collègues, nous travaillons sur cette hypothèse de la biodiversité. » Maria Yazdanbakhsh et ses coauteurs évoquent quant à eux l'hypothèse hygiéniste et ce qu'ils appellent la « mémoire immunitaire » que provoque l'exposition précoce notamment à des helminthes : « Le système immunitaire est façonné non seulement par la génétique mais aussi par des facteurs environnementaux, tels que l'exposition à des microorganismes et des parasites qui permet d'éduquer le système immunitaire pour qu'il se protège d'agents pathogènes invasifs. [...] Cela pourrait contribuer au contrôle du SARS-CoV-2. Le développement d'une réponse immunitaire adaptée efficace peut limiter l'infection virale, alors que l'activation incontrôlée des cellules de l'immunité innée conduit à un "orage de cytokine" et à une hyperinflammation des poumons, laquelle peut entraîner un syndrome de détresse respiratoire aiguë et la déficience de multiples organes. »

Les maladies chroniques et les maladies infectieuses sont interconnectées

« La perte de biodiversité est une arme à double tranchant : d'un côté, elle favorise le contact avec des agents pathogènes que l'homme n'avait jusque-là jamais rencontrés ; de l'autre, elle rend les humains plus susceptibles d'être affectés profondément par ces nouveaux microorganismes infectieux. En résumé, la destruction de la biodiversité signifie plus d'exposition et plus de fragilité. » C'est ce que m'a expliqué, le 25 juin 2020, le professeur Jeroen Douwes, qui, à cinquante-trois ans, dirige le Centre de recherche en santé publique de l'université Massey, à Wellington. Et l'épidémiologiste, qui fait aussi partie du comité scientifique de l'agence de protection de l'environnement de Nouvelle-Zélande, d'enfoncer le clou, avec une franchise étonnante : « Les gouvernements dépensent d'énormes quantités d'argent pour tenter de sauver l'économie et de réduire les effets néfastes de la covid-19 en développant un vaccin. Tout cela est tout à fait légitime, mais j'aimerais bien qu'ils fassent de même pour juguler ces tueurs silencieux que sont les maladies chroniques non transmissibles, comme l'obésité, le diabète, les maladies respiratoires et les cancers. On a un peu tendance à oublier que ces pathologies chroniques tuent beaucoup plus de monde que la covid-19. C'est ma première observation. La seconde, c'est que les patients qui ont souffert de complications graves après leur infection par le SARS-CoV-2 développent fréquemment des pathologies chroniques, comme celles que j'ai précédemment énumérées. Il est donc impératif que les autorités publiques cessent de traiter séparément les deux types de pandémies, car elles sont intimement liées. Je rappelle que le Centre international de recherche sur le cancer (CIRC), qui dépend de l'OMS, a identifié plus de trente agents infectieux provoquant des cancers. La séparation entre les maladies infectieuses et les maladies chroniques est artificielle et va contre les intérêts de la santé publique. »

Pour être franche, la « tirade » tout à fait inattendue de Jeroen Douwes m'a fait du bien car, finalement, elle confirmait une intuition qui était devenue obsédante au fur et à mesure que se déroulaient mes entretiens très rapprochés – parfois trois par jour – avec les quelque soixante scientifiques que j'ai interviewés pour ce livre : la pandémie de covid-19 est un signal d'alarme, qui va bien au-delà de l'émergence d'un virus excrété par une pauvre chauve-souris, dans des conditions qui ne sont toujours pas élucidées…

Jeroen Douwes a fait son doctorat d'épidémiologie en Hollande, où il est né. En 1998, il est venu pour faire une spécialisation en santé environnementale en Nouvelle-Zélande, qui devait durer un an et demi, mais il y est finalement resté.

« Quel est le bilan de la pandémie en Nouvelle-Zélande ?

— Au 25 juin, nous avons 1 200 cas diagnostiqués et vingt-deux morts, ce qui est très peu pour une population de 5 millions d'habitants. Dès que l'épidémie a été confirmée en Chine, le gouvernement a fermé les frontières et décrété un confinement très strict. Après huit semaines, la vie a repris son cours normal, mais les frontières sont toujours fermées. Seules les personnes de nationalité néo-zélandaise ou résidant légalement dans le pays peuvent y entrer. Cette mesure est évidemment facilitée par l'insularité du pays.

— Pensez-vous qu'on aurait pu éviter cette pandémie ?

— Soyons clairs : le problème, ce ne sont pas les marchés humides chinois, qui sont anecdotiques. Cette pandémie n'est pas la dernière. Si nous ne revoyons pas de toute urgence notre rapport à la nature, nous vivrons dans une ère de confinement chronique, ce qui n'est évidemment pas une bonne nouvelle pour l'humanité. Par ailleurs, il n'est pas sûr que ce soit judicieux d'encourager la reprise frénétique des voyages et des transports d'un bout à l'autre de la planète. Les virus se déplacent aussi vite que les long-courriers et je dois dire que la vitesse de transmission du SARS-CoV-2 m'a impressionné.

— Vous avez conduit une étude exceptionnelle sur l'"association entre l'environnement naturel et l'asthme" en Nouvelle-Zélande, publiée en 2018[27]. Comment avez-vous procédé ?

— C'est vrai que cette étude est unique, car nous avons pu suivre près de 50 000 enfants nés en 1998 jusqu'en 2016, c'est-à-dire pendant dix-huit ans. Il est rare de pouvoir travailler sur une cohorte aussi importante et sur une durée aussi longue. Le gouvernement nous a autorisés à consulter les données d'état civil et sanitaires de tout le pays. Nous avions les adresses des 50 000 bébés, y compris quand leurs familles ont déménagé. Nous avons pu les croiser avec les images satellites, qui nous ont renseignés sur le type d'usage des terres et de végétation qui caractérisait le cadre de vie des enfants. La conclusion fut que le fait de vivre près d'un espace vert réduisait le risque asthmatique d'au moins 15 %, mais que l'intensité de la protection dépendait de la qualité de la végétation. La Nouvelle-Zélande compte d'importantes plantations de pins de Monterey qui constituent des facteurs de risque pour l'asthme. Même chose pour les ajoncs, qui donnent certes de belles fleurs jaunes, mais qui sont très épineux et allergènes. Pour que la protection soit efficace, il faut une végétation diverse et native de l'île.

« À partir de cette cohorte de bébés nés en 1998, nous avons réalisé une deuxième étude sur le lien entre l'exposition précoce à un environnement naturel et le "trouble de déficit de l'attention avec ou sans hyperactivité" (TDAH)[28]. Les résultats ont montré une réduction significative du risque pour les enfants qui ont grandi dans une aire rurale avec une riche biodiversité. Enfin – et là c'était encore plus surprenant –, pour une troisième étude qui est en cours de validation avant publication, nous avons suivi les 50 000 enfants depuis leur naissance jusqu'à l'âge de cinq ans[29]. Nous avons observé que le fait de grandir dans un environnement naturel diversifié réduisait le risque de leucémie aiguë lymphoblastique de 35 %. L'un des facteurs souvent méconnus qui peuvent expliquer ce résultat est que les plantes à larges feuilles capturent une grande partie de la pollution de l'air. Enfin, dans un domaine qui ne concerne pas exclusivement les enfants, nous avons montré que les patients qui subissent une arthroplastie de la hanche récupèrent mieux et plus vite, en consommant nettement moins d'opiacés, s'ils vivent dans un environnement riche en biodiversité naturelle[30].

« Les résultats de mon laboratoire sont en accord avec des centaines d'études réalisées par mes confrères partout dans le monde. Et nous disons tous la même chose : il est temps que les pouvoirs publics comprennent que la santé humaine dépend de celle des écosystèmes et des animaux, car tout est interconnecté. Il est temps aussi qu'ils agissent pour stopper la destruction de la biodiversité et le dérèglement du climat, dont les effets synergiques sont d'ores et déjà désastreux pour la santé publique. »

La quatrième transition épidémique

« Quelle ironie, nous sommes confrontés simultanément à deux nouvelles menaces de maladies pandémiques : celle de maladies infectieuses transmissibles dues à de nouveaux pathogènes émergents et celle de maladies non transmissibles dues à la disparition de pathogènes ! » Le lecteur aura reconnu la capacité de synthèse décapante de Serge Morand, qui a accompagné ses propos d'un rire navré. Juste avant notre entretien, le 15 mai 2020, le chercheur français avait consulté les données du Coronavirus Resource Center, mis en ligne par l'université de médecine Johns Hopkins de Baltimore (Maryland) – on peut y suivre au jour le jour la progression de la covid-19, avec le nombre de cas diagnostiqués et de morts, dans tous les pays de la planète[31]. « La Thaïlande totalise à ce jour un peu plus de 3 000 cas et une cinquantaine de morts, tandis que, à population quasiment égale, la France compte déjà 27 529 décès, a-t-il commenté. La différence est impressionnante ! D'autant que, parmi les morts de Thaïlande, il y a une forte proportion de retraités étrangers – Anglais, Américains et Allemands principalement – qui n'ont pas une très bonne hygiène de vie et sont plutôt des gens à risque.

— Comment expliquez-vous cette différence ?

— Il y a plusieurs facteurs qui convergent. Le premier est d'ordre comportemental aux niveaux individuel et collectif. Tous les pays asiatiques émergents – comme la Thaïlande, la Corée, Taïwan, ou Singapour – ont des taux de mortalité très faibles. Ce n'est pas seulement parce que leur population est jeune, car le Japon, qui compte plus de 28 % de seniors, n'a pratiquement pas de morts de la covid-19. En revanche, ces pays ont ce que j'appelle des valeurs collectivistes ou communautaires très fortes, à la différence des pays occidentaux qui fonctionnent plus sur le mode individualiste. Les pays les plus individualistes, comme les États-Unis ou la Grande-Bretagne, sont en train de payer un lourd tribut. Dès début janvier en Thaïlande, bien avant que le gouvernement décrète un confinement très strict avec un couvre-feu, les habitants se sont mis spontanément à porter des masques. De même, il y avait du gel à l'entrée des transports en commun de Bangkok. Fin février, j'étais en France, où je devais faire plusieurs conférences, et j'ai été pris de panique dans le métro parisien ! Personne ne portait de masque ! Quand j'ai réussi à monter dans un avion pour retourner en Thaïlande, j'ai découvert que le personnel d'Air France n'avait reçu aucune consigne. J'étais le seul à porter un masque ! À peine arrivé, j'ai décidé avec mon épouse de partir dans le petit village de Dansaï (quatre cents habitants), au nord de la Thaïlande, d'où elle est originaire et où nous avons construit une maison forestière. Nous nous sommes présentés au *phouyai ban*, le chef du village, et nous nous sommes mis en autoquarantaine, alors que ce n'était pas obligatoire. Le *ossomo*, l'adjoint chargé de la santé, est venu voir si nous avions de la température. C'est un volontaire qui fait le lien entre le village et le service de santé régional. Petit à petit, nous avons vu arriver tous les Bangkokois qui avaient perdu leur travail et rentraient au village. Automatiquement, chaque famille se mettait alors en quarantaine. Après l'inconscience que j'avais pu constater en Europe, cette gestion très collective de la santé était somme toute très rassurante. Les campagnes d'éducation à la santé communautaire ont permis notamment d'éradiquer la leptospirose[a] que les paysans attrapaient en travaillant

---

a La leptospirose est une maladie infectieuse provoquée par une bactérie, la *Leptospira*, que les rongeurs excrètent dans leurs urines. Certaines formes sévères peuvent être fatales.

pieds nus dans les rizières. Aujourd'hui, à Dansaï, tous les riziculteurs portent des bottes et des manches longues. Il a fallu la covid-19 pour que les Français réapprennent à se laver les mains ! (*Rires*.)

— Est-ce que l'hypothèse de la biodiversité peut aussi expliquer le faible impact de la pandémie en Thaïlande ?

— Tout à fait ! Je prépare un papier pour vérifier si l'exposition permanente des ruraux thaïs à différents coronavirus de chauves-souris pourrait avoir créé une immunité croisée, qui protégerait les populations du SARS-CoV-2. C'est ce qu'on appelle l'immuno-écologie, dont le modèle est l'histoire de la vaccine des vaches. »

Petite parenthèse : dans les années 1790, Edward Jenner, médecin de campagne en Angleterre, observe que les paysannes qui traient les vaches à la main ont parfois des pustules sur les mains. Elles sont provoquées par la vaccine, une forme mineure de la variole qui affecte les bovins. Or les fermières semblent protégées des épidémies de variole, alors très meurtrière. Le 14 mai 1796, ainsi qu'il l'a consigné dans un rapport, le docteur Jenner inocule une goutte de pus de ces pustules dans le bras d'un enfant de huit ans, James Phipps. Un mois plus tard, il lui injecte du pus extrait des vésicules défigurantes provoquées par la variole, et le jeune cobaye ne développe aucune réaction. C'est ainsi qu'est né le « vaccin » contre la variole – en hommage à la vache, *vacca* en latin – qui se développa dans toute l'Europe au milieu du XIXe siècle.

« Le principe de l'immunoécologie est d'utiliser la biodiversité comme protection, m'a expliqué Serge

Morand. C'est probablement ce qui se passe en Thaïlande avec le SARS-CoV-2. À la campagne, les villageois sont en contact avec une grande biodiversité – certes de plus en plus menacée –, ils sont infectés par des vers intestinaux et continuent de manger des plats traditionnels, y compris des rats ! Tout cela colle sur le papier, mais il faut le vérifier scientifiquement. En revanche, dans la capitale, la malbouffe a fait son entrée en force. La première fois que j'ai donné des cours à l'université de Bangkok, en 2006, il n'y avait pas d'étudiants obèses, alors qu'aujourd'hui 10 % sont en surcharge pondérale. La quatrième transition épidémiologique frappe rapidement tous les pays. »

Dans l'ouvrage déjà cité *Biodiversité et Santé*, qu'il a cosigné avec Claire Lajaunie, Serge Morand rappelle les trois grandes transitions épidémiologiques qui ont caractérisé l'humanité, laquelle représente l'espèce animale la plus parasitée, avec plus de 1 400 microbes répertoriés, dont plus de 60 % sont d'origine zoonotique. Les humains ont acquis ces agents pathogènes lors de trois événements majeurs : 1) lors de la dispersion « hors d'Afrique », il y a au moins 120 000 ans, quand les *Homo sapiens* ont emporté des parasites hérités d'un ancêtre primate commun, auxquels se sont ajoutées de nouvelles souches liées à leur expansion en Eurasie, Australie et Amériques ; 2) lors de la révolution néolithique au Moyen-Orient, il y a environ 12 000 ans, quand les chasseurs-cueilleurs se sont sédentarisés pour pratiquer l'agriculture et l'élevage ; 3) lors des différentes étapes de la mondialisation, avec l'ouverture des premières routes commerciales et les conquêtes coloniales européennes, qui ont favorisé la distribution des agents infectieux sur tous les continents. Au début du XXe siècle, alors que s'achève la première étape du processus de mondialisation de l'économie, la pandémie de grippe espagnole (1918-1920), qui a débuté aux États-Unis, a gagné l'Europe, puis l'Afrique et l'Asie, pour tuer environ 3 % de la population mondiale (entre 40 et 50 millions de personnes).

« La quatrième transition épidémiologique a commencé au milieu du XXe siècle, m'a dit Serge Morand. Elle est liée à la grande accélération des échanges : tout se met à bouger dans tous les sens, les humains et les agents pathogènes. Elle est liée aussi à l'agro-industrie qui a uniformisé les paysages, ainsi que les microbiotes humains et animaux. Les pratiques d'élevage intensif ont d'abord transformé le corps des animaux, devenus incapables de se reproduire ou de manger seuls et qui sont tous malades. L'agroalimentaire est en train de faire la même chose avec les humains, qui sont de plus en plus mal nourris – qu'ils soient en état de malnutrition ou d'obésité – et qui souffrent de maladies chroniques. Il est vraiment temps que nous changions de paradigme, car tout cela risque de mal se terminer… »

6

Vers une écologie planétaire de la santé

Sur la photo, l'enfant tchadien cajole son chien avec un large sourire : nous sommes sur le site Web du professeur Jakob Zinsstag, vétérinaire de formation, qui dirige l'unité Santé humaine et animale de l'Institut suisse de santé tropicale et publique de Bâle. À cinquante-neuf ans, ce spécialiste de la rage est le premier à avoir utilisé dans la littérature biomédicale le concept de « One Health » (Une seule santé), qui prône une collaboration étroite entre médecine humaine et médecine vétérinaire, comme le rapporte l'historienne de la santé britannique Abigail Woods dans un livre de référence sur le sujet[1].

Rencontre avec Jakob Zinsstag, pionnier de « One Health »

Lorsque je lui ai parlé, le 27 mai 2020, il venait de regagner son bureau professionnel, après deux mois de confinement strict. « À ce jour, la Suisse compte 30 000 cas et 1 800 morts, m'a-t-il expliqué.

Comme dans tous les pays occidentaux, les personnes décédées avaient des facteurs de comorbidité, liés aux maladies non transmissibles, comme le diabète ou l'hypertension. Avec la covid-19, nous voyons vraiment qu'il y a un double fardeau qui pèse sur la santé publique ; cela pourrait même être l'une des caractéristiques de l'anthropocène. » Je rappelle que le terme « anthropocène » est un néologisme construit à partir du grec *anthropos*, l'être humain, et *kainos*, nouveau. Le suffixe « cène » marque les époques géologiques que la planète a traversées, comme l'holocène qui débuta il y a 10 000 ans avec la fin de la dernière glaciation et se caractérisa par un réchauffement progressif ayant permis à la vie de s'épanouir sur la planète. Or, depuis l'avènement de l'ère industrielle au XIXe siècle, l'augmentation vertigineuse des émissions de gaz à effet de serre causées par l'activité humaine provoque un réchauffement du climat exceptionnel, lequel s'accompagne de la sixième extinction des espèces (voir chapitre 3). Utilisé pour la première fois en 1992 par le journaliste américain Andrew Revkin, le terme « anthropocène » a été repris dix ans plus tard par le géochimiste (et prix Nobel) néerlandais Paul Crutzen, pour désigner un nouvel âge géologique dont les contraintes dominantes ne sont plus les forces géologiques ou naturelles, mais *Homo sapiens* en personne.

« L'impact des humains est visible partout, sur le climat, l'air, l'eau, les aliments, la biodiversité et, bien sûr, la santé, a poursuivi Jakob Zinsstag. Cette pandémie constitue un véritable coup de semonce et j'espère qu'il sera entendu. Seule l'écologie, qui est la science des équilibres, et une vision globale de la santé nous permettront d'alléger les deux fardeaux sanitaires qui affectent l'humanité, en agissant en synergie.

— Comment êtes-vous devenu un promoteur de One Health ?

— Par l'expérience ! J'ai fait mon doctorat de vétérinaire en microbiologie sur les salmonelles, mais je n'avais pas envie de passer ma vie à administrer des antibiotiques ! Depuis tout petit, j'étais attiré par les pays du Sud et je me suis orienté vers les maladies tropicales, comme la maladie du sommeil. J'ai fait une thèse de postdoctorat à l'Institut tropical d'Anvers en Belgique, tout en travaillant comme parasitologue en Afrique. C'est lors d'une mission auprès des populations nomades du Tchad que j'ai découvert le concept de "One Medecine" proposé par le vétérinaire américain Calvin Schwabe dans son livre "Médecine vétérinaire et Santé humaine[2]". Ce fut une révélation ! »

Calvin Schwabe (1927-2006) était professeur d'épidémiologie à l'école vétérinaire de l'université Davis (Californie), où il fonda un cursus commun pour les praticiens des médecines humaine et animale. Dans son livre publié en 1964, il rapporte qu'il s'est inspiré du pathologiste et homme politique allemand Rudolf Virchow (1821-1902), qui a forgé le mot « zoonose » et qui avait plaidé devant le Sénat prussien pour une collaboration entre les médecines vétérinaire et humaine, afin de contrôler la tuberculose bovine. Il raconte aussi son expérience auprès des Dinkas, un peuple d'agriculteurs-pasteurs du Sud-Soudan, dont l'activité économique et la vie religieuse sont intimement liées aux troupeaux de vaches *abigar*, célèbres en raison de leurs longues cornes pointues. Dans ces communautés semi-nomades, les guérisseurs sont chargés de veiller en même temps sur la santé des hommes et sur celle des animaux.

« Malheureusement, ces pratiques traditionnelles ont été découragées par les Occidentaux, m'a expliqué Jakob Zinsstag, qui a publié en 2012 un article sur ce sujet[3]. Pourtant, les médecines humaine et vétérinaire ont les mêmes fondements scientifiques et, jusqu'au XVIIIe siècle, elles relevaient d'un enseignement unique à l'université. La première école vétérinaire a officiellement été ouverte à Lyon en 1761 par Claude Bourgelat, qui dirigeait l'académie royale d'équitation. Au cours du XXe siècle, chacune a évolué de son côté, comme une discipline radicalement séparée. Cette logique de "silos" a fait qu'elles ont perdu tout contact, au niveau universitaire, mais aussi en termes de gouvernance politique ou de gestion sanitaire. C'est une erreur monumentale ! Il est impératif qu'elles retravaillent ensemble dans une vision écosystémique, où les animaux seraient traités pour ce qu'ils sont, à savoir des parents très proches des humains – soit dit en passant, ils ont le droit de vivre dignement, car notre bien-être est intimement associé au leur. Les études génétiques montrent que le génome humain est similaire à 99 % à celui des grands singes et à 95 % à celui des cochons. C'est pourquoi les agents pathogènes évoluent dans un continuum qui relie les humains aux animaux sauvages et domestiques.

— Est-ce que les études que vous avez conduites avec les populations nomades du Tchad confirment la pertinence de cette approche ?

— Tout à fait ! Par exemple, nous avons constaté que les moutons pouvaient transmettre la brucellose aux humains[4], ou que les éleveurs de chameaux présentaient un risque accru de fièvre Q[a]. Cela n'a donc aucun sens que les vétérinaires s'occupent des animaux et les médecins des humains, séparément. D'autant que, comme nous l'avons montré[5], une surveillance et une gestion communes des maladies sont rentables économiquement. Par exemple, lorsqu'on organise des campagnes de vaccination simultanée pour les animaux et les humains, on économise des ressources en partageant la chaîne du froid et le transport. Je me bats actuellement pour une campagne de vaccination de masse des chiens africains contre la rage, tout particulièrement dans les villes[6]. Avec 2 ou 3 milliards d'euros, nous pourrions venir à bout de cette maladie terrible, que la seule vaccination humaine ne parvient pas à endiguer. En tout cas, la solution n'est pas d'éliminer les chiens, qui ont une utilité sociale et écologique.

— Pourquoi la démarche One Health est-elle importante pour lutter contre la résistance aux antibiotiques ?

— C'est capital et je dirais même que c'est le seul domaine où elle est vraiment soutenue par les organisations onusiennes[7]. La résistance antimicrobienne est une illustration parfaite de ce que j'ai appelé précédemment une "erreur monumentale" : les vétérinaires et médecins ont administré, chacun de leur côté et de manière absolument abusive, des antibiotiques sans tenir compte de la proximité qui nous unit aux animaux. Le résultat est que l'antibiorésistance est

---

a La fièvre Q est une zoonose causée par la bactérie *Coxiella burnetti*. Parfois appelée « infection des abattoirs », elle peut provoquer de graves troubles cardiaques.

devenue un problème de santé publique majeur. Et du coup, je suis obligé de revenir à ma spécialité d'origine, la microbiologie !

— Vous menez depuis 2015 en Éthiopie un programme One Health, considéré comme une référence, en quoi consiste-t-il ?

— Nous avons créé avec le gouvernement éthiopien et l'université de Jigjiga dans la région somali un centre d'excellence, baptisé "Santé unie", où nous formons des cadres académiques en santé humaine et animale, en écologie, anthropologie et sociologie. De plus, nous avons mis en place un système de surveillance et de réponse intégrée "Santé humaine et animale", où les médecins et les vétérinaires travaillent en étroite collaboration avec les éleveurs de chameaux, pour faire une veille sanitaire conjointe, tout en recensant les événements climatiques ou écologiques exceptionnels, comme les sécheresses, qui peuvent provoquer l'émergence de maladies. Un dispositif similaire existe dans la région italienne d'Émilie-Romagne pour la fièvre du Nil occidental, où sont surveillés simultanément les moustiques, les oiseaux sauvages, les chevaux et l'homme. Toutes les données sont interconnectées. L'avenir, c'est d'aller vers une vision écologique de la santé, où on ne se contente pas de soigner un patient, mais où on essaie de comprendre aussi d'où vient sa maladie. En d'autres termes : nous ne voulons pas un nouveau ministère, nous voulons que les différents ministères travaillent ensemble.

— Vous avez publié en 2011 un article sur la Suisse qui serait pionnière dans ce domaine[8]. Qu'en est-il en 2020 ?

La résistance aux antibiotiques : comment un gène de résistance à la colistine est passé des cochons aux humains

L'émergence des résistances des bactéries aux antibiotiques est un phénomène qui a été rapidement prédit après la découverte du rôle antibiotique de la pénicilline en 1928 par le biologiste britannique Alexander Fleming (1881-1955) et la fabrication à la fin des années 1930 du premier antibiotique commercial par le biologiste américain d'origine française René Dubos (1901-1982). Les résistances concernent toutes les familles d'antibiotiques, dont la colistine, un antibiotique du groupe des polymyxines développé dans les années 1950, mais abandonné en santé humaine en raison de ses effets secondaires. La colistine a été laissée au secteur animal et n'a plus été utilisée chez des patients humains que comme antibiotique de secours pour ceux présentant des infections dues à des bactéries multirésistantes aux antibiotiques couramment utilisés. C'est un antibiotique largement utilisé en prophylaxie en santé animale et aussi en additif dans les farines animales en Asie. Le passage de gènes de résistance à la colistine entre les bactéries commensales des cochons et celles de villageois d'un village laotien a été démontré en 2012. La pression en antibiotiques ajoutés dans l'alimentation des animaux est la cause probable de l'émergence de la résistance à la colistine.

En 2016, une équipe de chercheurs chinois a montré l'émergence d'un gène de résistance unique à la colistine présent chez les bactéries commensales de patients hospitalisés et dans des élevages porcins sur l'ensemble du territoire chinois. Cette mutation unique portée sur un plasmide, dénommée « mcr-1 », a été retrouvée dans le village laotien : la mutation mcr-1 s'était déjà disséminée en Asie du Sud-Est. Elle est présente dans le monde entier depuis la fin 2016.

— Pour l'heure, deux initiatives vont dans le bon sens. D'abord, le gouvernement a créé une structure interministérielle "One Health", qui réunit régulièrement les responsables de la santé humaine, animale, de l'agriculture et de l'écologie. Ensuite, notre Institut de santé tropicale a intégré l'Institut de santé préventive, de sorte que travaillent désormais ensemble les spécialistes des maladies tropicales, des cancers, de la pollution de l'air ou des allergies.

— Quelles sont les conséquences de l'approche One Health pour le développement de grands projets d'infrastructure ?

— Avant de se lancer dans la construction d'un barrage ou l'ouverture d'une mine, nous recommandons d'effectuer une "évaluation d'impact sanitaire" pour estimer quelles menaces biologiques pourrait déclencher l'ouvrage. Là aussi, nous ne pouvons plus continuer à travailler en silos : les ingénieurs construisent, puis les médecins réparent les dégâts, quand ils en ont les moyens, comme au Sénégal où la construction du barrage Diama a provoqué l'explosion de la bilharziose[9]. »

One Health à l'OMS

« En tant que salarié de l'Organisation mondiale de la santé, je n'ai pas le droit de vous parler de la covid-19, pour cela il me faudrait une autorisation spéciale. Vous ne pouvez pas imaginer les pressions que l'OMS subit, entre la Chine et les États-Unis, c'est assez écœurant… On est très loin en tout cas d'une vision commune qui permettrait de créer les conditions pour éviter une prochaine pandémie. » Ce 8 juin 2020, Stéphane de La Rocque n'avait pas le moral. Et comme il me l'avait instamment demandé, notre entretien n'a porté que sur sa (longue) carrière et sur l'unité One Health, baptisée « Interface homme-animal », qu'il dirige au sein de l'OMS.

Après des études de vétérinaire, le chercheur français a travaillé pendant une quinzaine d'années pour le CIRAD, principalement en Afrique où l'une de ses spécialités était la trypanosomiase africaine, encore appelée « maladie du sommeil ». Il a pu observer comment la déforestation et l'implantation de monocultures de coton ou de maïs avaient accru le risque d'exposition à la mouche tsé-tsé, le vecteur de cette maladie vectorielle, qui auparavant dans un environnement riche en biodiversité ne sévissait qu'à bas bruit : privé de ses hôtes traditionnels, à savoir la faune sauvage, l'insecte s'est rabattu sur les humains et leurs animaux domestiques, aggravant la prévalence de la maladie. « Une belle illustration de l'effet dilution », m'a-t-il expliqué avant d'ajouter : « Je me souviens aussi du savoir traditionnel des éleveurs peuls. Pour mes recherches, je me promenais toujours avec des petites boîtes qui contenaient plusieurs espèces de mouches. Du premier coup d'œil, ils reconnaissaient les mouches tsé-tsé et me disaient : "Ça, c'est dangereux" ; tandis que les familles qui s'étaient installées près des monocultures n'avaient pas cette connaissance et étaient souvent infectées. C'est là que j'ai compris que, pour prévenir les maladies infectieuses, il fallait aussi collaborer avec les anthropologues qui connaissent les savoirs traditionnels des populations. »

Au début des années 2000, Stéphane de La Rocque est rentré en France à la demande du CIRAD, pour gérer l'émergence d'une nouvelle maladie vétérinaire : la fièvre catarrhale, encore appelée « maladie de la langue bleue », qui est provoquée par un virus – le Blue Tongue – transporté par de petits moucherons piqueurs du genre *Culicoides*. Je reviendrai sur cette maladie non contagieuse et non transmissible à l'homme, d'origine africaine, qui a fait son apparition en Europe en 1998, où elle a décimé les troupeaux de moutons. « Au même moment, nous avions les premiers cas de fièvre du Nil occidental, qui est transmise par un moustique et peut être fatale pour le cheval et l'homme, a poursuivi le docteur de La Rocque. Pour moi, ce fut une expérience capitale : j'ai découvert que nous avions perdu des connaissances en entomologie médicale, dont l'enseignement a quasiment été supprimé, et que l'émergence de ces maladies était liée à des facteurs environnementaux. »

C'est ainsi que le scientifique s'est trouvé en 2004 « embarqué dans un gros projet de recherche » rassemblant cinq cents chercheurs issus de vingt-quatre pays, intitulé « Emerging Diseases in a Changing European

Environment[a] » (EDEN), dont il est devenu le coordinateur général. Il a notamment sollicité Serge Morand, qui fut chargé des maladies liées aux rongeurs. Ce programme de recherche innovant a permis de cartographier la distribution des arthropodes – moustiques ou tiques – en Europe et de réaliser les premières modélisations, dans le but de prédire les risques d'épidémies en fonction des évolutions de l'environnement, et notamment du climat.

Parallèlement, a surgi en 2003 la grippe aviaire H5N1 en Asie du Sud-Est, qui, comme je l'ai raconté dans le chapitre 1, a provoqué l'abattage de 60 millions de poulets en Thaïlande et… un vent de panique en Europe. « C'est à cette occasion que j'ai découvert une pratique que j'ignorais totalement, m'a raconté Stéphane de La Rocque. Et pourtant je suis vétérinaire ! Les élevages intensifs asiatiques, qui agissent comme de vraies boîtes de Petri[b] – quand un pathogène y pénètre, il fait un ravage ! –, fournissent des poussins d'un jour aux industriels de la volaille de tous les continents. La grippe aviaire est ainsi arrivée au Nigeria, à travers des poussins infectés transportés par bateau. Ce système est complètement fou ! C'est là que j'ai compris qu'il fallait absolument sortir de la logique de silos, en reconnectant les différentes activités humaines, sous peine d'aller vers la catastrophe. »

---

a Les maladies émergentes dans un environnement changeant.

b Une « boîte de Petri » – du nom du bactériologiste allemand Julius Richard Petri (1852-1921), assistant du médecin allemand Robert Koch (1843-1910) – est un récipient cylindrique en verre ou en plastique, doté d'un couvercle, utilisé en microbiologie pour mettre en culture et multiplier des bactéries ou des cellules.

L'épidémie de H5N1, suivant celles d'Ebola, de SARS ou de Nipah, est à l'origine de la conférence « One World, One Health » (Un monde, une santé) organisée à New York le 29 septembre 2004 par la Wildlife Conservation Society et l'université Rockefeller. Réunissant des scientifiques internationaux et des représentants de l'OMS, de l'USDA (le ministère de l'Agriculture états-unien) ou d'institutions médicales comme le Center for Disease Control d'Atlanta, l'événement constituait une première. Il s'est conclu par la publication des douze « principes de Manhattan », qui appelaient à « mettre en œuvre une approche plus holistique afin de prévenir les épidémies de zoonoses et garantir l'équilibre des écosystèmes pour le bénéfice des humains, de leurs animaux domestiques et de la biodiversité fondatrice, dont nous dépendons tous ». Si la conférence est restée sans lendemain, elle a cependant suscité un élan. En 2006 était créée aux États-Unis l'Initiative One Health (IOH) par Laura Kahn, médecin, et Bruce Kaplan, vétérinaire – qui encourage depuis sans relâche une « stratégie mondiale pour renforcer la collaboration et les échanges interdisciplinaires dans tous les aspects de la santé des humains, des animaux et de l'environnement », ainsi que le proclame son site Web. En 2009, le Center for Disease Control des États-Unis ouvrait un département One Health. Et en 2010, l'OMS, la FAO (Organisation des Nations unies pour l'alimentation et l'agriculture) et l'OIE (Organisation mondiale de la santé animale) signaient un accord tripartite visant à « coordonner leurs activités globales pour faire face aux risques sanitaires à l'interface animal-humain-écosystèmes[10] ».

Entre-temps, Stéphane de La Rocque avait rejoint la FAO où, dès 2006, il s'est « retrouvé en Afrique à gérer la crise de la fièvre de la vallée du Rift ». Cette zoonose, qui provoque des fièvres hémorragiques « absolument terribles » chez les ruminants, est causée par un virus du genre *Phlebovirus*, transmis par des moustiques. Les humains se contaminent par contact direct avec du sang ou d'autres fluides provenant d'animaux infectés ou, dans une moindre mesure, par des piqures d'insectes infestés[a]. De 2006 à 2010, une vague d'épidémies a gagné progressivement toute l'Afrique, dans les secteurs frappés par la déforestation, l'expansion urbaine ou l'exploitation minière. « C'est une sale maladie qui sème la panique, parce qu'elle est dévastatrice pour les populations pastorales qui vivent de l'élevage, m'a dit Stéphane de La Rocque. Il faut agir vite et de façon coordonnée. Je me souviens d'une conférence de presse chaotique à Madagascar, où le ministre de la Santé disait : "Ne touchez plus vos animaux, ne mangez plus de viande et ne buvez plus de lait !" Et juste après le ministre de l'Agriculture affirmait au contraire que, une fois chauffés, la viande et le lait n'étaient pas dangereux. Du coup, ça amplifiait la panique. En fait, la viande issue d'un animal infecté est tout à fait consommable. C'est l'abattage qui est dangereux.

— Cela veut dire qu'il faut fermer les abattoirs ?

— Surtout pas ! Car cela provoque la mise en place immédiate d'un système illégal. Quand la Tanzanie a décidé de fermer tous ses abattoirs, des gens sont

a Chez les humains, la fièvre de la vallée du Rift peut être fatale dans 1 % des cas.

venus des Comores avec leurs petites barques pour embarquer des animaux contaminés, dont le prix avait chuté de quatre ou cinq fois. L'épidémie s'est alors diffusée aux Comores, à Mayotte et dans l'île de la Réunion. La fièvre de la vallée du Rift est un bon exemple de maladie à l'épidémiologie complexe, que l'on ne peut prévenir et encore moins contrôler sans une collaboration étroite entre les experts de la santé humaine et animale, de la faune sauvage, de l'élevage et de l'environnement. On sait par exemple que l'activité du virus est amplifiée après des pluies exceptionnellement fortes, qui favorisent la mise en eau des gîtes larvaires des moustiques. Depuis, la FAO a mis en place un système d'alerte, qui utilise les prévisions des précipitations et la surveillance par satellite de l'activité de la végétation associée à ces gîtes larvaires.

— Est-ce que cette expérience vous a convaincu de la pertinence de la démarche One Health ? » Cette question a provoqué un rire nourri de Stéphane de La Rocque, qui, après une pause, a fini par répondre : « Quand j'étais étudiant à l'École vétérinaire de Lyon, on m'a expliqué que, si j'avais un cochon malade, il fallait évidemment que j'identifie le pathogène responsable, mais que je m'intéresse aussi aux conditions dans lesquelles cet animal était élevé : sa nourriture, l'environnement, etc. Si, à l'oral, je faisais une erreur sur la rage, c'était redoublement immédiat. Il était inadmissible qu'un vétérinaire ne connaisse pas le moindre détail sur une maladie qui tue à 100 %. On avait un cours intitulé "Maladies réputées légalement contagieuses", qui étaient pour la plupart zoonotiques. Un ami médecin m'a raconté qu'il y a trente ans les zoonoses étaient traitées en une heure de cours à la faculté de médecine ! Aujourd'hui, avec le SARS-CoV-2, les médecins découvrent que des pathogènes passent des animaux à l'homme, mais pour nous les vétérinaires, c'est une évidence ! Je pense qu'il y a un vrai problème du côté de la santé publique, dont les responsables restent sur une approche très verticale autour du pathogène, sans tenir compte des facteurs environnementaux.

— Et cette vision est partagée par vos collègues médecins de l'OMS ?

— Je ne vous cache pas que c'est épuisant, a lâché Stéphane de La Rocque. Dans mon équipe One Health, il y a quatre vétérinaires, une microbiologiste et un médecin. Nous avons beaucoup de mal à faire entendre notre voix dans l'institution, car rares sont les professionnels de la santé publique qui arrivent à parler avec des vétérinaires, des écologues ou des climatologues. C'est un problème de langage et de formation. Pourtant, avec le changement climatique, il faudra bien qu'on apprenne à communiquer et à travailler ensemble… »

L'impact du changement climatique sur les maladies vectorielles

« Nous devons nous préparer à l'inattendu et être prêts à répondre rapidement. » C'est par ces mots que Bernard Vallat, alors directeur général de l'Organisation mondiale de la santé animale (OIE), avait conclu en 2008 la préface d'un livre collectif publié par l'OIE et coordonné par Stéphane de La Rocque et Serge Morand, intitulé *Changement climatique. Impact sur l'épidémiologie et les stratégies de contrôle des maladies animales*[11]. Cette « revue scientifique et technique » faisait le point sur les « conséquences les plus significatives du changement climatique sur la distribution et la prévalence des maladies à transmission vectorielle », comme le paludisme, la fièvre jaune, la dengue, la fièvre catarrhale du mouton (maladie de la langue bleue), la fièvre du Nil occidental, mais aussi la grippe aviaire ou les helminthiases, comme la bilharziose ou l'échinococcose[a]. Les auteurs étaient unanimes : le changement climatique affectera ces maladies infectieuses, quel que soit leur mode de transmission. Douze ans plus tard, ces prévisions, fondées alors essentiellement sur des modélisations, ont été largement confirmées, ainsi que le montrent les travaux du professeur Matthew Baylis, qui dirige la chaire d'épidémiologie vétérinaire à l'université de Liverpool depuis 2005.

Après avoir étudié la zoologie à l'université d'Oxford, le Britannique s'est spécialisé en entomologie et épidémiologie lors de plusieurs séjours prolongés en Afrique. En 2007, il a créé au sein de l'université de Liverpool un « groupe d'étude sur le climat et les maladies infectieuses animales » (LUCINDA). Il est aussi, depuis 2017, l'initiateur d'un programme de formation One Health, qui couvre quatre pays de la Corne de l'Afrique (d'où son nom « HORN ») – Kenya, Éthiopie, Érythrée et Somalie –,

a L'échinococcose est une zoonose causée par l'échinocoque, un ver plat, que peuvent transmettre aux humains les animaux de compagnie, comme le chien ou le chat. Se développant lentement, elle peut conduire à de graves dégâts au foie.

financé par le Royaume-Uni à hauteur de 7,7 millions de livres. « Le cœur de mes recherches, ce sont les maladies transmises par les insectes, m'a-t-il expliqué lors de notre entretien le 19 juin 2020. Et, comme les insectes font partie des organismes qui sont le plus affectés par le climat, je travaille aussi sur le changement climatique. En 2017, j'ai publié avec Serge Morand une étude qui montre que 63 % des agents pathogènes qui peuvent infecter les humains ou les animaux en Europe sont sensibles aux variations climatiques, notamment aux précipitations ou à la température[12]. Ce sont surtout des maladies vectorielles ou liées à l'eau. Nous avons aussi constaté que les pathogènes zoonotiques, c'est-à-dire qui affectent à la fois les humains et les animaux, sont plus sensibles au climat que les pathogènes strictement humains ou animaux.

— Comment l'expliquez-vous ?

— Nous avons spéculé que c'était dû au fait que les maladies zoonotiques sont distribuées dans des aires géographiques importantes, avec une plus grande diversité d'hôtes, mais ce n'est qu'une hypothèse.

— Pourquoi avez-vous écrit que la maladie de la langue bleue, qui a fait son apparition en Europe du Sud en 1998, est un cas d'école pour l'impact du changement climatique sur les maladies vectorielles[13] ?

— D'abord, il faut savoir que le climat modifie la distribution de tous les arthropodes : les moustiques, les moucherons ou les tiques. Les changements de température ou d'humidité leur permettent de conquérir de nouveaux territoires ou de devenir plus abondants. Par ailleurs, la température a un impact sur la capacité des insectes à transmettre les pathogènes, particulièrement celle des insectes qui ont une vie courte. Lorsque la température est dans les moyennes habituelles, il faut environ une semaine pour que le virus atteigne les glandes salivaires et la trompe du moustique, par laquelle il pique et se nourrit chez son hôte ; et il y a bien des cas où il est mort avant. Mais, quand il fait plus chaud, le virus se multiplie et se répand plus vite dans le corps de l'insecte, ce qui augmente la probabilité que celui-ci soit infecté. C'est ce que nous avons pu constater dans des études de laboratoire, de terrain et de modélisation. Notre simulation a montré que le fameux taux de contamination "R0", dont on parle tant depuis la pandémie de covid-19[a], augmente avec la température pour le virus responsable de la maladie de la langue bleue, mais aussi pour le Zika. Les variations climatiques sont strictement corrélées avec l'apparition de la première en Europe du Nord en 2006, ou l'épidémie du second en Amérique latine en 2016[14]. »

Le virus Zika, du nom d'une forêt d'Ouganda, a été identifié pour la première fois chez un macaque en 1947, avant d'être reconnu cinq ans plus tard comme une nouvelle espèce virale menaçant les humains. Transmis par les moustiques du genre *Aedes*, il entraîne des symptômes bénins, mais est particulièrement dangereux pour les fœtus, provoquant chez eux une micro-encéphalite, malformation congénitale sévère qui cause un retard mental irréversible. Endémique en Afrique et en Asie, le Zika a fait son

a Le taux de reproduction du coronavirus (R effectif ou R0) est une estimation du nombre moyen de personnes contaminées par une personne malade.

apparition au Brésil en 2015 et fut déclaré « urgence de santé publique de préoccupation internationale » en février 2016 par l'OMS. Dans son modèle mathématique, le professeur Baylis a montré que l'émergence du Zika en Amérique latine coïncidait avec un épisode d'El Niño, qui a affecté la région un an plus tôt. Avec son corollaire La Niña, El Niño est un phénomène océanique, qui affecte le régime des vents, la température de la surface de l'océan Pacifique équatorial et les précipitations[a]. El Niño correspond à un réchauffement des eaux, tandis que La Niña est caractérisée par un refroidissement. Liés à la variabilité climatique, El Niño et La Niña représentent les deux phases opposées d'un phénomène associant océan et atmosphère, appelé ENSO (El Niño-Southern Oscillation, El Niño-oscillation australe). Les rapports du Groupe d'experts intergouvernemental sur l'évolution du climat (GIEC) indiquent que le changement climatique provoque une augmentation de la fréquence et de l'intensité des événements El Niño-La Niña, ce qui se traduit par des sécheresses ou des précipitations extrêmes, affectant le régime des moussons et donc la production agricole en Afrique et en Asie, ainsi que les épidémies de maladies vectorielles ou à réservoir, comme la dengue, la fièvre de la vallée du Rift, le paludisme ou les fièvres hémorragiques à hantavirus.

C'est ce qu'a montré Assaf Anyamba, un chercheur de la NASA qui travaille depuis 1999 au Biospheric

---

a Ce sont les pêcheurs péruviens qui ont attribué à cet événement climatique le nom d'« El Niño » (enfant en espagnol), en référence à Jésus, car il est particulièrement fort à l'époque de Noël.

Sciences Laboratory, situé à Greenbelt (Maryland) dans la banlieue de Washington. Avec ses collègues, le géographe d'origine kényane a développé un modèle qui permet de prédire efficacement les épidémies de fièvre de la vallée du Rift[15]. « Pour cela, m'a-t-il expliqué lors de notre entretien le 9 juin 2020, j'associe les mesures de l'indice ENSO, qui renseigne sur la température de la surface de l'océan Pacifique, avec les données fournies par le satellite de la NASA – le Global Precipitation Measurement Mission (GPM) –, qui enregistre les précipitations dans n'importe quel point du globe. De plus, je consulte les informations livrées par le satellite Terra Aqua et un radiomètre avancé à très haute résolution, qui indiquent la variabilité de la végétation, due à des pluies excessives. Tout cela me permet de déterminer quelles sont les zones géographiques qui réunissent les conditions pour que le moustique porteur de la fièvre de la vallée du Rift se mette à proliférer. Ce modèle marche très bien dans les régions endémiques de cette maladie infectieuse, à savoir l'Afrique, la péninsule Arabique, le Yémen et l'Arabie saoudite. Mais tout indique que, avec le changement climatique, le moustique s'étendra au Moyen-Orient et à tout le pourtour méditerranéen. Il en est de même pour le chikungunya, pour lequel nous sommes en train de tester un modèle similaire[16].

— Comment un phénomène comme El Niño peut-il causer une épidémie ?

— Tout est interconnecté, m'a répondu Assaf Anyamba, avec un sourire. On a trop tendance à l'oublier. Nous avons montré que le phénomène El Niño de 2015-2016 a provoqué une épidémie de peste dans le Colorado et au Nouveau-Mexique, ainsi que de choléra en Tanzanie, en raison de pluies excessives[17] ; et il est également à l'origine d'une épidémie de dengue au Brésil et en Asie du Sud-Est, en raison de températures exceptionnellement élevées. L'outil que nous avons développé permet d'alerter un à deux mois avant l'émergence des maladies infectieuses, ce qui peut en limiter les dégâts, à condition bien sûr que les pays disposent d'un système de surveillance locale et d'un service de santé publique efficaces. »

En Europe, la variabilité climatique se mesure par l'indice de l'Oscillation nord-atlantique (NOA, North Atlantic Oscillation), qui provoque aussi des précipitations et des températures extrêmes. Dans une étude publiée en 2013, Matthew Baylis et Serge Morand ont constaté que, sur treize maladies infectieuses ayant sévi en Europe de 1950 à 2010 et pour lesquelles il existe suffisamment de données, onze étaient corrélées aux variations mensuelles de l'indice NOA, comme les fièvres hémorragiques à hantavirus[18]. « Les effets du changement climatique sur les maladies infectieuses n'épargneront pas l'Europe, m'a expliqué le professeur Matthew Baylis. Les premiers cas de dengue sont apparus dans le sud de la France, et tout indique que le moustique vecteur continuera son ascension vers le nord. Peut-être arrivera-t-il au Royaume-Uni dans un camion *via* le tunnel sous la Manche, et il s'y installera parce que les conditions climatiques lui seront favorables. Soyons clairs : les humains ont créé une vraie bombe à retardement ! Ils déforestent, interagissent avec l'environnement et la faune sauvage, détraquent le climat, n'arrêtent pas de voyager et de déplacer d'un bout à l'autre de la planète des marchandises et des animaux. Ces bouleversements sans précédent affectent aussi les microorganismes, sans qui aucune forme de vie n'est possible sur Terre et qui sont directement liés au climat, soit parce qu'ils permettent de capter du dioxyde de carbone ou au contraire d'en émettre. Comment vont-ils réagir au dérèglement climatique ? C'est la question que pose l'"alerte à l'humanité" que j'ai signée avec trente-deux collègues en 2019[19]. »

Le « paradigme de Stockholm » : rencontre avec Daniel Brooks

« Il ne faut pas se faire d'illusions : le virus SARS-CoV-2 est désormais présent partout dans le monde, y compris chez les chats, les chiens et nos animaux domestiques. Nous ne pourrons jamais nous en débarrasser ! C'est ce que j'appelle la "pollution pathogène". Nous avons le même phénomène avec le virus de la vallée du Nil aux États-Unis : il est apparu et a régulièrement ressurgi pour provoquer une épidémie. Si ces agents infectieux ont émergé, c'est parce que les humains leur ont donné l'opportunité écologique de diversifier leurs hôtes. » Disons-le franchement : le professeur Daniel Brooks m'a cassé le moral.

Ce biologiste de l'évolution renommé, auteur de plus de trois cent cinquante publications scientifiques, est « tombé dans la marmite écologique tout petit », ainsi qu'il me l'a raconté lors de notre entretien le 17 juin 2020. Son père, le docteur Clifton Brooks (1923-2009), pédiatre et allergologue, faisait partie du petit groupe de praticiens qui a créé en 1965 la Société de l'écologie clinique. Ces « médecins pionniers » pointaient déjà l'origine environnementale des allergies, en rappelant fort justement que l'étymologie du mot « allergie » signifie

« réactivité altérée ». Le fils Brooks, lui, a opté pour la zoologie, qu'il a étudiée à l'université du Nebraska – « au cœur de l'empire agricole des États-Unis » –, laquelle héberge la sixième plus grande collection mondiale de parasites. Après un doctorat en biologie marine, il a rejoint l'université canadienne de Colombie-Britannique, puis de Toronto, où il a dirigé un laboratoire de zoologie et de parasitologie pendant vingt-cinq ans. Retraité depuis 2011, il est désormais chercheur émérite au laboratoire de parasitologie Harold Manter de l'université du Nebraska-Lincoln, ainsi qu'à l'université du Paraná (Brésil) et à l'Institute of Advanced Studies Kőszeg (iASK) de Budapest, où il modélise l'impact du dérèglement climatique sur l'interaction entre les pathogènes et leurs hôtes, dans le but d'anticiper l'émergence de maladies infectieuses. Le jour où je lui ai parlé, Daniel Brooks rongeait son frein dans sa maison de Caroline du Nord, où il attendait l'autorisation de rejoindre sa seconde épouse, hongroise, à Budapest.

« Est-ce que la pandémie de covid-19 était prévisible ? lui ai-je demandé.

— Non seulement elle était prévisible, mais elle était prévue ! m'a-t-il répondu sans hésiter. Tous les scientifiques qui travaillent en écologie de la santé savaient qu'une pandémie de cette ampleur pouvait advenir et qu'elle serait suivie d'autres à un rythme accéléré. Comme l'a dit dès 1958 Charles Elton (1900-1991), l'un des fondateurs de l'écologie moderne : “Nous assistons à l'une des plus grandes convulsions historiques dans le monde animal et végétal[20].” Cette “convulsion” est due à la déforestation et à la fragmentation des habitats naturels à grande échelle. Si l'on se place du point de vue des agents pathogènes, c'est une vraie aubaine, car en modifiant dramatiquement les écosystèmes, nous leur ouvrons un nombre infini d'opportunités de s'installer dans de nouveaux hôtes. Si vous ajoutez à cela l'urbanisation galopante, avec des villes si denses qu'elles ressemblent à des boîtes de Petri, puis la globalisation effrénée des échanges et, enfin, le dérèglement climatique, vous avez là un cocktail absolument inédit dans l'histoire de l'humanité, qui crée la base écologique permettant aux maladies infectieuses de se répandre en un temps record n'importe où sur la planète. Ce cocktail est l'une des principales caractéristiques de l'anthropocène.

— Vous êtes l'un des concepteurs du "paradigme de Stockholm". Quelle en est l'origine ?

— J'ai dédié une grande partie de ma carrière à la grande histoire des parasites tropicaux, en menant des travaux génétiques et phylogénétiques[a], pour comprendre leur évolution face aux changements écologiques survenus depuis 100 millions d'années. Avec ma première épouse, Deborah McLennan, qui était parasitologue à l'université de Toronto, nous avons montré que, dès que se produit un changement climatique – et la planète en a connu de nombreux, la seule différence avec celui d'aujourd'hui étant qu'ils advenaient beaucoup plus lentement –, les espèces animales se déplacent, par exemple pour chercher de l'eau si elle s'est raréfiée dans leur habitat d'origine. Ce faisant, elles emmènent les pathogènes qu'elles hébergent

---

a La phylogénie – du grec *phylon* (lignée) et *genos* (famille ou tribu) – désigne l'étude des relations de parenté entre les êtres vivants, dont elle permet de reconstituer l'évolution.

dans de nouveaux espaces, où ceux-ci peuvent ainsi rencontrer des hôtes potentiels. Contrairement à ce que l'on a longtemps cru, le fait qu'un microbe soit lié à un hôte spécifique n'est pas définitif, mais dû aux circonstances : dès que le microbe est contraint de bouger, il peut s'adapter à de nouveaux hôtes, qui étaient absents dans son habitat d'origine, mais phylogénétiquement proches de celui auquel il était précédemment associé. Le *shift*, c'est-à-dire le passage dans de nouveaux hôtes, peut être immédiat ; mais, comme ceux-ci sont quelque peu différents de l'hôte d'origine, l'agent pathogène va connaître une modification génétique lui permettant de survivre et d'assurer sa reproduction. Il fait ainsi exactement le contraire de ce que nous avons longtemps pensé : il s'introduit d'abord, puis mute, et non l'inverse. En 1991, nous avons publié un livre sur cette théorie évolutive des parasites animaux, qui a attiré l'attention de nos confrères de l'université de Stockholm, spécialistes des parasites des plantes[21]. Ils avaient conduit de nombreux travaux expérimentaux sur les végétaux – ce qui est plus facile à faire que sur des vertébrés – et étaient parvenus à une conclusion identique à la nôtre. Pendant dix ans, Deborah McLennan et moi-même avons enseigné à l'université de Stockholm, avec Eric Hoberg, un zoologue spécialiste de l'Arctique qui était le conservateur de la National Parasite Collection des États-Unis[a]. Le paradigme de Stockholm est né de cette collaboration suédo-américaine[22].

---

a Dépendant du secrétariat à l'Agriculture américain, la National Parasite Collection est l'une des plus grandes collections mondiales de parasites. Depuis sa création, il y a une centaine

— Que postule ce nouveau paradigme ?

— D'abord, il rompt avec la théorie dominante selon laquelle l'association hôte-pathogène est tellement stable au fil du temps qu'elle rend l'émergence de nouvelles maladies improbable, car pour cela il faudrait que survienne de façon aléatoire la bonne mutation génétique. Nous pensons au contraire que les agents pathogènes ont hérité de leurs ancêtres la capacité d'acquérir de nouveaux hôtes rapidement, dans des circonstances de bouleversement écologique, comme un épisode de changement climatique. C'est ce que nous appelons "*ecological fitting*" (adaptation écologique). Pendant ces périodes où toutes les cartes sont rebattues, les agents pathogènes qui étaient initialement des "spécialistes", liés à un type d'hôte et à une aire géographique déterminée, deviennent des "généralistes". Au fil du temps – cela peut prendre plusieurs milliers d'années – se créent de nouvelles associations stables entre les hôtes et les parasites, qui du coup redeviennent des spécialistes. C'est ce que nous appelons l'"hypothèse de l'oscillation" : à chaque changement climatique d'envergure, les microbes se déplacent, diversifient leurs hôtes et augmentent leur aire de distribution, pour se respécialiser progressivement. Notons que cette dynamique est portée par un autre phénomène écologique, que nous avons baptisé "*Taxon Pulses*[a]", qui désigne les pulsions des espèces animales ou végétales, poussées

d'années, elle a accumulé quelque 20 millions de spécimens de nématodes, tiques et autres protozoaires.

a Le taxon désigne un groupe d'organismes vivants possédant plusieurs caractéristiques communes.

à se déplacer par leur instinct de survie dans un environnement perturbé.

— Comment le paradigme de Stockholm permet-il d'expliquer l'émergence de maladies infectieuses ?

— Tout indique que nous sommes entrés dans une nouvelle ère d'oscillation. Il y a émergence d'une maladie infectieuse quand un virus ou un parasite infectent et rendent malade un hôte avec lequel ils n'avaient pas de relation auparavant. Les récentes pandémies nous paraissent nouvelles parce que nous sommes en mesure d'observer leur progression quasiment en temps réel. Mais l'histoire de la planète regorge d'épisodes similaires ! Les études paléontologiques suggèrent que les pathogènes les plus aptes à survivre aux changements climatiques et aux perturbations écologiques de grande envergure sont les sources de maladies infectieuses émergentes. En d'autres termes : l'extinction de l'hôte ne limite pas le risque d'émergence. Le problème est que les changements que nous provoquons sont si rapides que Darwin lui-même doit se retourner dans sa tombe : jamais il n'aurait imaginé que des microbes soient contraints d'évoluer aussi vite !

— Est-ce à dire que l'humanité va être exterminée par un virus particulièrement virulent ? ai-je soufflé, un peu secouée par ces propos.

— Je ne crois pas à un scénario du type *La Variété Andromède*, le roman de Michael Crichton, qui reste de la pure science-fiction (voir chapitre 1). En revanche, je pense que, pendant cette nouvelle ère d'oscillations que l'activité humaine a déclenchée, nous allons connaître de multiples foyers épidémiques qui vont exercer une pression insoutenable sur les services de santé publique et vétérinaires, avec d'énormes conséquences économiques. Ce sera une mort à petit feu…

— Comment l'éviter ?

— Il faut renforcer la collaboration entre médecins et vétérinaires, mais aussi avec les biologistes de l'évolution, qui travaillent dans les musées d'histoire naturelle et étudient l'histoire des organismes vivants. Il faut aussi agir de manière proactive, et pas seulement réactive, après que le nouvel agent pathogène a sévi. Par exemple, avant de raser une forêt, pour faire un profit à court terme, il faut s'interroger sur les conséquences que cela peut avoir à moyen ou long terme sur les équilibres écologiques et la dynamique hôte-parasites. Si nous ne le faisons pas, nous perdrons la bataille contre les maladies infectieuses émergentes et le coût économique sera incommensurable. C'est pourquoi, avec mes collègues hongrois, nous avons développé un protocole baptisé "DAMA" pour "Document" (documenter), "Assess" (évaluer), "Monitor" (surveiller) et "Act" (agir). Nous le proposons aux décideurs politiques pour qu'ils puissent développer cette vision globale, dont nous avons besoin de toute urgence. »

Virus du Grand Nord et antibiorésistance

En août 2016, un garçon de douze ans vivant dans la péninsule de Yamal en Sibérie est mort de la maladie du charbon. Cette maladie infectieuse aiguë, létale à plus de 90 % sous sa forme respiratoire, est causée par la bactérie *Bacillus anthracis* (l'anthrax), laquelle peut être utilisée comme une arme bactériologique (voir chapitre 1). L'épidémie qui a emporté cet enfant a causé également l'hospitalisation de dizaines de personnes et tué plus de 2 300 rennes ; elle avait pour origine la décongélation d'un renne infecté, due à un record de chaleur dans la région arctique : 37 °C contre les 17 °C habituels. Le réchauffement brutal a entraîné la fonte du pergélisol, encore appelé « permafrost », ce sol censé être éternellement gelé qui caractérise le Groenland, l'Alaska ou encore la Sibérie. La carcasse du cervidé a libéré dans l'eau et le sol des spores d'anthrax qui ont la capacité de survivre dans la glace pendant des milliers d'années.

Cette triste histoire a été rapportée par le docteur William Bower, du Center for Disease Control d'Atlanta, lors d'un colloque organisé les 6 et 7 novembre 2019 à Hanovre (Allemagne) par les académies nationales de sciences, engineering et médecine des États-Unis et l'EASAC, le conseil européen qui réunit les académies de sciences des pays de l'Union. Intitulé « Les risques globaux de sécurité sanitaire liés aux menaces microbiennes de l'Arctique », l'événement a réuni cinquante-six scientifiques issus de quinze pays, ainsi que des représentants des communautés indigènes du Grand Nord. Publiés en septembre 2020, les actes du colloque font… froid dans le dos. On y découvre qu'une équipe de chercheurs a exhumé des fragments de peau et des poils d'un mammouth congelé en Sibérie, dans lesquels ils ont identifié quatre nouveaux virus ; de même, des dépouilles humaines ensevelies sous la glace depuis plusieurs milliers d'années ont permis d'isoler un ancien virus de l'hépatite B, tandis qu'en Alaska des tissus humains provenant de victimes de la grippe espagnole de 1918 ont révélé la présence de fragments d'ADN du virus, contribuant ainsi à sa reconstruction en laboratoire. Une étude a montré aussi que des plantes enfouies depuis 30 000 ans dans le pergélisol sibérien pouvaient être régénérées. Qu'en est-il des virus et autres bactéries qui dorment sous le manteau de glace depuis des millions d'années, contre lesquels l'humanité n'a aucune immunité ?

« Cette question fut au cœur de nos débats, m'a expliqué la biologiste suédoise Birgitta Evengård lors de notre entretien le 23 juin 2020. Rien qu'au nord de la Sibérie, il y a plus de sept cents sites où des animaux morts de la maladie du charbon ont été enterrés. Avec le dérèglement climatique, nous sommes entrés dans une période de grands risques sanitaires. » Après avoir enseigné la parasitologie clinique à l'Institut Karolinska de Stockholm, la scientifique a rejoint le département des maladies infectieuses à l'université d'Umea, au nord de la Suède, en 2007. « J'ai demandé cette mutation parce que je voulais étudier l'impact du changement climatique sur la faune et la flore dans le biome[a] du Nord, a-t-elle précisé. À l'époque, personne n'a compris. Mais aujourd'hui, tous mes collègues sont inquiets, car dans la région arctique les effets sont trois fois plus rapides que dans le reste du monde. »

En 2016, Birgitta Evengård a contribué à la création du Centre d'excellence nordique (CLINF), qui a pour but d'« identifier et d'investiguer sur les effets du changement climatique sur la distribution géographique et l'épidémiologie des maladies infectieuses humaines et animales à travers la région nordique et

---

a Le biome (du grec *bios*, la vie), encore appelé « aire biotique » ou « écorégion », désigne un macro-écosystème, caractérisé par les espèces végétales et animales qui y prédominent.

la Russie ». Le centre publie les études de chercheurs suédois, finlandais, danois, norvégiens, russes et du Groenland, afin de fournir des données fiables permettant aux services de santé humaine et vétérinaire de mener des programmes de surveillance efficaces. Une étude publiée en 2019, cosignée par Birgitta Evengård, montre que quatre « maladies sensibles au climat » ont commencé leur ascension vers le pôle Nord[23] : l'encéphalite à tiques, la maladie de Lyme, la maladie de la langue bleue et la fasciolose[a]. « Les vecteurs arthropodes – moustiques, tiques ou moucherons – et les animaux réservoirs de maladies infectieuses – rongeurs, oiseaux et ongulés sauvages – devraient aussi étendre leur distribution vers le nord », notent les auteurs. Et d'ajouter : « Les populations humaines et animales qui n'ont jamais été exposées à ces maladies sont immunologiquement naïves et devraient donc souffrir plus sévèrement de ces nouvelles épidémies. »

Une autre étude, publiée en 2020 par le CLINF, a identifié deux nouvelles espèces de tiques, porteuses en Suède du virus du Nil occidental, qui auraient été introduites par des oiseaux migrateurs pendant l'été extrêmement chaud de 2018[24]. Ces données confirment celles de la méta-analyse publiée en 2017 par Gretta Pecl, professeure d'écologie marine à l'université de Tasmanie (Australie), qui a réuni les contributions de quarante auteurs, dont Birgitta Evengård[25]. « Sur l'ensemble de la planète, nous avons constaté

a La fasciolose est une maladie parasitaire provoquée par un ver plat de grande taille, la grande douve du foie, que l'humain peut contracter par l'ingestion de végétaux d'eau douce, comme le cresson ou la mâche, et qui cause des troubles hépato-biliaires.

que les espèces terrestres se déplaçaient vers le nord à un rythme d'environ 17 kilomètres par décennie, a commenté la scientifique suédoise. Quant aux espèces marines, elles parcourent 72 kilomètres par décennie, à la recherche d'eaux plus froides. Avec la pandémie de covid-19, la nature nous envoie un signal très fort : arrêtons de penser que les humains sont au sommet de l'évolution, alors qu'ils ne représentent qu'une espèce parmi les autres animaux. C'est notre mode de vie qui bouleverse les écosystèmes en contraignant la faune et la flore à se déplacer, ce qui provoque l'émergence de maladies infectieuses. C'est d'autant plus inquiétant que la résistance aux antibiotiques risque de limiter aussi considérablement nos moyens d'action. »

De fait, il existe bien un lien entre le réchauffement climatique et le développement de l'antibiorésistance, qui d'après l'OMS tue chaque année plus de 700 000 personnes et qui en 2050 pourrait faire 10 millions de victimes annuelles[26]. L'émergence de bactéries résistantes aux antibiotiques est particulièrement préoccupante en Asie, où près de 3 milliards de personnes consomment des crustacés et des poissons, qui représentent 20 % de leur apport en protéines animales. Pour pallier la demande d'une population croissante, l'aquaculture a connu un boom extraordinaire. Or cette activité, qui fournit du travail à plus de 100 millions d'Asiatiques, est aussi, avec l'élevage de bétail, l'une des principales utilisatrices d'antibiotiques.

« Nous avons montré pour la première fois que l'indice Multi-Antibiotic Resistance (MAR) – indice de résistance bactérienne à plus de deux antibiotiques – dans les aquacultures et l'indice MAR des bactéries cliniques humaines étaient fortement corrélés, écrit Rodolphe Gozlan – le spécialiste de l'ulcère de Buruli que j'ai présenté dans le chapitre 2 –, dans un article de vulgarisation très documenté[27]. Environ 80 % des antibiotiques administrés *via* l'alimentation aux animaux aquatiques d'élevage se disséminent dans les environnements voisins (eau et sédiments) ; ils y restent actifs pendant des mois à des concentrations permettant une pression sélective sur les communautés bactériennes, favorisant ainsi le développement de l'antibiorésistance. » Dans une étude publiée en 2020 dans *Nature Communications*, le chercheur français a montré que le réchauffement climatique allait avoir un impact direct sur l'antibiorésistance[28]. « Quand il fait plus chaud, m'a-t-il expliqué, la mortalité des poissons d'élevage due aux infections bactériennes augmente, ce qui entraîne un usage accru d'antibiotiques et donc un accroissement de l'antibiorésistance. Nos résultats montrent que les taux de résistance bactérienne multiantibiotique (MAR) les plus élevés sont corrélés avec des températures plus chaudes et caractérisent les pays les plus vulnérables au changement climatique, comme le Viêtnam, l'Inde, le Pakistan et le Bangladesh. Comme l'a révélé la pandémie de covid-19, les émergences infectieuses dans les pays du Sud sont un problème de santé publique à l'échelle mondiale, et pas seulement locale. Les solutions passent par une vision globale de la santé, qui promeut simultanément la santé des humains, des animaux et des écosystèmes, car plus que jamais nous voyons que tout est lié. »

Les services écosystémiques de régulation des maladies

La notion de « service écosystémique » a émergé dans les années 2000 de l'approche par écosystèmes promue par l'Unesco et le Programme des Nations unies pour l'environnement (PNUE) comme une stratégie de gestion intégrée des terres, des eaux continentales et marines et des ressources vivantes. Les services écosystémiques sont définis comme des bénéfices et des avantages que les personnes et les sociétés humaines obtiennent du bon fonctionnement des écosystèmes. On distingue des services écosystémiques d'approvisionnement (eau, alimentation, matériaux), de régulation (épuration, inondation, climat, maladies), culturels (spiritualité, récréation) et de support aux grands cycles biogéochimiques (azote, carbone). Fondamentalement, les services écosystémiques sont les conditions et les processus à travers lesquels les écosystèmes naturels, avec les espèces qui les composent, soutiennent l'existence et remplissent la vie humaine. Les services écosystémiques sont donc définis par rapport aux besoins humains et sont évalués en fonction de leurs valeurs socioéconomiques, écologiques et de bien vivre.

Les travaux ayant pour objet d'établir dans quelle mesure la biodiversité peut procurer un service écosystémique de régulation des maladies affectant les humains, les animaux ou les végétaux sont encore peu nombreux. Les services écosystémiques de régulation des maladies et des pestes sont un peu mieux documentés pour l'agriculture. Mais c'est plus particulièrement pour les écosystèmes urbains que les avantages de bien-être et de santé que les humains obtiennent au contact avec des éléments de la nature sont les plus significatifs. Ce service ne dépend pas nécessairement de la biodiversité en tant que telle, mais de la présence d'éléments de la biodiversité, comme la vue d'un beau paysage ou la présence d'un jardin dans une ville. Le service écosystémique pour la santé est également abordé sous l'angle de la bonne santé d'un écosystème capable d'assurer un bon fonctionnement d'épuration des eaux de consommation.

Sir Andrew Haynes, concepteur en 2015 de la « santé planétaire »

« Notre définition de la santé planétaire, c'est l'accomplissement du meilleur état de santé, de bien-être et d'équité mondiale possible en portant une attention judicieuse aux systèmes humains – politiques, économiques et sociaux – qui dessinent l'avenir de l'humanité et aux systèmes naturels de la Terre qui définissent les limites environnementales, à l'intérieur desquelles l'humanité peut prospérer. Dit simplement : la santé planétaire désigne la santé de la civilisation humaine et des systèmes naturels dont elle dépend. » Voilà ce qu'écrivaient en 2015 vingt-deux chercheurs dans un rapport publié par la revue *The Lancet*, intitulé « Préserver la santé humaine à l'époque de l'anthropocène[29] ».

Commandité par Richard Horton, le directeur de la prestigieuse revue scientifique britannique avec le soutien de la Fondation Rockefeller, ce document marque le lancement officiel d'un nouveau concept – la « santé planétaire » –, dont sir Andrew Haynes fut le principal initiateur. Difficile de résumer en quelques mots la carrière de ce médecin de famille devenu un chercheur réputé en épidémiologie et santé environnementale, qui a collaboré avec l'OMS et le GIEC ; et a dirigé de 2001 à 2010 la London School of Hygiene and Tropical Medicine. Quand je lui ai parlé le 27 mai 2020, « Andy », comme le surnomment ses proches, débordait d'un enthousiasme juvénile, du haut de ses soixante-treize ans. Deux jours plus tôt, trois cent cinquante associations médicales, représentant 40 millions de professionnels de la santé issus de quatre-vingt-dix pays, avaient adressé une lettre aux dirigeants du G20[a] leur demandant de « placer la santé publique au cœur de l'après-covid-19 ». Dans ce texte mis en ligne, les médecins et infirmiers appelaient à « utiliser les milliards de dollars investis dans la relance pour encourager des changements qui soutiennent la santé humaine, économique et planétaire dans le futur[30] ». « Cela va tout à fait dans le sens de ce que nous préconisons, m'a dit sir Haynes. La pandémie de covid-19 a eu le mérite de mobiliser la communauté des soignants qui ont compris que les graves désordres environnementaux provoqués par un système économique absolument non soutenable pouvaient remettre en cause les progrès de la médecine des cinquante dernières années.

a Le « Groupe des vingt » (G20), qui réunit dix-neuf pays et l'Union européenne, a été créé en 1999 à la suite des crises financières qui avaient marqué les années 1990.

— Comment un chevalier de Sa Majesté est-il devenu un activiste écologiste ?

— C'est une très bonne question ! m'a répondu le Britannique avec un large sourire. Elle soulève en effet le lien entre le militantisme et la recherche académique. En ce qui me concerne, je me considère comme un académicien qui essaie d'apporter des preuves scientifiques et qui se doit ensuite de les communiquer pour qu'elles servent de manière efficace. De plus, pour être franc, l'idée qu'il puisse y avoir une politique de droite ou de gauche me paraît obsolète, car elle appartient à l'époque révolue de l'holocène. Pour relever les défis qui caractérisent l'anthropocène, nous avons besoin de tout repenser de manière systémique.

— Comment êtes-vous parvenu à cette conclusion ?

— Au début des années 1990, je me suis intéressé sérieusement au problème du dérèglement climatique et à ses conséquences sur la santé. À l'époque, il n'y avait rien à ce sujet dans la littérature médicale. J'ai commencé à publier des articles spéculatifs, et c'est ainsi que j'ai été contacté par l'épidémiologiste australien Anthony McMichael, qui a publié en 1993 un livre pionnier, intitulé *Planetary Overload* (Surcharge planétaire)[31]. C'était la première fois qu'un scientifique de haut rang tirait la sonnette d'alarme en anticipant les effets sanitaires des bouleversements écologiques causés par l'activité humaine, comme la dégradation des sols, l'extinction des espèces, le réchauffement climatique ou l'appauvrissement de la couche d'ozone. Il prédisait des pénuries alimentaires, l'émergence de nouvelles maladies, l'explosion des cancers et des pathologies liées à la baisse de l'immunité, le drame des réfugiés climatiques ; mais aussi les inégalités croissantes entre les riches et les pauvres, l'une des causes de nos maux actuels.

— Dans un article publié en 2009 dans *The Lancet*, vous avez écrit que “le climat pourrait représenter la plus grande opportunité du XXIe siècle pour la santé”. Que vouliez-vous dire ?

— En 2009, *The Lancet* a créé une commission scientifique sur le changement climatique pour évaluer les bénéfices sanitaires que nous pourrions collectivement tirer d'une économie décarbonée, qui ne serait plus dépendante des énergies fossiles. J'ai coordonné un groupe de chercheurs qui a publié une série d'articles sur ce sujet[32]. Nous sommes partis d'un constat : dans le système économique dominant, ce qu'on appelle les “externalités”, c'est-à-dire les coûts environnementaux et sanitaires des activités industrielles ou agricoles, ne sont pas prises en compte : par exemple quand on brûle du pétrole, on produit des gaz à effet de serre, mais aussi des particules fines PM 2,5 qui pénètrent dans nos poumons et provoquent des cancers, des AVC ou des infarctus. La pollution de l'air est responsable de 9 millions de décès prématurés chaque année, soit 16 % des décès dans le monde, trois fois plus que le sida, la tuberculose et le paludisme réunis. De même, quand on brûle une forêt tropicale pour produire des monocultures de soja qui nourriront les élevages intensifs européens, on ne paie pas pour les dégâts induits : gaz à effet de serre, pollution de l'air due aux incendies géants, destruction de la biodiversité, maladies infectieuses émergentes, malbouffe, etc. L'agriculture industrielle a un coût environnemental et sanitaire qui n'est jamais pris en compte. N'oublions pas une chose : on nous promet un vaccin contre la covid-19, mais quand nous aurons détruit tous les écosystèmes, dont notre vie dépend, il n'y aura pas de vaccin…

— Comment est né le concept de "santé planétaire" ?

— En 2014, Richard Horton m'a proposé de diriger une commission sur la "Planetary Health", une expression que j'ai immédiatement adoptée. Le but était de fournir un état des lieux scientifique sur les multiples liens entre la santé et l'environnement, mais aussi de proposer des solutions qui permettent à la fois d'améliorer la santé, de stabiliser – voire de régénérer – les écosystèmes et de créer une économie durable. Pour cela, il m'a fallu concevoir un cadre conceptuel. Je me suis appuyé sur celui des *planetary boundaries* proposé par Johan Rockström. »

Alors qu'il dirigeait l'Institut de l'environnement de Stockholm, le professeur Rockström a publié en 2009 dans *Nature* un article qui continue de faire référence[33]. Avec vingt-six scientifiques, il y définissait neuf seuils biophysiques de la Terre qu'il ne fallait pas dépasser sous peine de causer notre perte : le changement climatique, la couche d'ozone dans la stratosphère, l'acidité des océans, les transformations de l'occupation du sol, la perte de biodiversité, la consommation d'eau douce, les cycles de l'azote et du phosphore, la pollution aux aérosols atmosphériques et la pollution chimique. Ces auteurs constataient que nous étions sortis de la "zone de sécurité" pour trois d'entre eux : le changement climatique, le cycle de l'azote et la perte de biodiversité. « On peut bien sûr critiquer ce concept un peu simpliste, a commenté Andrew Haynes, mais il permet de comprendre que la planète est un système complexe mais fini, avec des limites de soutenabilité, qui quand elles sont dépassées provoquent des effets en chaîne, car toutes les variables sont interdépendantes. Le concept de santé planétaire est un outil qui permet de développer une vision holistique reliant la santé des humains, des animaux et des écosystèmes, seule capable d'éviter l'effondrement que certains prédisent déjà.

— Quelle est la différence entre "One Health" et "Planetary Health" ?

— De par son histoire, One Health s'intéresse surtout aux liens entre la santé animale et humaine. Le cadre de Planetary Health est beaucoup plus large, puisqu'il inclut le dérèglement climatique, la production d'aliments, la pêche industrielle ou l'aménagement des villes. Il concerne toutes les activités humaines, systématiquement examinées à travers le prisme de leur impact sur les écosystèmes et la santé globale. »

« La nécessité d'une nouvelle éthique planétaire »

« Nous avons fait tout ce chemin pour explorer la Lune, et la chose la plus importante que nous avons découverte, c'est la Terre. » C'est par ces mots de l'astronaute Bill Anders, qui faisait partie de la Mission Apollo 8 en 1968, que Samuel Myers a ouvert la conférence qu'il a tenue, le 13 novembre 2017, devant l'Académie des sciences médicales des États-Unis. À cinquante-cinq ans, ce père de deux adolescentes, qui représentent sa « source de motivation principale », est chercheur au Centre de l'environnement de l'université de Harvard et directeur de l'Alliance pour la santé planétaire. Lors de son allocution, qui a été publiée sur le site du *Lancet*[34], le médecin de formation a évoqué la célèbre photo prise par Bill Anders, baptisée « Earthrise », où l'on voit un lever de Terre depuis l'orbite lunaire. Devenue une icône du mouvement environnemental, l'image « symbolise la beauté de notre planète, mais aussi son isolement, sa fragilité et sa capacité apparemment unique de soutenir la vie ». Et le docteur Myers d'ajouter : « La maîtrise technologique impressionnante qui nous a propulsés sur la Lune a aussi alimenté l'accroissement massif de l'empreinte écologique globale de l'humanité. Depuis nous vivons dans ce que Will Steffen et ses collègues ont appelé la "grande accélération"[35]. Si nous voulons préserver la santé des générations futures, il faut impérativement que nous prenions plus soin des systèmes naturels de la Terre. »

Quand j'ai échangé avec Samuel Myers, le 29 mai 2020, il était « semi-confiné » dans sa maison de Cambridge, dans le Massachusetts, un État qui comptait alors l'un des taux les plus élevés des États-Unis de décès dû à la covid. « Cette pandémie confirme, m'a-t-il expliqué, ce que nous avons écrit dans notre rapport sur Planetary Health : le fardeau sanitaire n'est pas distribué équitablement, car ce sont les plus pauvres qui sont le plus durement frappés. Les activités humaines qui détruisent les écosystèmes font quelques gagnants et de nombreux perdants. Nous bétonnons les rivières pour produire de l'électricité ou fournir de l'eau pour l'irrigation, nous coupons des forêts pour faire des cultures, nous exploitons les minerais pour fabriquer les produits de la vie moderne, mais il y a un gouffre entre ceux qui profitent de ces activités et ceux qui paient le prix d'une santé dégradée. Le concept de santé planétaire nous place sur le terrain d'une nouvelle éthique. Il nous dit que chaque personne qui vit aujourd'hui et qui vivra demain est connectée avec chacun et chacune d'entre nous, y compris à l'autre bout de la planète. » Pour illustrer son propos, le docteur Myers a cité une étude publiée dans *Science* par Justin Brashares[36], qui dirige aujourd'hui la chaire d'écologie et de conservation de la faune à l'université de Berkeley (Californie). Le chercheur y a montré qu'au Ghana la surexploitation des poissons par les grandes compagnies de pêche européennes a provoqué un effondrement de la pêche artisanale, qui a entraîné une chute de l'offre en poissons sur les marchés locaux, laquelle a stimulé la chasse d'animaux sauvages dans les réserves naturelles, affectant la population de quarante et une espèces, dont certaines sont menacées d'extinction. En résumé : l'activité non durable des industriels de la pêche a eu pour conséquence une augmentation drastique de la consommation de viande de brousse, avec tous les risques sanitaires que cela induit.

L'histoire professionnelle de Samuel Myers ressemble à celle de nombreux scientifiques que j'ai interviewés pour ce livre : c'est grâce à une expérience de terrain – à la fois humaine et environnementale – hors des murs de l'université qu'ils ont pu sortir du carcan étriqué de leur discipline. Le jeune Sam a grandi à Boston, dans une famille « passionnée par la nature » qui passait ses loisirs dans les Montagnes blanches du New Hampshire. Il rêvait de devenir biologiste de la conservation ou vétérinaire, et finalement a étudié la médecine, d'abord à Harvard, puis à l'université de Yale, également réputée pour sa faculté de sciences des forêts et de l'environnement, dont il a fréquenté assidûment les cours. Puis il a rejoint l'université de San Francisco pour faire son internat. Le « hasard de la vie » a voulu qu'il soit invité à un dîner organisé par ses anciens camarades forestiers avec le ministre de la Santé de la région autonome du Tibet, qui voulait créer un parc national, en s'inspirant du modèle californien des Western National Parks. La délégation tibétaine l'a convaincu de participer au lancement de ce projet qui couvrait une aire de la superficie du Danemark. C'est ainsi qu'il a vécu pendant deux ans dans un petit village, sans eau courante ni électricité, situé entre Lhassa et la frontière népalaise. « Cette expérience fut déterminante, m'a-t-il raconté, car j'ai vu comment l'une des populations les plus pauvres du monde se battait pour préserver ses ressources naturelles tout en développant son bien-être économique et sa santé. » Après son séjour tibétain, Samuel Myers a travaillé pendant trois ans à l'USAID, l'agence de développement des États-Unis, où il était chargé d'encadrer des projets alliant la conservation de la biodiversité et la santé des populations. « C'est là que j'ai compris qu'on ne pourrait pas préserver durablement les écosystèmes si on ne réglait pas la question de la pauvreté, qui est aussi liée à celle de la démographie, a-t-il souligné. J'ai vu des pères de famille faire sauter à la dynamite des coraux pour attraper des poissons. Ils étaient conscients que ce n'était pas bien, mais ils n'avaient pas le choix, car ils devaient nourrir leurs enfants. J'ai décidé de revenir à Harvard pour y créer un département qui permette d'investiguer sur les liens étroits entre l'environnement, la santé et le bien-être des populations car, pour convaincre les politiques d'agir, il faut de solides données scientifiques. »

La première étude conduite par son laboratoire concernait l'impact de l'augmentation du CO_2 dans l'atmosphère sur la valeur nutritive des principales cultures qui nourrissent les populations du Sud, comme le riz ou le maïs. L'expérimentation a été réalisée dans un système dit d'« enrichissement en dioxyde de carbone à l'air libre », qui permet d'augmenter la concentration en gaz carbonique de manière contrôlée en plein champ et de mesurer l'effet sur les plantes. Résultat : un appauvrissement en zinc et fer, qui ajoutera 200 millions de personnes supplémentaires au milliard qui souffrent déjà de déficience en minéraux[37]. De plus, un excès de CO_2 dans l'air réduit la teneur en protéines des plantes mais augmente celle de l'amidon, ce qui « entraîne un risque accru de maladies cardio-vasculaires ». Ensuite, le chercheur a évalué l'impact sanitaire du déclin de la population des insectes pollinisateurs, victimes de la destruction des écosystèmes, du dérèglement climatique et de la pollution par les pesticides chimiques. Sa modélisation a montré qu'une réduction de 50 % des abeilles et consorts provoquerait une réduction de la production de fruits, avec ou sans coque, et de légumes, qui entraînerait une baisse de l'apport en vitamine A et B9[a], laquelle

a La vitamine B9, appelée aussi « acide folique » ou « folate », joue un rôle essentiel dans le développement du système nerveux serait à l'origine de 700 000 morts par an[38]. Enfin, et cette revue est loin d'être exhaustive, le chercheur a mesuré l'impact sanitaire de la salinisation des ressources aquifères du Bangladesh, due à l'élévation du niveau de la mer, qui envahit régulièrement les zones côtières, aux tempêtes extrêmes et à un système d'assainissement déficient[39]. L'excès de sel provoque de l'hypertension chez les femmes enceintes et un risque accru de prééclampsie[a], qui peut être fatale pour la maman et son futur bébé.

« Voilà comment je me suis trouvé embarqué dans l'aventure de Planetary Health, a conclu Samuel Myers, avec un air entendu. Aujourd'hui, je dirige l'Alliance de la santé planétaire qui regroupe quelque deux cents organisations, privées ou universitaires, implantées dans une quarantaine de pays. Notre but est de promouvoir le concept partout dans le monde, y compris auprès des politiques pour que nous repensions rapidement le modèle économique en l'ajustant aux impératifs de la santé globale… »

L'obésité accroît la vulnérabilité aux virus

La tâche paraît immense, mais elle fait des émules, notamment dans la jeune génération de scientifiques, comme Erik Karlsson, trente-huit ans, chercheur dans

---

du fœtus. Une carence de la mère entraîne un retard de croissance ou des malformations graves chez le bébé. Par ailleurs, une carence en vitamine A affecte la vue et le système immunitaire.

a La prééclampsie est une maladie obstétricale, cause fréquente de mortalité maternelle, fœtale ou néonatale, surtout dans les pays en voie de développement. Elle est également responsable d'un tiers des naissances de grands prématurés.

l'unité de virologie de l'Institut Pasteur du Cambodge : « Il est urgent que les différentes disciplines scientifiques apprennent à travailler ensemble, pour proposer des solutions concrètes aux désordres sanitaires qui se multiplient, m'a-t-il expliqué le 19 juin 2020, depuis son domicile de Phnom Penh. Et l'une des clés, c'est la qualité de l'alimentation. »

Né en Suède, Erik Karlsson a grandi aux États-Unis où il a étudié la biochimie, puis décroché un doctorat en immunologie et maladies infectieuses. Après s'être spécialisé sur la grippe aviaire dans un laboratoire de pointe du St. Jude Children's Research Hospital, à Memphis (Tennessee), il a rejoint l'Institut Pasteur du Cambodge, où il poursuit ses travaux sur les virus respiratoires, comme la grippe ou les coronavirus. « Ma recherche porte sur les interactions entre la nutrition et les maladies infectieuses, qui sont souvent négligées, alors qu'elles sont capitales, m'a-t-il dit. Nous avons tous besoin de nous nourrir. Or, aujourd'hui, plus de 1 milliard de personnes souffrent de malnutrition[a] et 1,4 milliard d'obésité ou de surpoids. Pour les premiers, le fait d'être mal nourris provoque une déficience en micronutriments qui renforce la susceptibilité aux infections. Et c'est un cercle vicieux : pour se défendre de l'attaque d'un agent pathogène, le corps puise dans l'énergie procurée par l'alimentation. Si celle-ci est insuffisante, cela aggrave la malnutrition et, du coup, la susceptibilité aux infections. Pour les seconds, ceux qui mangent trop, ou je dirais plutôt qui

a D'après l'OMS, la malnutrition tue chaque année 3 millions d'enfants et provoque un retard de développement physique ou mental chez un enfant sur quatre de moins de cinq ans.

mangent trop mal, les effets sont aussi dévastateurs, ainsi que nous l'avons montré pour la grippe. »

En 2020, en effet, Erik Karlsson a cosigné, avec ses collègues du St. Jude Children's Research Hospital, un article fort surprenant qui montre que l'obésité augmente la sévérité de l'infection grippale, mais aussi la diversité et la virulence du virus[40]. Obtenus sur des souris obèses, les résultats ont été confirmés *in vitro* sur des cellules épithéliales bronchiques issues de patients obèses. « Nous avons constaté que, chez les sujets obèses, le virus se multiplie beaucoup plus rapidement et qu'il se diversifie en générant des souches plus agressives, a commenté le chercheur. De plus, la quantité de virus excrétée par voie respiratoire est beaucoup plus importante que chez les sujets dits "normaux" ; la période d'excrétion du virus est aussi plus longue. D'une manière générale, les sujets en surpoids ont un risque accru de développer une forme sévère de la grippe. C'est d'autant plus inquiétant que nous avons aussi montré que l'obésité réduit considérablement la sensibilité aux vaccins[41].

— Comment l'expliquez-vous ?

— Chez une personne obèse, la réponse antivirale est perturbée, en raison d'un état inflammatoire chronique qui inhibe le système immunitaire. Certaines études suggèrent que c'est lié à un dysfonctionnement majeur du microbiote intestinal, acquis dès la petite enfance. En tout cas, nos résultats apportent un élément de réponse pour les cas sévères de covid-19 qu'on observe chez les personnes obèses. Car, comme la grippe, la covid-19 est provoquée par un virus à ARN… »

7

Bien-être humain et santé des écosystèmes : les peuples indigènes montrent la voie

« *Ecology with no apology* » (l'écologie sans s'excuser) : c'est sur ces mots que s'ouvre la page Web du laboratoire de Shahid Naeem, professeur d'écologie, d'évolution et de biologie environnementale à l'université Columbia (États-Unis). Quand je lui ai parlé le 26 juin 2020, le chercheur venait de regagner son appartement de Broadway (New York), après avoir passé plus de trois mois avec son épouse historienne dans une « petite maison à la campagne ». Et il était très abattu. « Je suis inquiet pour mes doctorants, m'a-t-il expliqué. Columbia est l'une des universités les plus chères des États-Unis. Certains de mes étudiants ont une bourse, mais de toute façon, à part les enfants de riches, la plupart travaillent, pour financer les cinq ou six ans qu'ils dédient à la rédaction de leur thèse. C'est un énorme sacrifice. Depuis le confinement, ils ont perdu les petits boulots qui les faisaient vivre. Avec des collègues, nous sommes en train de voir comment nous pouvons les aider financièrement.

Et puis, je dois dire que je suis très énervé contre la direction de Columbia qui a ordonné de fermer tous les laboratoires, à l'exception de ceux travaillant sur le SARS-CoV-2. La spécialité de mon département, c'est l'écologie des maladies zoonotiques. Et nous avons dû interrompre nos recherches, alors que nous avons une partie de la solution pour éviter une prochaine pandémie ! La seule chose qui intéresse les institutions, c'est de trouver au plus vite un médicament ou un vaccin. Ce *business as usual* me déprime profondément… »

La biodiversité est le pilier de la santé des écosystèmes

« Pourquoi avez-vous appelé votre laboratoire "L'écologie sans s'excuser", ai-je demandé, intriguée par ces mots inhabituels pour un laboratoire dépendant de l'une des universités les plus prestigieuses des États-Unis.

— Quand j'ai été nommé professeur d'écologie en 1994 à l'université du Minnesota, j'ai été choqué de la réaction de certains collègues qui manifestement estimaient que c'était une sous-discipline, somme toute pas très scientifique, m'a répondu Shahid Naeem avec une moue navrée. Deux ans plus tôt, Quentin Tarantino avait sorti un film sur des voyous, *Reservoir Dogs*, et avec mes étudiants nous nous en sommes inspirés pour réaliser un immense poster que nous avons accroché dans l'entrée de notre laboratoire : c'était une photo où nous étions tout en noir – cravates, vestes et lunettes de soleil –, avec un titre : "L'écologie sans s'excuser". Au-delà du gag, nous voulions signifier que nous n'avions pas à nous excuser de faire de la recherche sur la meilleure manière d'avoir de l'air respirable, une eau potable, bref, de vivre sur une planète vivable ! C'était au moins aussi important que de travailler sur certains sujets qui mobilisent des millions de dollars dans des laboratoires considérés comme sérieux. J'ai gardé ce slogan lors de mon arrivée à l'université Columbia en 2003. »

Rien ne prédisposait Shahid Naeem à être distingué comme l'« un des esprits scientifiques les plus influents du monde » par l'agence Thomson Reuters en 2014 pour ses travaux sur « l'importance de la biodiversité pour le fonctionnement des écosystèmes et les services qu'ils fournissent à l'humanité ». Né dans une famille modeste de Brooklyn, l'enfant rêvait de devenir astronaute, mais ses parents le voyaient médecin. Finalement, il a fait une licence de biologie, à l'université de Berkeley (Californie), où il s'est spécialisé sur les ionophores, « des protéines qui permettent aux ions de passer les membranes ». À la fin des années 1970, son « mentor », le zoologue Robert Colwell, l'a convaincu de le suivre pendant trois ans « sous les tropiques » – Costa Rica, Mexique, République dominicaine – pour l'assister dans son étude des « acariens qui chevauchent le bec des colibris, quand ils pollinisent les fleurs ». Cette « expérience fondatrice dans la jungle » a scellé sa carrière : en 1988, il a décroché un doctorat en zoologie à l'université de Berkeley, puis a poursuivi avec un postdoc en écologie qui l'a conduit en 1992 à Silwood Park, le campus rural de l'Imperial College de Londres, situé près d'Ascot, dans le Berkshire. Il y a rejoint un autre de ses mentors, le professeur John Lawton, un écologue britannique réputé, qui était alors en train d'échafauder le premier « Écotron » de l'histoire.

« John a eu une idée géniale, m'a raconté Shahid Naeem avec enthousiasme. Il s'est dit : les physiciens construisent d'énormes accélérateurs de particules, les astronomes envoient des télescopes dans l'espace, pourquoi les écologues n'auraient-ils pas aussi une machine qui permette de répliquer les écosystèmes dans un milieu contrôlé ? Il a réussi à lever 2 millions de livres britanniques – l'équivalent de 15 millions de dollars actuels –, ce qui était énorme car, à l'époque, la recherche en écologie était encore plus sous-financée qu'aujourd'hui. (*Rires.*) Quand je suis arrivé à Silwood Park, John m'a présenté Sharon Lawler et Lindsay Thompson, les deux autres postdocs qu'il avait recrutés pour conduire la première expérience dans l'Écotron. L'engin était constitué d'une série de chambres hermétiques, dans lesquelles on pouvait faire varier un certain nombre de paramètres – comme la lumière, la température, la pluie ou le niveau de gaz carbonique – pour mesurer les réponses des communautés biologiques – plantes ou microorganismes – qu'on y avait artificiellement créées. John voulait expérimenter l'impact du réchauffement climatique, mais je l'ai convaincu de travailler sur le rôle de la biodiversité pour le fonctionnement des écosystèmes.

— C'était l'année du Sommet de la Terre de Rio de Janeiro ?

— Oui ! En 1992, ce sommet historique a accouché de jumeaux : la Convention sur le climat, qui a conduit à la création du GIEC, et la Convention sur la biodiversité, qui n'a débouché sur rien de concret, si ce n'est sur l'affirmation que la biodiversité compte (*biodiversity matters*) car elle sous-tend (*underpins*) les biens et services que procurent les écosystèmes aux humains. À dire vrai, je n'étais encore qu'un apprenti écologue, mais pour moi cela tombait sous le sens ! Peu de temps après le sommet s'est tenue en Allemagne une conférence de l'ONU au cours de laquelle des scientifiques devaient évaluer cette incroyable affirmation ! John Lawton m'a demandé de relire un chapitre qui faisait partie des actes du symposium. J'ai découvert avec surprise que, pour la majorité des experts consultés, le fait que la biodiversité joue un rôle dans le fonctionnement des écosystèmes était loin d'être une évidence. En gros, ils disaient : la biodiversité est une bonne chose, parce qu'en général la diversité est préférable à l'uniformité ; mais, à part ça, quelles sont les preuves scientifiques qui attestent qu'elle serve à quelque chose ? Voilà comment j'ai proposé à John d'utiliser son Écotron pour montrer expérimentalement à quoi sert la biodiversité. Cela n'avait jamais été fait. »

Intitulée « Preuve empirique que le déclin de la diversité des espèces peut altérer la performance des écosystèmes terrestres », l'étude conduite par Shahid Naeem avec ses deux collègues postdocs, sous la direction de John Lawton, était en effet la première du genre[1]. Grâce à l'Écotron, les chercheurs ont créé quatorze mésocosmes (voir chapitre 4), comprenant tous les mêmes quantité et qualité initiales de sol : leur structure (type de terre) et leur composition (microbes et vers) étaient strictement identiques. De même, tous les mésocosmes étaient constitués des mêmes familles de plantes annuelles et des mêmes espèces animales (mollusques herbivores et insectes suceurs de phloème[a]). Enfin, tous recevaient la même quantité de lumière et d'eau, et étaient exposés à la même température. La seule différence était le nombre d'espèces végétales et animales, variable d'un mésocosme à l'autre, entre neuf, quinze et trente et un. Pendant les deux cent six jours qu'a duré l'expérience, les chercheurs ont mesuré l'évolution de cinq processus écosystémiques : le niveau de respiration, la productivité, la décomposition, la rétention de nutriments et d'eau. « Les résultats ont dépassé nos espérances, a commenté Shahid Naeem. Nous avons en effet constaté que, dans les mésocosmes où la biodiversité était très faible, les services écosystémiques étaient profondément affectés. En d'autres termes : moins il y avait de diversité végétale et animale, moins les sols étaient productifs et moins ils étaient capables de retenir les nutriments et l'eau, ou d'assurer la décomposition des matières organiques qui les nourrissaient. Un an plus tard, notre article était classé comme le cinquième le plus cité de l'année. En fait, la majorité des citations émanaient de grands noms de la science qui le critiquaient en arguant que nos résultats ne tenaient pas la route, car "ce n'est pas comme cela que fonctionne la nature" ! (*Rires.*) Vingt-cinq ans plus tard, il y a des centaines d'études expérimentales et de terrain, ou des modélisations mathématiques, qui ont confirmé que la biodiversité est le pilier de la santé

---

a Le phloème est un tissu conducteur de ce qu'on appelle la « sève élaborée » chez les végétaux vasculaires. Contrairement à la « sève brute » (produite dans les racines et qui est constituée d'eau et de sels minéraux), la « sèvre élaborée » se forme dans les feuilles et est riche en glucides, comme le saccharose ou le sorbitol.

des écosystèmes. Ce n'est pas la première fois que des idées novatrices sont accueillies avec scepticisme par des sommités scientifiques dont la rigidité intellectuelle constitue un puissant frein au progrès.

— En quoi votre étude était-elle révolutionnaire ?

— En 1994, le point de vue dominant était que la biodiversité était façonnée par des facteurs extérieurs. Elle était en quelque sorte une victime sans défense des circonstances, n'ayant aucun pouvoir propre d'influencer l'environnement. Notre étude a complètement inversé la perspective. Pour bien comprendre, je donne souvent l'exemple des graphes bidimensionnels bien connus des étudiants, avec leurs deux coordonnées : on trace d'abord une ligne horizontale, c'est l'axe X qu'on appelle “abscisse”, puis une ligne verticale, c'est l'axe Y, ou “ordonnée”. Sur l'axe X, on indique des facteurs qui provoquent des réponses sur l'axe Y. Par exemple, si l'axe X désigne le nombre d'ions d'hydrogène et l'axe Y le pH d'une solution, on sait que, plus on augmente le nombre d'ions H_+ dans l'abscisse, plus l'acidité de la solution augmentera dans l'ordonnée. Jusqu'en 1994, la biodiversité était toujours placée sur l'axe Y, car elle était censée répondre aux facteurs de l'axe X, comme la fragmentation des habitats naturels, le niveau de précipitations ou de CO_2. Pour notre étude, nous l'avons placée sur l'axe X, en augmentant progressivement le niveau de diversité végétale et animale ; sur l'axe Y, nous avons mis le niveau de CO_2 ou la capacité de séquestration des gaz à effet de serre, ou encore la fertilité des sols. Dans la vraie vie, il y a un exemple très parlant, c'est la forêt amazonienne : on sait qu'environ la moitié de la pluie qui y tombe est recyclée par les arbres.

Pour faire simple, si on coupe les arbres, on coupe l'eau. Non pas que les précipitations soient directement contrôlées par les arbres, mais en revanche la quantité d'eau recyclée et donc utile pour l'écosystème, elle, l'est indubitablement. Donc, dans notre étude, la quantité d'arbres dans une forêt était placée sur l'axe X du graphe et pas sur l'axe Y. Pour être précis, il y a bien sûr des situations exceptionnelles où les facteurs physiques jouent un rôle primordial, par exemple dans le désert : la quantité d'eau y détermine la présence de cactus et de plantes qui peuvent tolérer la sécheresse. Si on ajoute de l'eau dans le Sahara, on changera rapidement l'habitat et la diversité biologique. Ce que dit notre étude, c'est que cela marche dans les deux sens : le changement d'habitat peut certes provoquer un changement dans la biodiversité, mais le changement de biodiversité entraîne aussi un changement d'habitat et, plus généralement, des dysfonctionnements majeurs des écosystèmes. »

L'écologie fonctionnelle : « Compter les espèces ne suffit pas »

Au moment où Shahid Naeem conduisait ses travaux dans l'Écotron, David Tilman, l'un de ses collègues de l'université du Minnesota, poursuivait une recherche similaire dans les prairies de cet État agricole du nord des États-Unis. Il avait observé que, après une très forte sécheresse, les prairies dotées d'une grande diversité en espèces végétales présentaient une meilleure résilience au manque d'eau que celles qui étaient moins diversifiées, confirmant ainsi que la biodiversité et les éléments qui la composent représentent un facteur clé pour la stabilité des écosystèmes agricoles, indépendamment des événements extérieurs. Il a publié son article en 1994 dans la revue *Nature*[2], un an avant celui de Shahid Naeem : ces deux études sont considérées comme l'acte de naissance de ce qu'on appelle l'« écologie fonctionnelle ».

« Quels sont les mécanismes qui sous-tendent vos résultats convergents ? ai-je demandé au chercheur de Columbia.

— En fait, c'est très complexe ! Pour notre étude, nous avons dû connecter toute une série de mécanismes, qui ont l'air autonomes, mais qui ensemble garantissent l'équilibre de l'écosystème : les microbes qui agissent sur la biogéochimie du sol, les plantes qui sont en relation avec le cycle des nutriments ou de la photosynthèse, ou encore avec les animaux qui les mangent, etc. Mais, pour faire court, deux mécanismes expliquent pourquoi la biodiversité est importante. Le premier est ce que nous appelons la "complémentarité des niches" : si, dans un écosystème, vous avez deux espèces qui accomplissent des fonctions très différentes, ce n'est pas bon du tout, car si l'une disparaît, la fonction qu'elle remplissait dans l'écosystème n'est plus assurée. En revanche, si vous avez plusieurs espèces qui jouent des rôles très similaires, la disparition de l'une d'entre elles sera compensée par les autres, ce qui évitera à l'écosystème de s'effondrer. Prenons l'exemple de la pollinisation : dans un environnement équilibré, elle est assurée par les abeilles, bien sûr, mais aussi par les bourdons, les mouches, les papillons, les chauves-souris et les oiseaux, comme les passereaux et les colibris. Si les pratiques agricoles intensives conduisent à la disparition de la quasi-totalité des pollinisateurs, à l'exception des abeilles que l'homme s'évertue à entretenir pour faire du miel, cette fonction capitale de la biodiversité est alors en grand danger ! Le second mécanisme à l'œuvre est ce que nous appelons l'"effet de la sélection", qu'illustre parfaitement l'étude de mon collègue David Tilman dans le Minnesota : il a constaté que les prairies qui avaient résisté à la sécheresse étaient celles qui comprenaient une diversité de graminées capables de survivre au manque d'eau. En revanche, quand il y a un excès de pluie, ce sont d'autres espèces plus compétitives qui prennent le relais, évitant ainsi à la prairie de tout simplement mourir. La complémentarité des niches et l'effet de la sélection sont les deux piliers de l'écologie fonctionnelle. »

Rodolphe Gozlan, l'écologue de la santé qui travaille en Guyane (voir chapitre 2), confirme que la diversité fonctionnelle des espèces est un élément clé de la santé et de la stabilité des écosystèmes : « La biodiversité peut parfois être trompeuse, a-t-il souligné, surtout si l'on ne regarde que le nombre d'espèces et leur abondance, sans tenir compte des fonctions que chacune remplit dans l'environnement. Prenons un exemple : on a un espace A et un espace B qui comptent chacun vingt espèces. On constate que cinq espèces ont disparu dans l'espace A et dans l'espace B. On se dit que finalement on a la même biodiversité, réduite à quinze espèces dans chaque espace. Puis on note que dans l'espace A les cinq espèces disparues étaient toutes des insectes qui filtrent l'eau, tandis que dans l'espace B la disparition était répartie sur l'ensemble des catégories fonctionnelles. L'espace B pourra continuer à fonctionner, tandis que l'espace A va progressivement s'effondrer, car il lui manque une fonction essentielle. La logique comptable de la biodiversité n'est pas suffisante : il faut aussi cartographier la fonctionnalité des espèces végétales ou animales. C'est le seul moyen efficace de préserver la santé des écosystèmes et donc des humains. »

De son côté, Shahid Naeem prend l'exemple d'une voiture tombée en panne. « Pour pouvoir la réparer, il faut connaître exactement la fonction de chaque pièce qui constitue son moteur, m'a-t-il expliqué. Appliquée au monde du vivant, c'est une tâche complexe mais passionnante ! Dans mon laboratoire, j'ai des étudiants qui travaillent sur les poissons, les microbes, les tigres ou les oiseaux, sur les marécages, l'écologie urbaine, l'agriculture, les ressources aquifères, aux quatre coins du globe, sur le Delta Okavango au Botswana, dans l'Arctique, les îles Salomon, la Chine ou la forêt de Black Rock à dix minutes de mon appartement de New York. Bien que nous essayions d'embrasser l'ensemble du vivant, notre département est le plus petit de Columbia ! Dans le monde de la science, l'empreinte de l'écologie est minuscule, alors que les grands défis de notre temps sont environnementaux…

— Est-ce que la pandémie de covid-19 a changé le regard sur l'écologie ?

— Je l'aimerais bien, mais malheureusement je n'en suis pas sûr. Je crains fort qu'on ne se contente de rechercher des solutions purement technologiques, en l'occurrence un vaccin ou un médicament, sans chercher à déterminer précisément ce qui a permis à un virus jusque-là inconnu d'infecter des millions de personnes. Cela me rappelle une conversation que j'avais eue avec des ingénieurs qui travaillaient sur le dérèglement climatique, à mon arrivée à l'université Columbia. Ils recherchaient des fonds pour construire un prototype de tour, aussi haute qu'un gratte-ciel, qui serait capable d'absorber le carbone de l'atmosphère, en produisant de la poudre blanche de carbonate de magnésium. L'un d'entre eux m'avait décrit avec enthousiasme la structure très élevée, avec plein de tuyaux dans lesquels circuleraient les produits chimiques. Je lui avais dit : cela ressemble à un arbre ! Et j'avais ajouté que la meilleure manière de contrer le réchauffement climatique était de restaurer les habitats naturels, d'augmenter la biodiversité et de planter des arbres. Il avait été très choqué car, pour lui, comme pour nombre de mes collègues chimistes ou physiciens, l'écologie est une science primitive comparée à la technologie, qui seule serait capable d'apporter des solutions, y compris aux problèmes environnementaux.

— Comment expliquez-vous ce déni de l'écologie ?

— Il existe une croyance très ancrée dans le monde scientifique – certains parlent de philosophie, mais je préfère parler de croyance –, qui est l'écomodernisme. D'après ses adeptes, l'homme est au-dessus de toutes les autres espèces peuplant la Terre et ne fait pas partie de la nature, qui est "déchaînée et sauvage", pour reprendre les termes d'un poème célèbre[a]. Pour eux, l'utilité de la nature se mesure à l'aune de ce

---

a « *Nature, red in tooth and claw* » (que l'on pourrait traduire par « La nature, aux rouges bec et ongles ») est un vers d'un poème intitulé « In Memoriam A.H.H. » que le poète britannique Alfred Tennyson (1809-1892) a publié en 1850 en l'honneur de son ami Michael Murray, décédé brutalement à l'âge de vingt-deux ans.

qu'elle nous apporte ou nous inflige : elle nous fait du bien ou du mal. C'est ainsi qu'est né le concept de "service écosystémique" qui réduit la nature à un pourvoyeur de services pour l'humanité. Nous sommes un certain nombre à ne pas aimer ce terme, et encore moins son pendant que sont les "desservices écosystémiques", désignant les manifestations de la nature que nous considérons comme nuisibles. Je me souviens d'une conversation que j'ai eue avec une collègue écomoderniste : pour elle, l'exemple parfait du desservice écosystémique, c'était... le cerf ! Pourquoi ? Parce que, outre l'alcoolisme, le cervidé représente la première cause d'accidents de voiture aux États-Unis. Ce type de raisonnement prévaut aussi pour le SARS-CoV-2, considéré comme un desservice dont il faut se débarrasser. Mais le cerf ou le virus font partie de la nature. Ils ne sont pas des problèmes en soi, mais le deviennent en raison des comportements humains. Fort heureusement, depuis la publication du rapport de l'évaluation des écosystèmes pour le Millénaire en 2005, l'idée que la santé des humains et leur bien-être sont intimement liés à la biodiversité et à la santé des écosystèmes a fait son chemin, même si les mesures concrètes n'ont pas suivi. »

Le bien-être humain dépend de la santé des écosystèmes

Intitulé *Les Écosystèmes et le Bien-être humain*, le rapport du « Millenium Ecosystems Assessment » de l'ONU a réuni les contributions de 1 360 scientifiques, originaires de quatre-vingt-quinze pays, qui ont planché de 2001 à 2005. Shahid Naeem et l'Indien

Anantha Kumar Duraiappah étaient les coprésidents de l'« équipe de synthèse » qui a produit un document d'une centaine de pages, montrant le « rôle crucial joué par la biodiversité pour le fonctionnement des écosystèmes et le bien-être humain ». C'était la première fois que les Nations unies sollicitaient la communauté scientifique sur cette question. Les auteurs y présentent les fameux « services écosystémiques », à savoir les « bénéfices que les personnes obtiennent des écosystèmes », lesquels « incluent les services d'approvisionnement, comme la nourriture, l'eau, le bois et les fibres ; les services de régulation, pour le climat, les inondations, les maladies, les déchets et la qualité de l'eau ; les services culturels, tels que la récréation, le plaisir esthétique et l'accomplissement spirituel ; et les services de support, comme la formation des sols, la photosynthèse et le cycle des nutriments ». Le but du rapport était d'évaluer « comment les changements dans les écosystèmes influencent le revenu et les besoins matériels, la santé, les relations sociales, la sécurité et la liberté de choix et d'action » ; et d'« établir la base scientifique pour mettre en œuvre les actions nécessaires à l'amélioration de la conservation et de l'utilisation durable de ces systèmes, ainsi que de leur contribution au bien-être humain ».

« La rédaction de ce rapport fut un énorme travail, que je n'avais pas imaginé en acceptant d'être coprésident de l'équipe chargée de synthétiser plus d'un millier de contributions scientifiques, s'est souvenu Shahid Naeem. Ce fut à la fois très excitant et très frustrant : d'un côté, j'avais le sentiment de participer à une entreprise capitale pour démarrer le troisième millénaire sur le bon pied ; de l'autre, j'ai découvert que les rapports de l'ONU sont le fruit d'un consensus où chaque mot, chaque virgule doit être approuvé par les représentants des États. Je me souviens d'un délégué africain, non scientifique, qui a insisté pour que nous retirions du rapport le fait que le virus du sida avait émergé en Afrique en raison du trafic de singes, car pour lui il avait été fabriqué dans des laboratoires occidentaux. De même, nous avons été contraints de retirer du rapport des études qui proposaient une évaluation de la valeur économique de la biodiversité, car certains disaient que la biodiversité n'avait pas de prix, d'autres que cette question n'avait aucun intérêt. Je considère donc que le rapport publié dresse un bilan bien en deçà de l'état réel de la biodiversité et des écosystèmes. Il n'en reste pas moins que c'est un document important, car il dit clairement que les humains ne peuvent pas vivre en l'absence d'écosystèmes sains et de biodiversité. De fait, le plus petit escargot à 1 000 mètres sous la mer ou une simple algue à la surface de la calotte de l'Antarctique contribuent au fonctionnement d'une planète vivante, car tout est lié. Et le fait de bénéficier de bonnes relations sociales, qui peut paraître relever de considérations abstraites, comme le respect, la confiance, le sens de l'éthique ou de la moralité, s'effondre lorsque l'environnement dysfonctionne ou se dégrade, conduisant à des conflits et à des violences contre les plus pauvres et les plus vulnérables. Le bien-être humain ne peut s'épanouir que dans un monde naturel durable et résilient. »

Dans un article publié en 2016, Shahid Naeem montre le chemin parcouru depuis 2005, en décortiquant les documents officiels où l'on constate une évolution dans la manière de considérer la biodiversité : alors qu'elle a longtemps été perçue comme une « ressource externe qui peut influencer le bien-être humain », elle est vue désormais comme « fondamentale pour le bien-être humain[3] ».

« Il y a eu un indéniable progrès, mais malheureusement les mesures de conservation ou de restauration des écosystèmes que nous avons préconisées sont largement insuffisantes », a estimé Philip Weinstein, professeur à l'École des sciences biologiques à l'université d'Adélaïde (Australie), lors de notre entretien le 19 juin 2020. Auteur de plus de deux cent cinquante publications, le chercheur a une double casquette : il est médecin, spécialiste de santé publique et entomologiste, « deux approches complémentaires » qui lui ont permis d'« étudier les effets de l'environnement sur la transmission des maladies et la relation entre la santé des écosystèmes et la santé des populations humaines ». À ce titre, il fut membre du « comité de relecteurs » qui travaillait en étroite collaboration avec Shahid Naeem pour le rapport du « Millenium Ecosystems Assessment », dans la section « Santé publique ».

« La biodiversité est fondamentale pour garantir la fonctionnalité et la résilience des écosystèmes, m'a-t-il confirmé. Quand la biodiversité est affectée par les activités humaines, comme l'urbanisation, l'agriculture ou l'émission de CO_2, les services écosystémiques sont défaillants. Directement ou indirectement, la préservation de la biodiversité permet de prévenir l'émergence ou la réémergence de maladies infectieuses ou chroniques. Par ailleurs, la biodiversité constitue un puissant bio-indicateur de la santé d'un écosystème :

quand elle décline, c'est un signal que l'écosystème n'est plus sain et que les services, notamment de régulation des maladies, ne vont plus être opérationnels.

— Vous avez publié un article intitulé "Est-ce que la santé humaine peut être utilisée comme un bio-indicateur du fonctionnement des écosystèmes[4] ?" Que répondez-vous à cette question ?

— Oui, sans hésiter ! J'ai dirigé une étude sur la ciguatera[5], une intoxication alimentaire provoquée par la consommation de poissons contaminés par une toxine, la ciguatoxine, contenue dans des microalgues. Nous avons montré que les cas d'empoisonnement, qui peuvent être fatals, avaient considérablement augmenté dans la région du Pacifique, y compris en Australie, et qu'ils étaient liés à la dégradation de l'écosystème des récifs coralliens. Plusieurs événements comme le réchauffement climatique qui blanchit les coraux, ou le ruissellement des pesticides qui les empoisonnent, provoquent une surproduction de microalgues toxiques, comme certains dinoflagellés, qui permettent à la toxine de contaminer les petits poissons herbivores. Ensuite, le poison s'accumule tout au long de la chaîne alimentaire, pour infecter gravement les gros poissons prédateurs, comme le barracuda, le mérou ou la murène, dont la consommation rend finalement les gens gravement malades.

— Pourquoi avez-vous écrit que le "fardeau sanitaire de la dégradation environnementale est souvent caché[6]" ?

— Parce que les effets de cette dégradation ne sont pas visibles immédiatement. Prenons l'exemple d'un marais avec des mangroves, qui constitue un gîte larvaire pour les moustiques porteurs du paludisme.

Vous décidez de bétonner cette zone humide : vous n'avez plus de biodiversité ni de moustiques, et apparemment plus de maladie. En fait, vous avez déplacé les effets dans le temps et dans l'espace. Ce marais était un vivier d'alevins. Du coup, les populations n'ont plus de poissons pour se nourrir et souffrent de malnutrition. De plus, la mangrove était un rempart contre l'érosion ou les tsunamis et constituait un filtre essentiel pour la santé des récifs coralliens. Donc, bétonner le marais était une mesure à court terme, avec des effets en chaîne qui n'apparaissent que plus tard. Le fait qu'il y ait des moustiques vecteurs de maladie est certes un grave problème, mais il est surtout amplifié par la déforestation, ainsi que nous l'avons montré avec le virus de la Ross River, qui provoque une "polyarthrite épidémique" devenue endémique en Australie[7]. Les marsupiaux, comme les kangourous et les wallabies, sont le réservoir du virus, qui est transmis par un moustique. Notre étude confirme l'hypothèse de l'effet dilution, développée par Richard Ostfeld et Felicia Keesing : à force de réduire la biodiversité animale dans les espaces agricoles, où il ne reste que des marsupiaux et du bétail, on a augmenté considérablement la probabilité que les moustiques infectent un humain. Même chose pour les mares et étangs où les moustiques prolifèrent d'autant plus facilement qu'ils n'ont plus de prédateurs pour dévorer leurs larves, car l'eau est devenue trop saline en raison de la pollution agricole.

— Pourquoi avez-vous publié un article sur la Rome antique, que vous considérez comme un "cas d'école" qui nous donne des "leçons pour aujourd'hui[8]" ?

— Les erreurs qu'ont faites les Romains se répètent chaque jour sur la planète ! À cette époque, ils ne savaient rien de la transmission microbienne des maladies, ni du fait que les moustiques transportaient un parasite baptisé *Plasmodium* qui pouvait infecter les gens et les rendre malades. Pourtant, ils avaient constaté empiriquement une association entre les marais et le paludisme. C'est pourquoi les classes riches de l'empire construisaient leurs maisons en haut des collines qui entouraient Rome, où les moustiques ne venaient pas. Quant aux pauvres et aux esclaves, ils habitaient en bas, près des marais et souffraient donc de paludisme. Les Romains avaient compris que vivre au bon endroit constituait une partie de la solution. En revanche, ils n'ont pas anticipé les conséquences sanitaires de l'abattage massif d'arbres, pour construire des bateaux, des forts et surtout des routes. En développant les routes – qui étaient certes d'excellente qualité comme la voie Appienne, absolument remarquable –, ils ont changé l'hydrologie des écosystèmes et du coup ont créé d'innombrables petits marais aux abords des artères et des villes, ce qui a permis aux moustiques de coloniser l'ensemble du territoire et de faire du paludisme un problème majeur de santé publique. De plus, l'abattage des arbres a anéanti un service écosystémique de la forêt qui est la régulation des maladies, en faisant disparaître les prédateurs qui se nourrissaient d'insectes comme les moustiques. On observe le même phénomène aujourd'hui avec la déforestation de l'Amazonie, qui provoque une expansion du paludisme ou du Zika.

— Est-ce que cela signifie que la conservation de la biodiversité est aussi une question de santé ?

Qu'est-ce que la social-écologie ?

La social-écologie est née en Allemagne au milieu du XIXe siècle de la rencontre des travaux du chimiste Justus von Liebig (1803-1873, fondateur de l'agronomie) sur l'appauvrissement des sols, du fait de l'exportation de ses éléments nutritifs pour nourrir les citadins, et de ceux de Karl Marx établissant un lien entre cette disruption écologique des sols et l'émergence des villes industrielles sous l'essor du capitalisme. Selon la théorie de la social-écologie, qui vise à lier le métabolisme écologique et le métabolisme social, les systèmes sociaux sont vus comme des systèmes hybrides entre culture (échanges de communication) et environnement (échanges métaboliques)[9]. Les sociétés humaines sont caractérisées par des stocks et des flux de populations et l'environnement par des stocks et des flux biophysiques (infrastructure, élevage) au sein et entre territoires caractérisés par leur productivité biologique et leur mode de gouvernance.

L'indicateur important est l'appropriation de la production primaire nette par les humains (une mesure un peu comparable à l'empreinte écologique). Cet indicateur mesure l'impact de l'utilisation des terres sur la disponibilité bioénergétique (production primaire nette) dans les écosystèmes et relie les activités humaines, comme l'agriculture ou l'urbanisation, aux fonctions écosystémiques. Son intérêt est de permettre d'analyser l'appropriation humaine du métabolisme de l'environnement grâce à la fois aux théories écologiques sur la biodiversité et aux théories économiques.

L'appropriation de la production primaire nette par les humains a en effet doublé au cours du XXᵉ siècle. Et tout laisse penser qu'elle va continuer d'augmenter considérablement dans les prochaines décennies. L'hypothèse que l'augmentation de cette appropriation va réduire les services écosystémiques de régulation des maladies infectieuses semble donc se confirmer. L'augmentation des épidémies de maladies zoonotiques est associée à l'augmentation de l'appropriation de la production primaire nette par les activités humaines.

— Tout à fait ! C'est même un puissant argument pour convaincre les politiques d'investir de l'argent dans la préservation ou la restauration des écosystèmes, car à terme on réduit la facture sanitaire. La pandémie de covid-19, qui n'est malheureusement pas la dernière, en est un parfait exemple. Ce point de vue n'est pas toujours partagé par certains écologues ou spécialistes de la conservation, qui disent que la santé est une question annexe et qu'il faut protéger la biodiversité pour des raisons strictement philosophiques ou éthiques, comme par exemple le droit des générations futures à contempler des pandas. Je ne dis pas que cet argument n'est pas valide, mais il est temps d'avoir une vision globale, qui réunisse tous les points de vue convergents, comme celle que propose Planetary Health ou ce qu'on appelle la "social-écologie". Car encore une fois, tout est lié. »

Comment les forêts protègent la santé

Au moment de notre entretien, le professeur Philip Weinstein préparait une étude sur l'impact sanitaire des méga-incendies qui ont ravagé l'Australie en 2019 et 2020, réduisant en cendres une superficie aussi vaste que le Royaume-Uni, dont un cinquième des forêts. Provoqués par une sécheresse exceptionnelle, devenue récurrente sur l'île-continent, les feux ont fait trente-trois morts chez les humains et tué ou déplacé près de 3 milliards d'animaux, pour une facture qui s'élève à 7 milliards de dollars américains. Dans une étude publiée en 2012 et citée dans le rapport du *Lancet* sur Planetary Health, les auteurs ont estimé que la fumée provoquée par les feux de forêt, « principalement dus aux activités de défrichement, cause la mort prématurée de 300 000 personnes chaque année dans le monde », notamment en raison de pathologies respiratoires[10]. « L'un des effets des incendies qui est souvent sous-estimé, voire ignoré, c'est l'impact sur la santé mentale, a souligné Philip Weinstein. Comme pour d'autres catastrophes écologiques, telles que les tremblements de terre ou les tsunamis, les populations affectées souffrent de graves troubles psychologiques – et parfois de syndrome post-traumatique –, qui provoquent des suicides et un excès de morbidité psychiatrique. De plus, en vivant dans des espaces où la biodiversité a été ravagée, les enfants développent des allergies, en raison d'un microbiome et d'un système immunitaire affaiblis. Quand on sait qu'avec le réchauffement climatique les incendies de forêt vont se multiplier, on ne peut qu'être inquiet du fardeau que cela représentera pour la santé publique. »

« Les menaces qui pèsent sur les forêts sont énormes », m'a confirmé de son côté Robert Nasi, qui dirige le Centre pour la recherche forestière internationale (CIFOR), installé à Bogor en Indonésie (voir chapitre 2). Quand je lui ai parlé le 26 juin 2020, il venait de recevoir le rapport de la FAO et du PNUE (Programme des Nations unies pour l'environnement) sur *La Situation des forêts du monde, 2020.* « On continue de perdre 10 millions d'hectares de forêt tropicale chaque année, et c'est principalement dû aux activités anthropiques de déforestation, même si effectivement le poids des incendies provoqués par la sécheresse croît dramatiquement, m'a-t-il expliqué.

— Où en est l'Indonésie ? ai-je demandé en repensant à ces images de tourbières incendiées par les planteurs de palmiers à huile et les industriels de la pâte à papier.

— Depuis 2018, c'est le seul pays tropical qui peut se targuer d'avoir réduit son taux de déforestation. Quant aux feux, ils ne touchent plus les forêts primaires, mais des zones habitées qui avaient été déforestées il y a très longtemps et qui sont très dégradées. L'Indonésie est donc une bonne élève, comme l'était le Brésil, avant l'arrivée catastrophique de ce fou de Bolsonaro.

— Quels sont les services écosystémiques de la forêt ?

— Pour les populations, c'est une source d'approvisionnement en produits de première nécessité, comme les plantes médicinales ou le bois qui sert à la construction de maisons et d'outils, ou à cuire les aliments. La forêt joue aussi un rôle dans les équilibres hydrologiques, la température locale et le stockage du carbone. En revanche, contrairement aux bêtises qui sont reprises régulièrement dans les médias ou récemment par le président Macron, les forêts, comme l'Amazonie, ne produisent pas d'oxygène ! En effet, l'oxygène qu'émettent les arbres, après avoir absorbé le carbone de l'air, est reconsommé pendant la nuit au cours de ce qu'on appelle la "respiration cellulaire". L'oxygène que nous respirons vient à 99 % du plancton des océans, où il a été emmagasiné depuis des milliards d'années.

— Les forêts représentent le deuxième plus grand puits de carbone après l'océan : quel est l'impact du dérèglement climatique sur ce service écosystémique ?

— Il est très inquiétant ! On estime qu'aujourd'hui 70 % des forêts sont en état de stress hydrique, c'est-à-dire qu'elles manquent d'eau. Lorsqu'elles passeront un certain seuil – c'est ce qu'on appelle en anglais le "*tipping point*", le point de bascule –, elles cesseront de capter du carbone et commenceront à relâcher dans l'atmosphère tout le CO_2 que les arbres ont stocké notamment dans leurs racines. Cette "boucle de rétroaction positive" provoquera un emballement des émissions de gaz à effet de serre…

— Quel est le rôle des forêts pour la santé ?

— C'est un service écosystémique capital qui est trop souvent ignoré. D'abord, elles ont un effet psychologique très fort, qu'ont confirmé des études scientifiques sérieuses. Les Japonais ont inventé un mot pour cela : le "*Shirin-yoku*" ou "bain de forêt" qui désigne le sentiment de bien-être et d'équilibre intérieur que procure une marche en forêt. À l'inverse, la destruction des forêts provoque des troubles psychologiques et physiques, qui sont aussi bien documentés. »

Parmi les études réalisées à ce sujet, je retiens celle de Geoffrey Donovan, du Department of Agriculture Forest Service des États-Unis, qui a mesuré l'impact psychologique de la déforestation provoquée par un ravageur, l'agrile du frêne, lequel a tué 100 millions d'arbres de 1990 à 2007[11]. En comparant les données sanitaires de quinze États américains, il a constaté un excès de mortalité lié aux maladies cardiovasculaires et, dans une moindre mesure, respiratoires, dans les comtés les plus touchés. Tout indique que le stress provoqué par la mort des arbres est à l'origine de ces pathologies, ce qui confirmerait l'« hypothèse de la biophilie », qui désigne la « préférence esthétique instinctive » que les humains auraient pour des « environnements naturels » et leur « attirance subconsciente vers tous les autres organismes vivants », pour reprendre les termes de la Britannique Valentine Seymour, chercheuse à l'University College de Londres[12].

De même, une étude dirigée par Luis Roman Carrasco, que j'ai interviewé le 22 juin 2020, a confirmé que la déforestation au Cambodge avait un impact direct sur la santé des populations[13]. Après avoir décroché un doctorat en sciences de l'environnement à l'Imperial College de Londres, ce chercheur d'origine espagnole a suivi son épouse à Singapour, où il vit depuis dix ans. À trente-neuf ans, il travaille dans le département des sciences biologiques de l'université de la cité-État, où il dirige un laboratoire qui vise à « identifier des stratégies pour réconcilier la conservation de la biodiversité, la sécurité alimentaire et le développement économique dans les tropiques », ainsi que l'indique son site Web. « Pour notre étude au Cambodge, m'a-t-il expliqué, nous avons consulté les statistiques médicales centralisées par le ministère de la Santé pour 35 547 foyers répartis dans 1 766 communautés, du 1er février 2005 au 30 avril 2014. Par ailleurs, l'ONG Open Development Cambodia, qui recense les activités de déforestation dans le pays, nous a fourni ses données sur toute la période. Nos résultats montrent clairement que la destruction de parties de la forêt tropicale entraîne une augmentation significative de l'incidence de la diarrhée et des maladies respiratoires chez les enfants de moins de cinq ans. L'un des services écosystémiques de la forêt est, en effet, de filtrer l'eau. Quand les arbres sont abattus, la qualité de l'eau est affectée, en raison d'une charge élevée en bactéries et microbes, provoquant des diarrhées qui représentent la principale cause de mortalité chez les jeunes enfants des pays à faibles revenus.

— Est-ce que cela signifie que la conservation de la forêt est aussi un enjeu de santé publique ?

— Tout à fait ! J'ajouterais que c'est aussi une question de droits humains, car les forêts sont cruciales pour des milliards de personnes dans le monde. Malheureusement, rares sont les politiques qui font cette connexion. C'est pourquoi mon laboratoire comprend des écologues et des infectiologues, mais aussi des économistes, pour trouver des solutions permettant de répondre à des impératifs apparemment contradictoires, comme la nécessité de préserver la biodiversité mais aussi de nourrir la population, en développant l'agriculture. Pour cela, il faut changer de logiciel :

contrairement à la vision qui a longtemps prédominé, raser la forêt n'est pas synonyme de développement économique. À moyen terme, c'est même tout le contraire !

— Dans un article publié en 2017, vous parlez des "compromis économiques globaux" qui doivent être trouvés entre la "nature sauvage" et l'"agriculture tropicale"[14]. Que vouliez-vous dire ?

— Pour faire cette étude, j'ai analysé les bénéfices à court terme et les coûts à long terme de la déforestation qui a eu lieu dans les zones tropicales d'Afrique, d'Asie et d'Amérique latine, entre 2000 et 2012. Pour les premiers, il y a l'exploitation du bois, l'agriculture, l'élevage et les grandes plantations, en sachant que, dans bien des cas, la terre finit par être abandonnée en raison de l'érosion des sols. Les seconds sont liés à la destruction des services écosystémiques fournis par les forêts. Mes résultats montrent que les coûts à long terme sont bien plus élevés que les bénéfices à coût terme, sauf dans un cas : lorsqu'il est possible d'implanter des cultures ayant un potentiel de rendement et de revenus élevés sur le long terme. C'est une option dans certaines forêts atlantiques, comme celles du golfe de Guinée ou de la Thaïlande, où les bénéfices de la conversion agricole sont réels, de sorte qu'il peut être difficile de développer des stratégies de conservation de la biodiversité fondées, par exemple, sur la rémunération des services rendus par les paysans. En revanche, l'Amérique latine, l'Asie du Sud-Est et Madagascar sont des régions où la déforestation produit de faibles bénéfices agricoles mais des coûts environnementaux élevés. Elles devraient donc être des cibles privilégiées pour des mesures de conservation, avec des incitations financières qui les rendent économiquement viables. Mais, d'une manière générale, il est possible de réconcilier la nécessité de protéger la biodiversité et les forêts, et celle de nourrir les populations en développant des politiques d'aménagement du territoire qui pensent les espaces en termes de paysages où chaque activité pourrait avoir sa place. »

La biodiversité nourrit les sols et les gens

Repenser et entretenir les paysages : c'est la mission que s'est assignée Georg Cadisch, qui dirige l'Institut de l'agriculture tropicale à l'université de Hohenheim de Stuttgart (Allemagne). Né dans un petit village suisse, le chercheur de soixante-cinq ans a débuté sa carrière comme ingénieur en mécanique, puis a étudié l'agronomie aux universités de Zurich et de Londres, avant de travailler plusieurs années pour le Centre international d'agriculture tropicale (CIAT) en Amérique latine. Depuis qu'il a rejoint l'université de Hohenheim pour enseigner – sa « véritable passion » –, il encadre des projets d'agriculture durable en Asie et en Afrique. Quand je lui ai parlé, le 28 mai 2020, il se débattait pour obtenir le droit d'organiser les examens de fin d'année en présentiel, car, estimait-il, les épreuves virtuelles étaient « illégales et non valides ». « Jamais je n'aurais imaginé qu'on puisse avoir un confinement en Allemagne, a-t-il soupiré, mais je crains fort que nous n'en sortions pas de sitôt… Comme tous les événements extrêmes, les pandémies surviennent dans des environnements fragilisés et stressés, où les services écosystémiques sont défaillants. Malheureusement, toutes les conditions sont réunies pour que de nouvelles pandémies succèdent à celle-ci et que nous soyons entrés dans une ère de confinement chronique, à moins que nous n'ayons le courage de prendre à bras le corps les causes qui nous ont conduits dans cette impasse collective. J'essaie de transmettre à mes étudiants l'envie de trouver des solutions…

— Comment un agronome spécialiste de la gestion des monocultures est-il devenu un défenseur de la biodiversité ?

— J'ai toujours été fasciné par les sols. Chaque année, je commence mes cours par cette question : pouvez-vous imaginer un monde sans sols ? Ce serait un monde d'inondations permanentes, car il n'y aurait pas la moindre végétation et aucune goutte d'eau ne pourrait être absorbée. Au début, j'étais focalisé sur les microorganismes et les légumineuses qui permettent d'accroître la fertilité des sols, surtout lorsqu'ils sont appauvris par des monocultures. Et puis, petit à petit, j'ai réalisé que c'est la biodiversité qui nourrit les sols et que, à l'inverse, la perte de biodiversité a un impact immédiat sur la santé des sols et des écosystèmes. Dans des sols sains, on trouve toutes sortes de microorganismes bénéfiques, comme les mycorhizes[a], capables de mobiliser des nutriments tels les rhizobias[b], qui fixent l'azote de l'air. La biodiversité est

a Le terme mycorhize – du grec *myco*, champignon, et *rhiza*, racine – a été introduit par le botaniste allemand Albert Bernhard Frank (1839-1900). Il désigne l'association symbiotique entre des champignons et les racines des plantes.

b Les rhizobias sont des bactéries du sol capables d'entrer en symbiose avec les légumineuses, comme les pois, les haricots, le aussi un puissant facteur de stabilisation des systèmes agricoles, car elle leur confère de la résilience aux chocs : quand on diversifie les plantes cultivées, chacune d'entre elles occupe une niche qui contribue à l'équilibre des écosystèmes. Si une culture rencontre un problème, les autres sont là pour compenser. Avec les monocultures, on peut certes, à grand renfort d'intrants chimiques, augmenter la productivité par unité, mais on accroît aussi le risque de tout perdre en raison de l'érosion ou d'un aléa climatique. Et puis, la biodiversité dans les champs signifie aussi une plus grande diversité alimentaire, ce qui a un effet direct sur la santé humaine. Aujourd'hui, les deux tiers de la nourriture mondiale dépendent de trois plantes : le maïs, le blé et le riz. Ce n'est pas bon pour la santé des sols et des écosystèmes ni pour celle des humains.

— Vous avez dirigé plusieurs études sur l'impact des monocultures d'hévéas sur les services écosystémiques[15]. Quelles furent vos conclusions ?

— 90 % de la production de caoutchouc proviennent de six pays qui forment la sous-région du Grand Mékong[a], dont la Thaïlande et la province chinoise du Yunnan, où nous avons conduit nos projets. Tout indique que les monocultures d'hévéas vont continuer à s'étendre, au détriment des forêts tropicales, alors qu'elles affectent profondément les services écosystémiques, comme la séquestration du

---

soja, le trèfle ou la luzerne, leur conférant ainsi la capacité de capter l'azote de l'air pour s'en nourrir.

a Situé en Asie du Sud-Est, le Grand Mékong désigne la région transnationale qui couvre le bassin du Mékong implanté dans six pays (Thaïlande, Laos, Viêtnam, Cambodge, Chine, Birmanie) et où vivent 300 millions de personnes.

carbone, la fertilité des sols, le cycle et la qualité de l'eau. De plus, ces monocultures – comme d'ailleurs celles de soja ou de palmiers à huile – exposent les paysans à des risques non seulement écologiques mais aussi économiques. Je me souviens de ma première visite dans des plantations d'hévéas dans le Yunnan, dans le sud de la Chine. Elles avaient été plantées dans les années 1960 par le ministère de l'Agriculture pour sécuriser l'approvisionnement du pays en caoutchouc. Comme elles n'étaient pas rentables, le gouvernement avait décidé de les découper en parcelles de quelques hectares, qui avaient été distribuées à des paysans locaux. J'avais été impressionné par le silence assourdissant qui régnait dans les plantations : pas de cris d'oiseaux ni d'animaux. Il n'y avait plus de vie !

— Qu'avez-vous proposé à ces paysans ?

— D'abord, il a fallu trouver le bon argument pour les convaincre de diversifier leur système agricole. Quand nous leur avons expliqué que le bilan carbone était mauvais, ils nous ont dit : OK, et alors ? En revanche, quand nous leur avons démontré que les monocultures impliquaient l'usage de pesticides pour nettoyer la végétation qui pousse entre les rangs d'hévéas et que cela affectait la qualité de l'eau qu'ils boivent et donc leur santé, ils ont accepté de chercher des alternatives. Finalement, nous leur avons proposé de renoncer aux herbicides, en procédant à un désherbage mécanique, et de planter trois espèces végétales menacées d'extinction, dont des plantes médicinales, qui peuvent pousser à l'ombre des hévéas. Ce début d'agroforesterie a permis de réduire la pollution chimique, de restaurer les sols et d'améliorer la qualité de l'eau. Mais c'est une goutte dans l'océan des besoins ! C'est pourquoi je pense aujourd'hui que la bonne échelle pour développer des programmes efficaces d'agriculture durable et de conservation, c'est ce qu'on appelle en anglais les "*landscapes*" – les paysages ou territoires –, en s'appuyant sur tous les acteurs locaux, pour dessiner un projet collectif qui soit à la fois bon pour l'écologie et l'économie. »

Évaluer l'état des écosystèmes pour réconcilier l'écologie, l'économie et la culture

Ce ne fut pas facile de décrocher un rendez-vous virtuel avec le Canadien David Rapport, quatre-vingt-un ans, et l'Italienne Luisa Maffi, soixante-sept ans. Le couple « retraité, mais encore actif » vit sur l'île Saltspring, sur la côte ouest du Canada, en Colombie-Britannique. Après avoir obtenu un double doctorat, l'un en économie à l'université du Michigan et l'autre en écologie comportementale à l'université de Toronto – une spécificité assez rare pour être soulignée –, David Rapport est devenu le pionnier d'une méthodologie d'évaluation de l'impact des activités humaines sur la santé des écosystèmes, des bassins hydrologiques et des paysages. Quant à Luisa Maffi, elle est une linguiste et anthropologue réputée, qui a créé un nouveau champ de recherche sur la « diversité bioculturelle » et cofondé en 1996 l'ONG Terralingua pour soutenir la préservation des langues indigènes menacées d'extinction.

« Vous devez nous interviewer ensemble, m'a-t-elle expliqué dans le mail qui fixait notre entretien au 1er juillet 2020, car nos deux expertises nous ont toujours nourris mutuellement. C'est précisément parce que la société occidentale a ignoré les savoirs ancestraux des peuples premiers que l'humanité traverse la plus grave crise écologique et culturelle de son histoire. » En 1974, le professeur Rapport a été recruté par Statistique Canada pour développer un outil permettant de produire des données sur les atteintes à l'environnement dans un pays qui était alors considéré comme l'un des plus écologistes de la planète. C'est ainsi qu'il a élaboré en 1979, avec son collègue Anthony Friend, un « système général d'information sur l'environnement », appelé « agression-réaction » (en anglais « *Stress-Response* »).

« Nous avons tenté de concilier deux optiques d'ordinaire diamétralement opposées, celle de l'écologiste et celle de l'économiste », écrivent les deux auteurs dans le document qu'ils ont alors remis à Statistique Canada, avec – est-il précisé – l'autorisation du ministre de l'Industrie et du Commerce. « Pour ce faire, nous avons reconnu que les activités humaines (dans leurs caractéristiques économiques, politiques, sociales et démographiques) ne sont rien moins qu'un sous-ensemble des interrelations qui existent dans la biosphère et que, par conséquent, elles influent sur l'évolution du milieu naturel et sont marquées par les transformations que celui-ci subit. En fait, l'action de l'homme perturbe souvent de façon appréciable l'équilibre des écosystèmes naturels et peut, sous cet angle, être considérée comme une "source d'agression". C'est en constatant ces faits évidents que nous avons eu l'idée d'établir un cadre destiné à la production de données sur les effets de l'activité humaine sur l'environnement. » Le « cadre » proposé « à l'intention des spécialistes, responsables politiques et du public » a été repris en 1993 par l'Organisation de coopération et de développement économiques (OCDE) sous le nom de « pression-état-réponse » (PER), afin de représenter les « pressions exercées par l'activité humaine sur les écosystèmes, l'état de l'environnement qui en résulte et les réponses apportées par les agents économiques, tels que les administrations, les entreprises ou les foyers, pour développer les besoins humains de base, comme l'énergie, le transport, l'industrie ou l'agriculture », ainsi que le stipule un document de l'OCDE. Le PER a aussi servi de canevas pour le « Millenium Ecosystems Assessment » et d'autres rapports similaires, publiés par l'Agence européenne pour l'environnement ou la Banque mondiale. En 1989, David Rapport a cofondé l'Institut pour la recherche sur l'environnement et l'économie (IREE) à l'université d'Ottawa, avant d'être nommé professeur de santé des écosystèmes à l'université de Guelph, la première chaire créée dans ce domaine[16]. *Last but not least*, en 1994, il a créé et présidé la International Society for Ecosystem Health, dont il a dirigé la revue de 1995 à 2001.

« Comment procédez-vous pour évaluer l'état de santé d'un écosystème ? ai-je demandé au chercheur canadien, assis avec son épouse dans la bibliothèque de leur “refuge insulaire”.

— Le principe est le même que pour un check-up médical réalisé sur un patient. On mesure un certain nombre de paramètres, qui renseignent sur l'état des différents organes et fonctionnalités permettant à l'organisme de vivre, en cherchant les anomalies qui pointent un déséquilibre, comme la présence d'espèces invasives ou de polluants dans l'eau et l'air, le déclin des espèces végétales ou animales, l'érosion des sols, etc. Par ailleurs, on évalue toutes les pressions exercées par les activités humaines sur l'écosystème, comme l'usage massif d'engrais qui fuitent dans les ressources aquifères, la surexploitation des forêts, l'émission de fumées toxiques par les usines ou les effets du changement climatique qui est aussi un phénomène d'origine anthropique. Tout cela fait partie du diagnostic.

— Pouvez-vous donner un exemple d'une évaluation que vous avez conduite ?

— Je l'ai fait pour tout le Canada ! Après avoir codéveloppé le système statistique "agression-réaction", le gouvernement m'a demandé de l'appliquer pour l'environnement canadien. Comme la tâche était énorme, j'ai proposé de travailler avec Peter Bird, un spécialiste de la pollution. Dans les années 1970, la conception qui prévalait alors était celle de l'assainissement, qui visait à nettoyer, par exemple, l'air ou l'eau pris séparément. J'ai utilisé – et c'était une première ! (*rires*) – une approche par écosystèmes, qui permettait d'inclure les interactions entre les différentes composantes de l'environnement. Avec nos collègues géographes, nous avons donc déterminé dix-sept zones biogéographiques, comme la région des Grands Lacs (Ontario et Erie), le fleuve Saint-Laurent, les montagnes couvertes de forêts de la côte ouest, la taïga des terres arctiques ou les grandes plaines des Prairies. Toutes ces "écozones", qui peuvent être subdivisées en écorégions ou "écosites", désignent des écosystèmes singuliers autrefois habités par des peuples indigènes, ayant su s'adapter à leurs caractéristiques et contraintes écologiques. » À ces mots, Luisa Maffi a hoché la tête, tandis que son mari brandissait un énorme ouvrage, intitulé « États de l'environnement : rapport pour le Canada », publié en 1986[17]. « C'était le premier du genre, a-t-il commenté. Notre ouvrage a été présenté par le ministre de l'Environnement, Jim Bradley, au Parlement, malgré nos conclusions sévères. Le gouvernement s'est engagé à publier un nouveau rapport tous les cinq ans. Peter et moi n'avons pas été impliqués dans les deux suivants, qui sont devenus très consensuels et bureaucratiques, puis ça s'est arrêté.

— Comment l'expliquez-vous ?

— Les politiques ont du mal à comprendre qu'investir pour avoir un environnement sain est, à terme, bon pour l'économie. La pandémie actuelle en est une parfaite illustration. Je vais vous donner un autre exemple : je suis intervenu comme consultant en "*Ecohealth*" au Viêtnam, où le gouvernement avait développé un programme de prévention de la grippe aviaire. Il craignait l'émergence d'un virus particulièrement virulent. Juste avant que je ne prenne la parole, le directeur de l'USAID, l'agence de développement des États-Unis qui finançait le programme, m'a pris à part et m'a fermement demandé de ne pas parler des élevages industriels de poulets, qui font pourtant partie du problème ! Malheureusement – et là c'est l'économiste qui parle –, les intérêts économiques à court terme priment toujours sur les intérêts à long terme. C'est pourquoi l'humanité ne pourra s'en sortir que si elle parvient à changer de logiciel, en s'inspirant notamment des peuples indigènes que connaît si bien Luisa. »

C'était ce qu'on appelle une transition en bonne et due forme ! Pour préparer mon entretien avec la professeure Maffi, je m'étais bien sûr plongée dans sa carrière, aussi riche que celle de son mari. En 1995, lors d'une conférence à Albuquerque (Nouveau-Mexique), la linguiste et anthropologue avait rencontré David Harmon, un conservationniste états-unien alors directeur de la George Wright Society (GWS), une association regroupant les professionnels qui travaillent dans les parcs nationaux nord-américains. Ils avaient partagé le même constat : les diversités biologique, culturelle et linguistique sont des manifestations interconnectées de la diversité de la vie sur Terre. Or cette diversité multiforme est en danger, en raison des activités humaines. C'est précisément pour stopper l'érosion de ce qu'ils appelèrent la « diversité bioculturelle » qu'ils décidèrent de créer l'ONG Terralingua, dont l'acte de naissance fut une conférence internationale, organisée en 1996 à l'université de Berkeley (Californie) et intitulée « Endangered Languages, Endangered Knowledge, Endangered Environments » (langues, savoirs et environnements en danger). Y participèrent des chercheurs en sciences naturelles et sociales, ainsi que des militants écologistes et des représentants des peuples indigènes[18].

« Pour comprendre l'interconnexion entre les diversités biologique, linguistique et culturelle, m'a expliqué Luisa Maffi, il faut s'immerger dans la cosmologie des nations autochtones, qui, malgré toutes les forces contraires, ont su maintenir une relation intime et interdépendante avec l'environnement naturel. Par exemple, les communautés mayas du Chiapas, dans le sud du Mexique, chez qui j'ai fait ma thèse de doctorat sur le concept de santé et de maladie, considèrent qu'elles font partie de la nature et qu'elles ne sont qu'une forme de vie parmi toutes celles qui peuplent les écosystèmes. Et, pour elles, la caractéristique principale de la vie est la diversité, constituée de multiples niches écologiques auxquelles elles se sont adaptées au fil du temps. De fait, quand David déterminait ses écozones, je lui ai fait remarquer qu'elles correspondaient à la distribution territoriale des peuples premiers qui existaient avant la création du Canada. Chacune d'entre elles occupait un écosystème particulier, avec lequel ses membres devaient interagir pour pouvoir vivre. Cela supposait d'en connaître les caractéristiques et les fonctions, pour être capable d'en utiliser les ressources sans les épuiser, dans le souci de garantir la vie des générations futures. Ce savoir, que les anthropologues appellent "savoir écologique traditionnel", faisait partie de la culture des sociétés autochtones et se transmettait par la langue. Cela ne veut pas dire que les peuples indigènes n'ont pas fait d'erreurs, notamment quand ils migraient vers un autre écosystème. Mais, après un temps d'adaptation, ils retrouvaient cet équilibre, car, pour reprendre le terme de Raymond Dasmann[a], ils étaient des "*ecosystem people*", des peuples liés aux écosystèmes. Je ne referai pas l'histoire des colonisations européennes, qui ont asservi les continents et les gens qui y vivaient

---

a Rappelons que le biologiste américain Raymond F. Dasmann (1919-2002), professeur d'écologie, l'un des fondateurs du mouvement de protection de la nature, a participé dans les années 1970 à la création du programme sur l'homme et la biosphère de l'Unesco (voir chapitre 3).

mais, aujourd'hui, nous sommes en train de compromettre de la même façon l'avenir de nos enfants. La raison de cette marche collective vers ce que certains appellent l'"effondrement" est l'uniformisation de la pensée, qui considère la diversité – biologique ou culturelle – non pas comme une richesse, mais comme un obstacle à un type de développement fondé sur l'extraction et la consommation exponentielles des ressources naturelles.

— Comment peut-on vérifier le lien entre la biodiversité et la diversité linguistique ?

— En 1998, peu après sa création, Terralingua a été contactée par le World Wildlife Fund (WWF), qui venait d'établir une carte mondiale de huit cent soixante-six écorégions, pour définir les priorités dans sa stratégie de conservation des espèces végétales et animales. Il n'y avait pas d'humains sur cette carte ! Nous l'avons donc complétée en y portant les 6 800 langues parlées alors sur les cinq continents, dont 32 % en Asie, 30 % en Afrique, 19 % dans le Pacifique, 15 % dans les Amériques et 3 % en Europe. Près de la moitié de ces langues sont parlées par des communautés qui comptent moins de 10 000 locuteurs. La nouvelle carte montrait clairement que les écorégions riches en biodiversité végétale et animale étaient également celles où il y avait la plus grande diversité linguistique, mais aussi culturelle[19]. Ensuite, à la demande de l'Unesco, nous avons réalisé une seconde carte qui visait à identifier les régions du monde où la biodiversité était menacée et celles où les langues étaient en danger d'extinction. Nous avons constaté qu'elles se superposaient : la disparition de la diversité biologique s'accompagne généralement de celle de la diversité des langues. C'est particulièrement vrai dans les régions tropicales et forestières.

— Vous avez publié en 1998 un article intitulé "Les langues : une ressource pour la nature[20]" ; ne devrait-on pas plutôt dire que les langues sont une sentinelle pour l'état de la nature ?

— Les deux sont vrais ! m'a répondu Luisa Maffi. Les langues sont une ressource pour la nature, au sens où elles sont les véhicules de savoirs essentiels pour pouvoir vivre en harmonie avec l'environnement ; elles sont aussi une sentinelle car, si elles disparaissent, cela signifie que les écosystèmes auxquels elles sont liées sont en train de s'effondrer. »

« Protéger les grands singes, c'est aussi protéger la santé des humains »

Luisa Maffi n'a jamais rencontré Sabrina Krief, mais je parie que ces deux femmes exceptionnelles s'entendraient à merveille ! Le 8 juin 2020, j'ai échangé pendant plus de deux heures avec la seconde, primatologue et professeure d'éco-anthropologie et d'ethnobiologie au Muséum national d'histoire naturelle à Paris. Son expertise et son enthousiasme communicatif m'ont captivée et j'ai littéralement bu ses paroles, une vraie performance s'agissant d'un entretien par écrans interposés !

À quarante-sept ans, Sabrina Krief affiche une belle carrière. Née à Maisons-Alfort (Val-de-Marne), où siège depuis 1766 l'École nationale vétérinaire dont elle est diplômée, elle est tombée dedans toute petite : « Mes grands-parents avaient une maison en Normandie et, pendant mes vacances, je suivais dans leur tournée des vétérinaires amis de ma famille, m'a-t-elle raconté. Le métier de véto m'a tout de suite plu. Mais comme j'étais allergique aux poils de chien et au foin, il n'était pas question que j'exerce dans un cabinet de ville ! Voilà pourquoi, pour ma thèse vétérinaire, j'ai choisi l'option "faune sauvage", sans rien y connaître – car à l'école d'Alfort, l'éthologie n'était pas enseignée. Je suis partie pendant six mois au Congo, avec mon compagnon Jean-Michel, photographe, qui est devenu mon mari. Ma mission était de suivre pendant six mois un petit groupe de six chimpanzés orphelins, élevés par des humains, qui ont été relâchés dans leur milieu naturel. En fait, j'ai découvert en même temps qu'eux la forêt tropicale, les plantes et l'Afrique ! L'objectif était qu'ils deviennent le plus autonomes possible, sans aucune aide extérieure, y compris pour la nourriture. J'avais donc la consigne de ne pas intervenir, sauf en cas de détresse, et simplement d'observer comment ils se comportaient et évoluaient. Par exemple, j'essayais de décrire tout ce qu'ils mangeaient, mais ce n'était pas facile, car je n'avais aucune formation en botanique.

« Ils ont commencé par tester toute une série de plantes en petites quantités et, petit à petit, ils en ont sélectionné certaines, qui constituent au final le régime alimentaire classique des chimpanzés sauvages de la forêt. Ils ont appris tout seuls, sans l'aide de leur mère ! J'ai découvert aussi que certaines plantes qu'ils consommaient faisaient partie de la pharmacopée congolaise traditionnelle. Cela m'a beaucoup intriguée et, du coup, j'ai décidé de faire un DEA en écologie sur la "pharmacognosie", qui s'intéresse notamment à la capacité d'automédication des animaux. J'ai analysé certaines des plantes que les chimpanzés mangeaient

Les vertus des métabolites secondaires des plantes « médicinales »

Les plantes produisent une grande diversité de molécules appelées métabolites secondaires, un terme historiquement associé au manque d'utilité reconnue de ces produits du métabolisme végétal, mais dont le rôle s'est révélé ensuite important dans l'écologie des plantes. De très nombreux métabolites ont des propriétés médicales et une discipline se consacre à leur étude : la pharmacognosie, dont l'objet est de caractériser les propriétés des substances médicamenteuses d'origine naturelle.

L'usage des plantes à des fins thérapeutiques trouve son origine dans l'évolution des interactions entre animaux et plantes. Ainsi, de nombreuses espèces animales montrent des capacités à l'automédication par les plantes, y compris les animaux domestiques. Les primates non humains sont capables de reconnaître et d'utiliser diverses plantes pour leurs propriétés curatives. Mais ce sont les humains qui ont élaboré la plus riche utilisation raisonnée des plantes pour leur santé. Le botaniste américain John William Harshberger (1869-1929) a d'ailleurs inventé le terme « ethnobotanique » en 1895 pour désigner l'« étude des végétaux utilisés par les peuples primitifs et autochtones ». L'origine de cette science est aussi à rechercher dans la colonisation par les Européens du monde extra-européen et leur quête de nouveaux médicaments permettant de lutter contre les fièvres tropicales – comme la quinine, un alcaloïde produit par l'arbre à quinquina *Cinchona ledgeriana*.

Depuis les dernières décennies du XXe siècle, les méthodes et les buts de l'ethnobotanique se sont profondément modifiés et élargis. Les interrogations initiales sur les usages de plantes pour des besoins médicaux, dans un but colonial, ont évolué vers des questions sur les perceptions des maladies et le symbolisme des traitements, sur le comment et le pourquoi des décisions quant à savoir où et quand collecter des plantes médicinales, sur les effets des changements écologiques anthropiques sur le potentiel pharmacologique des plantes. Les recherches ethnobotaniques nécessitant un travail de terrain d'immersion dans les cultures locales et leurs liens aux écosystèmes, leur définition actuelle est devenue l'« étude systématique des interactions entre une culture humaine et les plantes dans son environnement, en particulier la connaissance et l'utilisation de ces plantes ».

de manière occasionnelle : j'ai constaté qu'elles étaient riches en tanins et en alcaloïdes, et qu'elles contenaient ce qu'on appelle des "métabolites secondaires". Ce sont des molécules servant à la défense des végétaux contre les prédateurs que sont les herbivores : elles ont un goût désagréable – amer ou astringent – qui contraint ces derniers à n'en consommer que de petites quantités, ce qui permet à la plante de survivre. Mais ces molécules sont aussi utilisées en médecine, en raison de leurs vertus thérapeutiques, comme l'acide acétylsalicylique – la base de l'aspirine – qui est extrait de l'écorce du saule. J'ai découvert par exemple que les chimpanzés consommaient des plantes efficaces contre la diarrhée, que les Congolais utilisaient aussi pour les mêmes raisons. C'était tellement fascinant que j'ai décidé de faire une nouvelle thèse de doctorat en phytochimie au Muséum d'histoire naturelle, suivie d'un postdoc en chimie des substances chimiques naturelles à l'université de Reims. Cela m'a pris dix ans de ma vie ! Il y avait bien sûr une question qui m'obsédait : comment les chimpanzés avaient-ils connaissance des propriétés médicinales des plantes ?

— Est-ce que cette question avait déjà été étudiée ? ai-je demandé, captivée par le récit de mon interlocutrice.

— Le premier dans ce domaine est Richard Wrangham, un anthropologue et primatologue britannique, qui enseigne à l'université de Harvard. Il a observé que, le matin à jeun, les chimpanzés enroulent des feuilles rugueuses dans leur bouche avant de les ingurgiter : ces petites boules hérissées de poils leur permettent d'arracher les parasites accrochés à leur tube digestif, ainsi emportés dans le transit intestinal. Comme les feuilles ne sont pas mastiquées, Wrangham en a conclu que cette pratique mécanique n'est pas destinée à fournir des calories ou des nutriments, mais bien à expulser les parasites. Ensuite, Michael Huffman, chercheur à l'Institut de primatologie de l'université de Kyoto, a montré avec des chimistes japonais que les tiges amères de l'herbacée *Vernonia*, que les chimpanzés mangent régulièrement, ont des propriétés antiparasitaires[21]. C'est ainsi que j'ai proposé à Richard Wrangham de creuser cette question, absolument passionnante, sur son terrain de recherche, le parc national de Kibale, situé dans l'ouest de l'Ouganda, où je vis désormais une bonne partie de l'année.

— Comment avez-vous procédé ?

— Avec mon équipe, nous avons passé des milliers d'heures à observer les chimpanzés, à la distance réglementaire de 10 ou 20 mètres. Parfois, nous parvenions à récupérer des échantillons d'urines et de selles, plus rarement quelques gouttes de sang lorsqu'un singe s'était blessé. Dès le début, j'ai exigé que les guérisseurs et ethnobotanistes locaux soient associés au travail d'inventaire sur le terrain. Ils étaient d'autant plus contents que, depuis l'ouverture du parc de Kibale, réservé aux touristes et scientifiques internationaux, ils n'avaient plus le droit d'herboriser à l'intérieur. Ce qui est vraiment une aberration, parce que les savoirs autochtones sur l'usage médicinal des plantes sont en train de se perdre. Nous avons ainsi répertorié trois cents parties de plantes différentes que mangent les chimpanzés, sans que nous sachions si c'était pour s'alimenter ou se soigner. Petit à petit, en recoupant les usages de la pharmacopée traditionnelle et les analyses dans notre laboratoire de chimie, nous avons observé que certaines plantes étaient utilisées exactement de la même manière et pour les mêmes raisons par les populations locales – appartenant à l'ethnie des Batooros – et les chimpanzés : par exemple, quand ils ont besoin d'un vermifuge, les humains comme les primates écorcent, puis mastiquent l'*Albizia grandibracteata*, une plante dans laquelle j'ai ultérieurement identifié des molécules ayant une activité anticancéreuse sur les cellules des poumons et de la gorge. Même chose pour la *Markhamia platyclayx*, qui soigne les troubles respiratoires. Parfois, les vertus thérapeutiques des plantes consommées par les chimpanzés sont ignorées des Batooros : par exemple, la *Trichilia rubescens* est utilisée par les humains comme antidouleur, mais comme antipaludique par les singes. Nous avons d'ailleurs identifié une vingtaine de plantes qui ont des propriétés antipaludiques[22]. Les chimpanzés qui sont affectés par le *Plasmodium* alternent leur consommation, ce qui empêche le parasite de développer une résistance à une molécule spécifique. C'est très astucieux !

— Est-ce que cette pratique de l'automédication a été constatée chez d'autres animaux ?

— Bien sûr ! J'ai copublié en 2019 un article sur les cornacs du Laos, qui sont à la fois les maîtres et les soigneurs des éléphants[23]. Jean-Marc Dubost, l'auteur principal, a interviewé trente-deux cornacs sur le régime alimentaire et les problèmes de santé des éléphants. Il a constaté qu'une grande partie des plantes médicinales utilisées par les cornacs pour soigner les pachydermes, mais aussi les humains, provenait de l'observation des pratiques d'automédication des éléphants.

— Est-ce que les chimpanzés, avec qui les humains partagent plus de 98 % de leur bagage génétique, pourraient devenir nos pharmaciens ?

— Tout à fait ! C'est l'hypothèse que nous défendons avec ma collègue Florence Brunois, ethnologue au Collège de France, qui travaille aussi sur les savoirs traditionnels des Batooros d'Ouganda. D'ailleurs, les communautés qui vivent près du parc de Kibale reconnaissent les chimpanzés comme leur totem, car elles considèrent qu'ils incarnent leurs ancêtres. Dans un article commun, nous avons montré que, aujourd'hui, ce sont plus les chimpanzés que les humains qui sont détenteurs des connaissances sur les vertus médicinales des plantes[24]. C'est pourquoi j'ai suggéré à l'Unesco que le patrimoine culturel et naturel que représentent les grands singes soit élevé au rang de patrimoine mondial de l'humanité. Non pas parce qu'ils sont supérieurs à un rongeur ou à une araignée, mais parce qu'ils sont ce qu'on appelle des "espèces parapluie" : en les protégeant, on protège aussi l'ensemble des écosystèmes, dans lesquels ils vivent, ainsi que la santé des humains. Cette reconnaissance nous permettrait aussi de nous interroger sur la place que nous occupons sur la Terre. Il faut en finir avec cette idée que nous sommes au sommet de la hiérarchie du vivant : nous ne sommes qu'une espèce parmi d'autres. Malheureusement, les seuls à l'avoir compris sont les peuples indigènes, qui sont aussi menacés d'extinction, ce qui n'est pas de bon augure pour l'humanité... »

La rencontre entre des Indiens Kogis de Colombie et des scientifiques européens

« La principale différence entre les Indiens Kogis et nous, c'est qu'ils font confiance à la nature. Et ça change tout... » Au bout du fil, la voix est douce et posée. À soixante-six ans, le Français Gilbert Cochet est un naturaliste réputé, qui fut conseiller technique de Jacques Perrin pour son film *Les Saisons* (2015). Spécialiste de malacologie (science des mollusques d'eau douce), il est attaché au Muséum national d'histoire naturelle. Quand je lui ai parlé le 1er juillet 2020, il venait de publier un nouvel ouvrage, *L'Europe réensauvagée*, coécrit avec sa femme Béatrice Kremer-Cochet, comme lui professeure de sciences de la vie et de la terre[25]. Si j'ai cherché à joindre le couple, qui vit au fin fond de l'Ardèche – où il n'a pas accès à Internet, et donc pas de Skype –, c'est qu'il a participé à une « expérience unique » avec une trentaine de scientifiques européens et trois chamanes Kogis, en août 2019, dans le département de la Drôme.

La rencontre était organisée par Éric Julien, le fondateur de l'association Tchendukua, qui aide ce peuple indigène de Colombie, dernier héritier des grandes civilisations précolombiennes, à récupérer les terres qui lui ont été usurpées depuis la conquête espagnole. Repliés dans la Sierra Nevada de Santa Marta, la plus haute montagne au bord de la mer, qui culmine à 5 775 mètres au-dessus de la côte caraïbe, les Kogis ont su maintenir un rapport très intime avec leur environnement qui abrite l'un des plus importants hotspots de biodiversité au monde : depuis les plages jusqu'aux neiges éternelles s'épanouit une myriade d'écosystèmes, comprenant des forêts tropicales humides, des forêts à brouillard et des *páramos*[a]. Ce trésor de la nature, déclaré « réserve de biosphère » par l'Unesco en 1979, a perdu plus de 70 % de ses forêts au cours des quarante dernières années, en raison de l'intrusion de colons, qui y cultivent notamment la marijuana et la coca. Vêtus de leur éternelle chasuble en coton blanc, que les hommes et femmes tissent – comme « on tisse la vie », ainsi que le dit l'un de leurs dictons –, les

a Le *páramo* désigne une formation végétale d'altitude que l'on trouve entre 3 200 et 4 200 mètres dans les Andes humides, en Colombie, Équateur et au Venezuela.

Kogis ont sauvé la vie d'Éric Julien, très exactement le 24 décembre 1985. Lors d'une expédition dans la Sierra Nevada, le jeune diplômé d'une école de commerce, alpiniste chevronné, est victime d'un œdème pulmonaire à 4 500 mètres d'altitude. Il est alors pris en charge par trois « *kagadas* » – les « gens de la terre », le surnom que se donnent les Kogis – qui le chargent sur leur mule « comme un sac de patates » et le descendent dans une vallée pour lui « faire perdre de l'altitude ». Inconscient, il est soigné par un chamane qui lui « fait boire des choses », lui pose des cataplasmes et le plonge dans un torrent glacé. Au bout de trois semaines, il est rétabli et confié au premier camion de passage, après avoir fait la « promesse de revenir » pour aider ses bienfaiteurs à « récupérer leurs terres ancestrales ». Il ne reviendra qu'en 1997, pour créer l'association Tchendukua, qui vingt-trois ans plus tard est parvenue à racheter 2 500 hectares à de « petits colons ».

« Que signifie Tchendukua ? ai-je demandé à Éric Julien, qui habite dans le sud du Vercors.

— Dans la langue des Kogis, cela signifie : "Là où converge la pensée." C'est le nom du village où sont formés les chamanes, dont la mission est de prendre soin de la Sierra Nevada, qu'ils considèrent comme le "cœur du monde". De même d'ailleurs que le Mont-Blanc – la "montagne mère de l'Europe" – ou que l'Everest en Asie et le Kilimandjaro en Afrique. Dans leur cosmologie, les flux énergétiques qui animent les organes continents de la planète passent par les sommets du monde. De par leur position privilégiée, les Kogis estiment qu'ils sont les "frères aînés de l'humanité" et les "garants de la Terre". Pour eux, la

"*Tierra madre*" (Terre mère) est un organisme vivant, plutôt féminin, qui a donné naissance aux plantes, aux hommes et aux animaux, tous interconnectés et d'égale importance. À la différence de nos sociétés modernes, régies par des lois qui fluctuent au gré des aléas politiques, celle des Kogis repose sur ce qu'ils appellent les "principes de la vie" qui sont intangibles et dont les *mamos* (chamanes) sont chargés de garantir le respect. Toute violation de ces principes provoque un déséquilibre, qui est la source de maladies des écosystèmes et des humains. C'est pourquoi l'environnement n'est pas perçu comme un objet inerte, mais comme un "corps territorial", avec des fonctions organiques de même nature que dans un corps humain. Ce "corps territorial" possède l'équivalent de points d'acupuncture qui permettent aux chamanes d'être informés de possibles déséquilibres et éventuellement de les soigner. D'après ce qu'ils m'ont raconté, ils sont capables de sentir les lieux où la Terre est vivante et ceux où elle est morte. Bien évidemment, cela pose la question du mode d'acquisition de leur savoir et de leurs connaissances. C'est pourquoi j'ai eu l'idée d'organiser un échange entre des chamanes Kogis et des scientifiques européens, qui se sont retrouvés en août 2019 dans la Drôme.

— Comment s'est déroulé cet échange qui était une première mondiale ?

— Les trois chamanes – deux hommes et une femme – et la trentaine de scientifiques avaient pour mission de réaliser un diagnostic de santé écologique du territoire de Die en Drôme. Chaque groupe devait travailler séparément pendant une semaine, puis se retrouver pour échanger pendant trois jours. Les

Kogis ont demandé à se promener dans la montagne. Quant aux scientifiques, ils se sont renfermés dans les archives et bibliothèques départementales, où ils ont consulté des photos aériennes et des documents. D'emblée, l'approche était très différente : pour les chamanes, elle passait par un ressenti des paysages ; pour les Européens, par une compréhension mentale. Alors que nous déambulions dans la montagne, les Kogis se sont arrêtés devant une installation de captage d'une source, avec au milieu un gros bassin en béton, entouré de barbelés, et deux tuyaux qui partaient vers les villages de la vallée. Manifestement, les aménageurs voulaient empêcher les animaux de polluer l'endroit. L'un des chamanes était atterré : "Et comment vont faire les chevreuils ou les sangliers pour s'abreuver ? a-t-il demandé. Ils ont le choix entre mourir de soif ou partir. Dans les deux cas, s'il n'y a plus d'animaux, l'écosystème va s'effondrer…" À un autre moment, les chamanes ont cassé un bout de roche – une sorte de grès jaune, très différent du calcaire et de la marne qui caractérisent la Drôme. L'un d'entre eux a dit : "Cette roche est très ancienne, elle vient du centre de la Terre et nous renseigne sur la création de notre planète." Je n'oublierai jamais la réaction sidérée du géologue lorsqu'il a entendu ce commentaire. De fait, le secteur de Die comprend des failles très profondes, provoquées par la rencontre de deux plaques tectoniques. Lors de l'échange, les scientifiques n'arrêtaient pas de demander : "Comment font-ils pour savoir ?" »

Gilbert et Béatrice Cochet confirment le profond étonnement manifesté par le groupe de scientifiques lorsque les chamanes ont présenté leur diagnostic de santé territoriale. Le couple avait eu le privilège d'accompagner les Kogis pendant une demi-journée dans la montagne. « Ce qui m'a frappée, c'est leur grande capacité d'observation, m'a raconté Béatrice. Petit à petit, ils se sont immergés dans ce nouveau milieu naturel ; ils marchaient, puis s'arrêtaient longuement, pour explorer les paysages du regard.

— Tout à coup, l'un d'entre eux est sorti de sa contemplation méditative et a dit : "Cet arbre, il n'a rien à faire ici !", a poursuivi Gilbert. Les naturalistes comme nous connaissent bien l'arbre en question ; c'est un pin noir d'Autriche, qui a été planté abondamment à partir de la fin du XIXe siècle, pour stopper l'érosion due à la déforestation des terrains de montagne. C'est un résineux qui pousse vite, mais qui a des aiguilles très acides, provoquant la stérilisation des sols. Simplement à la vue de l'arbre, les chamanes ont compris qu'il n'était pas à sa place ! »

« En observant le mode opératoire des Kogis, j'ai repensé à un conte sushi du XVe siècle qui raconte l'arrivée d'un éléphant dans un village d'aveugles, m'a dit Éric Julien. Pour identifier l'inconnu, les villageois envoient des émissaires qui vont tâter la bête : le premier tombe sur la patte, il revient au village en disant que l'éléphant, c'est une grosse colonne de chair ; le second tombe sur la trompe, et un troisième sur l'oreille, etc. Chacun propose une expérience partielle du réel. C'est comme cela que fonctionne la science occidentale, qui morcèle et segmente, au risque de perdre la vision globale, nécessaire à la compréhension des enjeux. Les Kogis ont une approche beaucoup plus systémique et transversale, telle que la propose Edgar Morin, dont j'ai oublié les mots exacts… » La phrase du sociologue français figure dans son livre *Connaissance, Ignorance, Mystère*, que j'ai cité en introduction : « La dispersion et la compartimentation des connaissances dans les disciplines spécialisées éliminent les grands problèmes qui surgissent lorsque l'on associe les connaissances enfermées dans les disciplines. Aussi les interrogations essentielles sont-elles éliminées. Leur ignorance entretient un ignorantisme qui règne non seulement sur nos contemporains, mais aussi sur des savants et experts ignorants de leur ignorance[26]… »

Conclusion

L'après-covid : comment éviter la prochaine pandémie

« Si nous voulons éviter un effondrement global de nos conditions de vie, les politiques doivent prendre des mesures de toute urgence pour arrêter l'érosion des écosystèmes et réduire drastiquement les inégalités sociales. » Ainsi parlait le professeur Safa Motesharrei, le 24 juin 2020. Bardé de deux doctorats – l'un en mathématiques appliquées aux politiques publiques et l'autre en physique – obtenus à l'université du Maryland, où il enseigne, le jeune chercheur est un esprit vétilleux : bien que nous ayons échangé de vive voix pendant plus de deux heures, il a tenu à m'envoyer une réponse écrite à toutes mes questions. À celle qui lui demandait : « Comment un mathématicien est-il devenu un spécialiste de l'environnement ? », il a répondu : « Les processus naturels qui caractérisent le système Terre peuvent être décrits par la physique. Les mathématiques permettent d'expliquer leur évolution grâce aux équations liées à la dynamique. Étant donné que le système Terre est couplé au système humain à travers des mécanismes de rétroaction bilatérale, l'évolution de ces deux systèmes est conditionnée par les décisions et actions des humains. C'est pourquoi les politiques publiques jouent un rôle crucial dans le domaine de l'environnement. En tant que scientifique, mon but est de rendre service à l'humanité en étudiant les défis auxquels elle est confrontée pour proposer des solutions pragmatiques et faire en sorte que le système Terre et le système humain interagissent harmonieusement. »

Les coûts de l'inaction et les risques d'effondrement

En 2014, Safa Motesharrei a publié une étude très remarquée sous la direction de la météorologue Eugenia Kalnay, dont le but était de modéliser la dynamique qui a conduit à la disparition totale et irréversible de civilisations antérieures comme celle des Mayas, des Empires romain et khmer, du Grand Zimbabwe ou de l'île de Pâques[1]. Pour construire cet outil analytique, baptisé HANDY, il s'est inspiré du modèle « prédateur-proie » des économistes canadiens James Brander et Scott Taylor, dans lequel le prédateur est l'humanité et la proie les ressources naturelles[2]. « Nous avons ajouté un paramètre qui est l'accumulation des richesses, m'a expliqué Safa Motesharrei. Et puis nous avons divisé la population humaine en deux groupes distincts de prédateurs : les "élites", c'est-à-dire les riches, qui consomment les ressources pour s'enrichir, et les "roturiers" (*commoners*), c'est-à-dire les pauvres, qui ne cherchent qu'à survivre. Nous voulions mesurer si l'inégalité économique avait joué un rôle dans l'effondrement de certaines sociétés préindustrielles, outre des facteurs comme le climat ou l'agriculture.

— Quelles furent vos conclusions ?

— Les deux raisons principales de l'effondrement sont une surexploitation des ressources naturelles couplée à une distribution inégalitaire de la richesse produite. Les élites détournent à leur profit la plus grosse part des ressources, qui s'épuisent, conduisant à la mort massive des "roturiers", dont le travail est indispensable pour la création de la richesse. Pendant quelques décennies, les élites continuent de vivre dans leur bulle, mais finissent par être frappées elles aussi par le déclin des écosystèmes. L'exemple parfait est celui de la civilisation maya qui a été rayée de la carte au Xe siècle.

— Comment éviter l'effondrement ?

— Depuis 1950, nous avons doublé notre impact sur la planète tous les dix-sept ans. Seule une politique de développement soutenable qui respecte la capacité de charge (*carrying capacity*) du système Terre nous permettra d'éviter le sort des Mayas[3]. Et ce ne sont pas les solutions technologiques qui nous sauveront, car elles impliquent la consommation croissante de ressources !

— Que signifie la pandémie de covid-19 dans votre scénario ?

— C'est un coup de semonce, m'a répondu sans hésiter Safa Motesharrei. Quand le système Terre devient fragile et perd sa résilience, n'importe quel facteur de stress agit comme un révélateur de la vulnérabilité du système humain. Pour moi, cette pandémie est la preuve que le processus d'effritement qui conduit à l'effondrement est déjà en marche. »

Parmi les soixante-deux scientifiques que j'ai interviewés pour ce livre, il n'en est pas un(e) qui n'ait exprimé son inquiétude pour l'avenir proche de l'humanité. Le terme « coup de semonce » (*wake up call*) est revenu maintes fois, accompagné souvent d'une forte émotion.

« Nous sommes à la croisée des chemins », m'a ainsi dit le biologiste américain Thomas Lovejoy – quatre-vingts ans –, qui a écrit pour la première fois le mot « biodiversité » dans un livre scientifique : « Soit nous choisissons de construire un futur soutenable pour nos petits-enfants, soit, au contraire, nous les condamnons à une existence absolument horrible. L'espoir est porté par des jeunes comme la Suédoise Greta Thunberg, qui seront peut-être capables de changer le comportement des humains. » « J'ai des petits-enfants et je suis très inquiète pour eux, a confirmé Birgitta Evengård, la spécialiste du Grand Nord. C'est pourquoi je soutiens le combat de ma jeune compatriote. » Quant à Malik Peiris, le virologue de Hong Kong, il n'a pas non plus caché son pessimisme : « Je crains que nous n'ayons déjà atteint un point de non-retour qui précède l'effondrement… » Un sentiment partagé par Serge Morand, qui, fidèle à ses habitudes, s'en est sorti par une pirouette : « Quelle est la différence entre un pessimiste et un optimiste ? Le premier dit : ça ne peut pas être pire ; le second : mais si, ça peut ! Donc parfois je suis un peu optimiste ! »

Faire partie des « initiés », de ceux qui savent que « le pire peut arriver », est parfois très lourd à porter : « En famille, on me reproche souvent d'être pessimiste,

Le travail des « chasseurs de bugs »

Les expéditions scientifiques ont débuté avec la colonisation européenne. Le naturaliste Charles Darwin (1809-1882) a acquis ses observations et l'idée de la théorie de l'évolution par la sélection naturelle lors de son voyage à bord du *Beagle* entre les années 1831 et 1836. Les actuelles chasses au virus (les « bugs ») procèdent de ce même besoin d'inventorier le vivant, mais avec l'espoir que la connaissance de tous les virus nous protégera contre de nouvelles émergences de maladies infectieuses.

Elles consistent à capturer des individus de la faune sauvage dans leurs habitats, afin de prélever des échantillons de sang ou d'autres tissus, ou de procéder à des écouvillonnages buccaux et rectaux. Ces prélèvements sont analysés dans les laboratoires de biologie. L'identification de virus (ou autres microbes) nécessite l'extraction du matériel génétique viral, suivi d'une amplification et du séquençage de portions particulières du génome. Les séquences obtenues sont ensuite comparées aux séquences connues et hébergées dans les grandes bases de données génétiques.

L'absence de correspondance suggère que l'on est en présence d'un nouveau virus. Pour le caractériser, il faut alors le mettre en culture cellulaire et séquencer entièrement son génome. Le programme états-unien « Global Virome Project » a l'ambition de caractériser tous les virus des animaux. De la même manière que la mise en collections de l'ensemble du vivant n'est pas suffisante pour lutter contre l'érosion de la biodiversité, on peut craindre que la caractérisation de tous les virus ne soit pas non plus d'une grande aide pour prévenir de prochaines pandémies.

a ainsi admis Rodolphe Gozlan, l'écologue qui travaille en Guyane, père de quatre enfants. Nous avons acquis une lucidité qui nous marginalise, parce que rares sont ceux qui veulent entendre que nous avons embarqué sur un *Titanic.* » « C'est très dur, m'a dit aussi l'Allemand Pierre Ibisch, le professeur de conservation de la nature, père de trois adolescents. J'essaie d'être optimiste dans ma vie privée, mais je ne sais comment préparer mes enfants au monde de souffrances qui se profile. » Certains, comme le Suisse Jakob Zinsstag, le pionnier de One Health, trouvent un soutien dans leurs convictions religieuses : « Je suis marié à une pasteure protestante et suis moi-même chrétien libéral. Je ne pense pas que Dieu va laisser détruire le monde. Je cite souvent Luther qui a dit : "Si on m'annonçait que la fin du monde est pour demain, je planterais quand même un pommier". » L'Australien Philip Weinstein préfère convier le physicien Albert Einstein : « L'idiot est celui qui répète toujours la même chose, en espérant des résultats différents. »

Tous en appellent aux politiques pour qu'ils prennent la mesure du désastre annoncé : « Le prix de l'inaction sera incommensurable, a soupiré l'épidémiologiste britannique Andrew Haynes, initiateur de Planetary Health. N'attendons pas que ce soit irréversible, anticipons ! » Pour Samuel Myers, professeur à Harvard, « nous pouvons encore construire un monde sain, où toutes les formes de vie pourront s'épanouir. Tout dépend de ce que nous faisons ici et maintenant ».

Les dérives de la biosécurité

« Les rongeurs, primates et chauves-souris sont les principaux réservoirs d'agents pathogènes, est-ce qu'il ne faudrait pas les éliminer ? » Cette question a fait bondir tous mes interlocuteurs. Pourtant, elle n'est pas anodine car, ici et là, cette option a été évoquée. « C'est un peu comme Donald Trump qui a suggéré d'abattre les arbres pour qu'il n'y ait plus de feux de forêt », a ironisé Serge Morand. « Si on extermine les chauves-souris, les conséquences écologiques et économiques seront très importantes, a renchéri le virologue gabonais Gaël Maganga. Les espèces insectivores limitent les dégâts des insectes sur les cultures et sont d'excellents pollinisateurs en dispersant les graines. Elles fertilisent les sols avec leur guano. C'est plutôt notre rapport à l'environnement qu'il faut changer. » Quant à la virologue Alice Latinne, qui travaille au Viêtnam, elle a ajouté : « C'est un peu jouer à la roulette russe : plus on dérégule les écosystèmes, plus on augmente le risque d'émergence. »

Parmi les « solutions » proposées pour éviter une prochaine pandémie, il y en a une qui a particulièrement choqué Serge Morand. Elle émane d'une biologiste du zoo de San Diego (Californie) qui, dans un article publié dans *Science*, recommande de conduire une « surveillance sanitaire rigoureuse de la faune sauvage[4] ». « On va mettre des bracelets électroniques aux rats et aux chauves-souris ? » s'est énervé le chercheur français, qui a cité un autre article de juillet 2020, tout aussi « choquant ». Son auteur, un épidémiologiste de l'université de Pékin, propose ni plus ni moins que de « surveiller » les ouvriers agricoles qui travaillent dans les usines à porcs, où pourrait circuler une nouvelle souche du virus grippal H1N1[5]. « Cette dérive biosécuritaire est très inquiétante, a commenté Serge Morand, car elle met sous le tapis les causes de l'émergence d'épidémies. Elle a commencé en 1998, lors de la crise de la vache folle, qui a conduit à l'abattage de 2,4 millions de bovins au Royaume-Uni. Elle s'est poursuivie en 2004, lors de l'épisode de H5N1 où la Thaïlande a ordonné l'abattage prophylactique de 60 millions de poulets, en ciblant les élevages des petits producteurs, alors que les grands élevages industriels – censés être mieux contrôlés – ont été épargnés. Dans le même temps, les autorités ont interdit le repeuplement des basses-cours par les races locales. Conséquence : la diversité génétique des poulets, dont la Thaïlande est pourtant le centre d'origine, s'est effondrée au profit des races européennes industrielles[6]. Notre pratique de la biosécurité va à l'encontre de la biodiversité et finalement de la santé. »

Plus inattendue est la perplexité suscitée par « Global Virome Project » (GVP), lancé en 2018 par Dennis Carrol, un ancien directeur de l'USAID (l'agence de développement des États-Unis) et Peter Daszac, le zoologue britannique fondateur de EcoHealth Alliance, qui fut l'un des principaux bénéficiaires du programme PREDICT (voir chapitre 1)[7]. Le but du GVP est d'identifier et de séquencer les quelque 1 700 000 virus que les mammifères et oiseaux sont censés héberger, dont la moitié seraient susceptibles de « sauter vers les humains ». Une tâche titanesque, dont le coût est estimé à 1,2 milliard de dollars et qui est critiquée pour son… inefficacité à prévenir les prochaines pandémies. La charge est venue de trois virologues britanniques qui, dans le magazine *Nature*, ont rappelé que le séquençage du virus Ebola n'avait pas permis d'anticiper sa résurgence en République démocratique du Congo en mai 2018[8]. « C'est un gaspillage d'argent qui ne sert qu'à faire vivre des organismes privés comme EcoHealth Alliance, a tranché, avec sa franchise habituelle, Bruce Wilcox, le biologiste américain qui vit en Thaïlande. Je connais bien Peter Daszak, qui a collaboré à la revue *EcoHealth* que j'ai créée en 2004... »

De son côté, le professeur Malik Peiris, qui travaille à l'Institut Pasteur de Hong Kong, est plus nuancé : « C'est important de comprendre la diversité virale, mais ça ne suffit pas. Il est bien plus crucial d'identifier les facteurs qui favorisent les émergences, mais pour cela il n'y a pas beaucoup d'argent. » Ce que m'a confirmé le Français Rodolphe Gozlan : « C'est sûr qu'il n'est pas facile de lever des fonds pour préserver des arbres au fin fond d'une forêt tropicale. Pourtant, le séquençage des virus ne servira pas à grand-chose, car leurs caractéristiques, c'est de muter en permanence. » Pour Benjamin Roche, le chercheur de l'IRD qui codirige le laboratoire international du Yucatán (Mexique), le problème, « c'est la vision court-termiste des politiques qui sont prêts à mobiliser de l'argent pour le développement d'un vaccin – souvent abandonné comme pour le chikungunya ou le Zika – ou un traitement, car leur effort est immédiatement visible, et qui ne comprennent pas qu'à long terme il est plus rentable de soutenir les paysans asiatiques pour qu'ils arrêtent de déforester ». Quant à Serge Morand, il a dénoncé un « miroir aux alouettes » : « Le GVP fait miroiter que, grâce au séquençage systématique, on va pouvoir préparer les antiviraux et les brevets qui vont avec. C'est comme chercher une aiguille dans une botte de foin !

— Comment expliquez-vous que Peter Daszac ait refusé de m'accorder une interview ?

— Parce qu'il a vu que nous collaborions ! Comme de nombreux scientifiques européens, je pense que le GVP mobilise beaucoup d'argent, qui, du coup, n'est plus disponible pour mener de véritables actions de prévention dans les pays du Sud. » C'est aussi l'avis de Jean-François Guégan, le spécialiste de l'ulcère de Buruli, qui a soupiré : « Il y a une tendance aujourd'hui qu'on appelle l'“infectiologie exploratoire” qui prétend décrire les monstres de demain. Mais ce sont nous qui les créons et les sortons du bois. »

Limiter la croissance démographique et réduire la pauvreté

Il est une autre « solution » maintes fois évoquée, qui fait aussi l'unanimité contre elle : l'interdiction pure et simple de la consommation de viande de brousse. « C'est comme si on interdisait aux Français de manger du sanglier ou du lièvre ! a balayé Robert Nasi, le directeur du Centre pour la recherche forestière internationale (CIFOR), depuis l'Indonésie. En Afrique centrale, où il n'y a pas d'élevage, on consomme 5 à 6 millions de tonnes de viande de brousse par an. Si on veut produire l'équivalent en bœuf, il faut déforester 15 millions d'hectares. On ne peut pas empêcher des gens qui sont souvent mal nourris de consommer le gibier, qui représente leurs seules sources de protéines animales. » « Au Gabon, la chasse des espèces autorisées est ouverte pendant la moitié de l'année, a expliqué Gaël Maganga. Nous menons des campagnes d'éducation des chasseurs, pour qu'ils manipulent le gibier en toute sécurité. En revanche, il faut être intraitable avec les braconniers qui traquent les espèces protégées, comme le pangolin, l'éléphant ou les grands singes. » « Les mesures contre les trafiquants d'animaux menacés d'extinction devraient être renforcées, a ajouté la primatologue Sabrina Krief. Car, pour l'heure, les frontières sont beaucoup plus poreuses que pour la drogue. »

L'argument vaut aussi pour les fameux « *wet markets* » chinois, comme celui de Wuhan, où a travaillé Rodolphe Gozlan : « D'abord, il faut éduquer les nouveaux riches qui veulent épater la galerie en mangeant du pangolin ou du rhinocéros. Pour le reste, il faut imposer des conditions et des contrôles sanitaires beaucoup plus stricts. Mais, d'une manière générale, en Asie comme en Afrique, c'est à la pauvreté que nous devons nous attaquer, et donc au problème de la croissance démographique. Tant qu'on vit dans la pauvreté, on ne peut pas s'occuper de protéger la nature. » Cet avis est partagé par le Canadien David Rapport, qui a fait référence à la théorie de la « transition démographique » de l'Américain Warren Thompson (1887-1973), montrant le lien entre le taux de fertilité des femmes et leur statut économique : plus on est pauvre, plus on fait d'enfants, et plus on a du mal à nourrir sa famille.

« Lorsque nous avons lancé notre programme One Health au Tchad, les femmes nomades nous ont demandé d'y inclure la planification familiale, car elles n'en pouvaient plus d'être tout le temps enceintes, a témoigné Jakob Zinsstag, qui bourlingue en Afrique depuis quarante ans. Quant aux grandes villes africaines, elles sont devenues un enfer en raison de l'explosion de leur population et de la pauvreté. » Pour le biologiste mexicain Gerardo Suzán, ce sont effectivement les « quartiers insalubres » qu'il faut éradiquer, car ils concentrent « la misère, une forte densité humaine, aux abords des espaces naturels de plus en plus fragmentés ». Sir Andrew Haynes a enfoncé le clou : « La santé planétaire est impossible tant qu'on ne résoudra pas la question des inégalités sociales qui constituent le moteur de la bombe écologique. »

Dans un article qu'il a cosigné entre autres avec Benjamin Roche[9], Jean-François Guégan souligne à ce propos la différence entre ce qu'on appelle en anglais « *hazard* » (danger ou aléa) et le « risque » : « Le danger microbien existe : si vous allez au marigot et que vous avez une plaie, vous pouvez être infecté par une mycobactérie. Mais il y a un deuxième paramètre qui est l'exposition : si vous avez peur de l'eau, la probabilité d'attraper un ulcère de Buruli est quasiment nulle ; si vous n'êtes pas exposé au microbe, vous n'aurez jamais la maladie. Enfin, il y a un troisième paramètre qui est la vulnérabilité individuelle ou collective, que provoque la précarité, la malnutrition et l'absence d'accès aux soins. Le risque est le produit de la combinaison entre le danger, l'exposition et la vulnérabilité. Il faut donc diminuer le niveau de vulnérabilité des populations en améliorant leurs conditions de vie et en supprimant ces poches de misère qui font partie de ce que j'appelle les "territoires d'émergence". Et là, on a besoin des politiques. »

Gestion participative avec les communautés locales et réserves de biosphère

Comment concilier la conservation de la biodiversité et le développement des communautés ? Cette question est au cœur du projet « Pour un nouvel équilibre forêt-faune-populations en Ouganda » qu'a initié en 2017 Sabrina Krief sur le site du Parc national de Kibale, en collaboration avec des partenaires locaux. L'aire protégée comprend 776 kilomètres carrés de forêt tropicale humide, entourée de villages très peuplés. « Petit à petit, je suis sortie de mon silo, comme on dit en sciences, c'est-à-dire de ma recherche exclusive sur les chimpanzés, m'a raconté la primatologue. Je suis entrée en contact avec les villageois qui vivent dans une situation de grande pauvreté et de malnutrition. Poussés par les sirènes de l'agrobusiness, ils ont planté à la lisière du parc des monocultures très peu rentables de bananes plantain et de "maïs rouge", dont les semences sont enrobées d'imidaclopride, un insecticide de la famille des néonicotinoïdes. Ils sont très remontés contre les chimpanzés qui pillent leur maïs, car pour eux c'est une aubaine : avec six épis ils ont leur ration alimentaire de la journée ! Or, depuis quelques années, j'avais constaté une explosion des malformations congénitales jusque-là inconnues chez les primates, comme des becs de lièvre, la dysplasie faciale, mais aussi des troubles de la reproduction[10]. J'ai donc mené une étude sur l'eau des rivières qui traversent le parc, et j'ai découvert la présence de treize pesticides, dont plusieurs agissent comme des perturbateurs endocriniens[11]. Je me suis dit qu'il fallait faire quelque chose, car il n'y avait pas de raison que les effets des pesticides épargnent les villageois. De plus, les chimpanzés défèquent dans les champs, où les paysans marchent pieds nus, ce qui d'un point de vue sanitaire est catastrophique. »

C'est ainsi qu'est né un projet de développement global, fondé sur la gouvernance participative avec les communautés riveraines du parc. Le but est de réduire l'insécurité alimentaire et la pauvreté, tout en préservant la biodiversité, par une gestion durable des ressources naturelles. À terme, le maïs sera remplacé par des cultures biologiques non appétentes pour les chimpanzés, comme le thé, la vanille ou les piments, qui constitueront une zone tampon entre l'aire protégée et les productions vivrières des familles, appelées à se diversifier (pisciculture, insectes comestibles ou plantes médicinales). L'objectif est aussi d'inciter les villageois à préserver leur environnement : patrouilles antibraconnage, ateliers pédagogiques, ramassage des déchets plastiques le long de la route qui traverse le parc. « Ce n'est qu'en alliant les scientifiques, les communautés et les politiques que nous pourrons nous en sortir », s'est enthousiasmée la primatologue, qui est soutenue par le Muséum d'histoire naturelle et par l'Unesco.

De fait, le projet en Ouganda s'inspire du concept des « réserves de biosphère » que l'Unesco promeut depuis 1971 dans le cadre de son programme « Man and Biosphere » (MAB, voir chapitre 3). Cinquante ans plus tard, l'organisation onusienne a accordé ce statut à sept cent un territoires (dont douze transfrontaliers), situés dans cent vingt-quatre pays, qui couvrent une superficie équivalente à celle de l'Australie et où vivent 260 millions de personnes[a]. Chaque réserve de biosphère comprend une « aire centrale », où l'écosystème animal et végétal est strictement protégé ; puis une « zone tampon » où sont développées des activités « écologiquement viables », comme l'agriculture biologique ou la recherche et la formation scientifiques ; enfin, une « zone de transition » où sont autorisées toutes sortes d'activités contribuant au bien-être économique et social des populations.

« Les réserves de biosphère sont la preuve qu'un mode de vie durable n'est pas seulement possible, mais qu'il existe déjà, m'a expliqué Meriem Bouamrane, spécialiste du programme MAB à l'Unesco, lors de notre entretien le 4 juin 2020. Elles permettent aussi de tester des approches novatrices de développement durable au niveau local, qui contribuent à la réalisation des objectifs du développement durable de l'ONU[b]. Je précise qu'un territoire ne peut obtenir ce statut s'il n'y a pas d'humains qui y vivent. Car, contrairement à certains fondamentalistes radicaux de la protection

---

a La répartition géographique des réserves de biosphère était en 2020 la suivante : Afrique (79), région des États arabes (33), Asie et Pacifique (157), Europe et Amérique du Nord (302), Amérique latine et Caraïbes (130).

b Au nombre de dix-sept, les objectifs du développement durable (ODD) font partie du programme onusien pour éradiquer la pauvreté, intitulé « Transformer notre monde. Le programme de développement durable à l'horizon 2030 ».

de la nature, nous ne pensons pas que le problème, c'est l'humain, mais le système économique dominant. Les réserves de biosphère sont ce que j'appelle des "cercles de vie", où l'humain retrouve sa place dans la grande chaîne du vivant. Par exemple, la Sierra Nevada de Santa Marta en Colombie, où vivent les Kogis, a obtenu le statut en 1979, la baie de Dublin en 1981, ou encore le territoire des Vosges-Palatinat en 1998, parce que leurs habitants partagent des valeurs communes, fondée sur l'alliance entre les humains et la nature. »

Le 7 mai 2020, Meriem Bouamrane a cosigné avec cinq scientifiques, dont Serge Morand, une tribune dans le quotidien français *Libération*, intitulée « Le temps de la solidarité écologique est venu[12] », qui commence par une citation du « grand biologiste, explorateur et humaniste » Théodore Monod (1902-2000) : « L'homme doit seulement découvrir qu'il est solidaire de tout le reste. » « La solidarité écologique, c'est un vrai changement de paradigme, m'a expliqué Meriem Bouamrane, car cela implique que chacun d'entre nous prenne conscience que nous sommes tous dépendants des autres et du monde du vivant. C'est l'un des mérites de la pandémie : grâce au confinement, nous avons pu faire une pause, en arrêtant de tourner comme le hamster dans sa roue, pour expérimenter individuellement et collectivement ces interconnexions. Nous avons découvert que nous dépendons des soignants ou des agriculteurs, mais aussi d'un virus minuscule qui a surgi d'une forêt à l'autre bout de la planète. Chacun de nous doit assumer sa part de responsabilité : les citoyens, les entreprises, les gouvernements et les organisations internationales.

Ensemble nous devons repenser nos modes de production et de consommation, pour qu'ils soient conformes à l'impératif de solidarité écologique. Comme l'a dit le pape François dans son encyclique *Laudato si'*, que nous citons dans notre tribune, il s'agit d'écouter "tant la clameur de la Terre que la clameur des pauvres". La maison brûle, mais je pense que nous vivons aussi un moment unique où nous pouvons rebattre les cartes. Moi, je suis plutôt du côté des optimistes lucides… »

Changer de paradigme économique, réduire l'industrialisation de l'élevage et promouvoir l'agroécologie

À l'instar de Meriem Bouamrane, tous les scientifiques qui se sont exprimés dans ce livre appellent à un changement de paradigme économique, qui remette en cause le sacro-saint principe de la croissance du produit intérieur brut. Je dois dire que j'ai été très surprise d'entendre des virologues ou des parasitologues, que j'imaginais scotchés sur une paillasse, m'expliquer que le fameux PIB était l'une des causes principales de l'émergence de maladies infectieuses. « Le concept de croissance économique est un non-sens total, a ainsi affirmé Malik Peiris, qui a isolé le virus du SARS. Les économistes et politiques ne savent pas compter ce qui compte. » « Nul besoin d'être fort en maths pour comprendre qu'une croissance quantitative illimitée – toujours plus de production et toujours plus de consommation – sur une planète limitée en termes de ressources et de capacité d'absorption des déchets est mathématiquement impossible, a ironisé Safa Motesharrei, qui a publié en 2016 une étude sur le sujet[13]. En revanche, je ne vois pas de limites à la croissance de la créativité, de l'intelligence, de la santé physique et mentale ou de la qualité de la vie. »

« Le PIB est un faux ami, a précisé le zoologue Bruce Baylis, car son calcul ne tient pas compte des externalités, c'est-à-dire des coûts environnementaux liés à son augmentation. » « Il faut complètement revoir le système des incitations financières, a ajouté l'économiste et écologue David Rapport, en identifiant clairement les activités qui détruisent les écosystèmes et celles qui, au contraire, favorisent leur santé. Les premières doivent être lourdement taxées et les secondes subventionnées. Actuellement, c'est l'inverse qui se produit. » Pour l'épidémiologiste Andrew Haynes, la « société postcovid » ne pourra émerger que si les « politiques acceptent de changer leur logiciel ». Il cite l'exemple de Jacinda Ardern, la Première ministre de Nouvelle-Zélande, qui, à quarante ans, incarnait en 2020 la « nouvelle génération de politiques, dont nous avons besoin à l'heure de l'anthropocène. Malheureusement, elle est bien seule ». Et son collègue Samuel Myers d'enfoncer le clou : « Nous devons tout faire différemment : produire, manger, nous chauffer ou déplacer. »

La question de la surconsommation de viande, stimulée par l'industrialisation de l'élevage, apparaît cruciale à cet égard, comme l'affirmait le 22 juillet 2020 le titre d'un communiqué de presse du CIRAD, l'organisme de recherche pour lequel travaille Serge Morand : « Accroissement du bétail : un facteur pandémique mondial. » Il présentait la dernière étude publiée par le chercheur dans *Biological Conservation*[14], qui a été largement commentée par la presse. Il faut dire qu'elle fait froid dans le dos. On se souvient que Serge Morand avait montré que les épidémies de zoonoses étaient liées aux pertes de biodiversité, mesurées par le nombre d'espèces sauvages menacées (voir chapitre 3). Il a réactualisé ses données, qui couvrent la période 1960-2019, en ajoutant deux paramètres : le nombre de têtes de bétail et de maladies des animaux domestiques. Et il a constaté que « la relation entre le nombre d'espèces en danger et celui des épidémies augmente jusqu'à atteindre un pic avant de diminuer. Le risque épidémique est alors corrélé à l'augmentation du nombre de têtes de bétail ».

« Pour moi, c'est une grosse alerte, m'a-t-il expliqué. Tout indique que la biodiversité a atteint ses derniers soubresauts : la disparition des animaux sauvages est telle que bientôt ils ne se seront plus capables de nous fournir de nouveaux pathogènes. Ce sont les animaux domestiques, en particulier les bovins, qui ont pris le relais. De fait, le bétail a un double impact renforçant le risque pandémique : il a besoin de protéines végétales, ce qui contribue à la diminution des espaces où vit la faune sauvage, et il sert de pont épidémiologique pour le passage des agents infectieux zoonotiques aux humains. Le bétail est devenu le principal facteur pandémique.

— C'est ce que vous appelez l'"ère du bovinocène" ?

— Tout à fait ! C'est l'une des caractéristiques de l'anthropocène. Récemment, l'écologue et vétérinaire Bernard Hubert, qui siège à l'Académie d'agriculture, a évoqué l'inversement de la mobilité animale : autrefois, les animaux bougeaient localement, comme le poulet dans sa basse-cour et les vaches dans les prairies ;

L'ère du « bovinocène »

Entre 1960 et 2017, le nombre de bovins vivant sur la planète est passé de moins de 500 millions à près de 1,6 milliard, celui des cochons de 500 millions à 1,5 milliard, celui des poulets de 5 milliards à plus de 20 milliards. Le nombre d'animaux d'élevage est devenu tel que leurs poids cumulés est plus important que celui de l'ensemble des humains et de toute la faune sauvage terrestre. Nous sommes entrés dans l'ère du bétail, le « bovinocène », du latin *bovinus*.

Ces animaux d'élevage sont de plus en plus « produits » dans des mégafermes industrielles nommées CAFO (« *concentrated animal feeding operation* »), apparues aux États-Unis avant de se propager sur toute la planète. Une unité d'élevage industriel correspond à au moins 1 000 bovins ou 2 500 porcs, ou encore 125 000 poulets. Le Royaume-Uni est le pays européen le plus avancé dans ce modèle, avec plus de huit cents mégafermes recensées en 2017. Les deux plus grandes fermes hébergent pour l'une 23 000 porcs et pour l'autre 3 000 bovins. Pendant ce temps, 37 % des races de poulets sont menacées d'extinction, 35 % des races de cochons et 31 % des races de vaches.

aujourd'hui, ils sont enfermés dans des mégafermes et, quand ils bougent, c'est pour être vendus, morts ou vivants, à l'autre bout de la planète. L'Union européenne ne devrait plus encourager ce genre de dérives, en réorientant les subventions agricoles de la PAC vers les pratiques agricoles qui s'inscrivent dans un développement multifonctionnel et résilient des territoires. »

Cet avis est partagé par l'agronome Georg Cadisch, qui dirige l'Institut de l'agriculture tropicale à l'université de Hohenheim : « Il faut arrêter de penser la production alimentaire en termes de filières compétitives, en cessant de découpler la production primaire (les cultures) et secondaire (l'élevage). Concrètement, il ne faut plus importer du soja du Brésil pour nourrir les vaches allemandes. » Pour le chercheur, la Suisse est un exemple à suivre : « Les paysans n'y sont pas considérés comme des producteurs d'aliments, payés à la tonne de maïs ou de patates, mais comme des jardiniers des paysages, qui sont aussi rémunérés pour les services écosystémiques qu'ils rendent à leur communauté. À grande échelle, ce n'est possible que si les politiques cessent de subventionner la malbouffe, en soutenant activement l'agriculture biologique et les circuits courts de distribution des aliments. »

« Il faut une vraie volonté politique d'investir dans les biens communs, a abondé Anne Larigauderie, secrétaire exécutive de la Plateforme intergouvernementale d'expertise sur la biodiversité et les services écosystémiques (IPBES). L'avenir de l'agriculture, ce ne sont pas les pesticides ni les monocultures, mais l'agroécologie, qui est aussi bonne pour le climat, la biodiversité et la santé. Du coup, on pourrait faire d'une pierre trois coups ! À condition aussi de réduire notre consommation de viande rouge, ce qui contribuera à réduire la déforestation en Amazonie et ailleurs. »

Limiter au maximum la « déforestation importée »

« Il faut que les pays du Nord balaient devant leur porte, a renchéri avec fermeté Robert Nasi, le directeur du CIFOR. En important du soja pour nourrir leurs animaux, ou de l'huile de palme pour mettre dans leurs moteurs et leurs aliments transformés, ils participent à la déforestation et donc à l'émergence de maladies infectieuses. C'est trop facile de donner des leçons aux pays du Sud, il est temps d'être cohérent en prenant des mesures pour limiter au maximum la déforestation importée. » Ce concept de « déforestation importée » est l'objet d'une motion qui sera présentée lors du Congrès mondial de la nature, organisé à Marseille par l'Union internationale de la conservation de la nature (IUCN, voir chapitre 2). Initialement prévu en juin 2020, le rassemblement a été repoussé à l'automne 2021 en raison de la pandémie. « Le but de cette motion, portée par la France, est de souligner le fait que tous les achats des consommateurs européens – bois, huile de coco[15] ou bœuf importé du Brésil – ont un impact environnemental dans les pays sources, m'a expliqué, le 4 juin 2020, Didier Bazile, un agroécologue du CIRAD également membre du comité français de l'IUCN. Au départ, il y avait deux propositions similaires : l'une émanait du ministère de la Transition écologique, l'autre du CIRAD et du comité français de l'IUCN. Le comité d'évaluation des motions nous a demandé de les fusionner, ce qui a conduit à un dialogue fructueux sur la meilleure manière de porter ce plaidoyer, qui pourrait être un premier pas vers la création d'une gouvernance mondiale visant à développer la solidarité écologique entre les nations. »

La primatologue Sabrina Krief a participé activement à la rédaction de la motion, qu'elle défendra au nom de la France lors du congrès de Marseille : « Si l'on veut à la fois lutter contre l'extinction de la biodiversité, le dérèglement climatique et le risque pandémique, il faut absolument préserver les forêts tropicales, a-t-elle résumé avec son enthousiasme habituel. Les grands singes sont l'espèce emblématique pour ce triple défi, essentiel pour la survie de l'humanité. À Marseille, je serai accompagnée de paysans et collègues ougandais, qui expliqueront pourquoi préserver les chimpanzés c'est aussi protéger notre santé et notre avenir. »

Promouvoir la « science des solutions » et le dialogue avec les citoyens

« Voir un lien entre la pollution de l'air, la biodiversité et le covid-19 relève du surréalisme, pas de la science ! » affirmait, comme on l'a vu dans l'introduction, le philosophe Luc Ferry dans *L'Express* du 30 mars 2020, où il fustigeait les écologistes qui « confondent crise sanitaire et crise environnementale dans un but de récupération politique ». La phrase de l'ancien ministre français de l'Éducation nationale et de la Recherche (2002-2004) a passablement énervé Anne Larigauderie, la secrétaire exécutive de l'IPBES : « Comment un intellectuel peut-il faire preuve d'une ignorance aussi crasse ? Quand on ne connaît pas un sujet, mieux vaut s'abstenir de parler ! Le déni est l'un de nos plus redoutables ennemis, car, comme on l'a vu avec le climat, il encourage l'inaction des politiques. »

S'il ne nie pas ce déni mortifère des politiques, l'Australien Philip Weinstein n'hésite pas à pointer également la responsabilité des scientifiques eux-mêmes, « enlisés dans un réductionnisme stérile ». Cet avis est partagé par tous ceux et celles que j'ai interviewés pour ce livre. « La science moderne fonctionne en silos, c'est-à-dire qu'elle est rigoureusement cloisonnée en disciplines extrêmement spécialisées », a abondé Andrew Haynes, l'instigateur de Planetary Health. « À l'université de Bâle, je vois ce réductionnisme au quotidien, a renchéri Jakob Zinsstag. Le savoir humain a tellement explosé qu'on parle aujourd'hui de "fardeau du savoir". Dans mes cours, je montre toujours une photo de la pierre tombale du Néerlandais Érasme, mort à Bâle en 1536. Ce fut l'un des derniers génies universels capables d'embrasser l'ensemble des connaissances. Aujourd'hui, ce n'est plus possible. Mais il n'empêche : l'excellence disciplinaire n'exclut pas l'interdisciplinarité qui constitue une indispensable valeur ajoutée. »

En 2015, le chercheur mexicain Gerardo Suzán a cosigné une étude, avec notamment Benjamin Roche, qui tirait les enseignements des épidémies d'Ebola en soulignant la nécessité d'une approche transdisciplinaire pour résoudre les « problèmes complexes que posent les maladies zoonotiques pour le bien-être humain et animal[16] ». « Ce que nous avons écrit il y a cinq ans, m'a-t-il expliqué, vaut parfaitement pour la covid-19 : si nous voulons éviter la prochaine pandémie, il faut faire travailler ensemble les virologues, parasitologues, zoologues, épidémiologistes, médecins, vétérinaires, agronomes, géographes, mathématiciens, sociologues, économistes, anthropologues et écologues. » « C'est absolument indispensable, m'a confirmé Assaf Anyamba, le chercheur de la NASA. Aucune discipline n'est capable à elle seule de résoudre le défi du risque épidémique ni d'ailleurs du changement climatique. » Quant à la primatologue Sabrina Krief, elle a souligné une « douloureuse réalité » : « Nous sommes tributaires des financements. Malheureusement, les organismes de recherche ne privilégient pas les projets transdisciplinaires… » Ce regret est revenu en boucle dans la bouche de tous mes interlocuteurs, parfois avec une extrême prudence, « de peur de perdre l'accès aux financements ».

« La pluridisciplinarité constitue clairement un frein à la carrière », m'a assuré Serge Morand : « J'ai payé très cher le fait d'être un chercheur atypique : cela fait huit ans que je suis bloqué dans ma progression au CNRS. J'ai démissionné de toutes mes responsabilités parce que j'en avais marre de siéger dans des conseils scientifiques où on discute de tout sauf de science et où la principale activité consiste à évaluer le travail des autres. » C'est ainsi que, pour poursuivre ses recherches, l'écologue de la santé s'est « expatrié d'office » en Thaïlande : « L'avantage, c'est que je prends moins l'avion, ce qui réduit le risque pandémique. (*Rires.*) Plus sérieusement, la globalisation effrénée, qui trimbale des milliards de passagers, animaux et marchandises d'un bout à l'autre de la planète, est une partie importante du problème. On ne devrait pas financer la relance du trafic aérien et du tourisme international, dont je vois les effets destructeurs tous les jours en Thaïlande. »

Avec son collègue Kittipong Chaisiri, parasitologue et écologue de la santé comme lui, il a ouvert un laboratoire de terrain dans un petit dispensaire du district de Tha Wang Pha, dans la province de Nan (à 600 kilomètres au nord de Bangkok), en collaboration avec le gouvernement local : il y étudie l'effet dilution, conduit un suivi sanitaire des rats et autres animaux sauvages, organise des campagnes de prévention de la leptospirose ou de l'antibiorésistance pour les paysans, ou encore évalue les programmes de reforestation. « Ce que fait Serge en Thaïlande devrait être fait partout, m'a expliqué le biologiste américain Bruce Wilcox, qui le fréquente régulièrement à Bangkok. Malheureusement, il n'y a pas d'argent pour ça. »

Bien souvent, lors de mes entretiens virtuels, j'ai senti à ce propos une « immense frustration », pour reprendre les mots du parasitologue américain Daniel Brooks, l'inventeur du « paradigme de Stockholm » : « Quand on voit les milliards de dollars qui sont déversés sur les laboratoires privés et les grandes institutions de recherche pour mettre au point un éventuel vaccin, m'a-t-il lâché, ça laisse rêveur… »

« D'autant plus qu'il n'est pas sûr que le vaccin soit efficace, a renchéri Jean-François Guégan, qui fut membre du Haut Conseil de la santé publique de France. Pour produire un vaccin, il faut entre deux et douze ans et, généralement, c'est plutôt douze que deux. Il y a actuellement moins de quarante vaccins qui fonctionnent, pour des milliers qui ont été abandonnés, dont celui contre le sida. En attendant, des milliards sont pompés par des chasseurs de prix Nobel… » Pour Samuel Myers, chercheur à Harvard,

« les institutions de recherche ne sont pas adaptées pour relever les défis de l'anthropocène. Je ne dis pas qu'il faut cesser de travailler sur les vaccins, mais cette activité ne doit pas être conduite au détriment de la recherche transdisciplinaire, qui seule permettra de résoudre l'urgence sanitaire sur le long terme. Cela suppose notamment de revoir complètement la formation des médecins, afin qu'ils acquièrent une vision holistique de la santé, grâce à un échange permanent avec d'autres disciplines ».

C'est aussi ce que pense le vétérinaire Jakob Zinsstag, qui a présidé en juillet 2020, avec le Japonais Tateo Arimoto, professeur en sciences politiques, un groupe de travail pour le Global Science Forum de l'OCDE sur la « recherche transdisciplinaire comme moyen de répondre aux défis sociétaux[17] » : « Nous avons fait des recommandations aux gouvernements, aux universités et aux bailleurs de fonds pour que les scientifiques développent une nouvelle compétence d'excellence, à savoir la capacité de créer des ponts épistémologiques et un langage commun entre les différentes disciplines. Le but était aussi de redéfinir le rôle de la science à l'heure de l'anthropocène. »

Cette question a fait l'unanimité chez tous mes interlocuteurs : « La meilleure science, qu'elle soit fondamentale ou appliquée, est celle qui rend service à la société », m'a ainsi déclaré le mathématicien Safa Motesharrei. « N'ayons pas peur de dire que nous avons besoin d'une science des solutions qui contribue à résoudre les graves problèmes contemporains, a martelé Richard Ostfeld, l'inventeur du concept de l'effet dilution. Cela implique que les scientifiques sortent de leur tour d'ivoire pour parler aux politiques, aux journalistes, aux professionnels de l'éducation ou aux entreprises. » Pour la Finlandaise Tiina Laatikainen, « la science faillit à sa mission quand elle ne s'implique pas dans le processus des décisions politiques ». L'Allemand Georg Cadisch va encore plus loin : « La situation est tellement grave que les scientifiques doivent impérativement s'engager en faisant pression sur les politiques et en contribuant à la mobilisation des citoyens et de la jeunesse. Pour cela, il faut que leur savoir montre non seulement qu'un autre monde est possible, mais qu'il est désirable. » Pour Jakob Zinsstag, « cela n'est possible que si les scientifiques acceptent de collaborer avec ceux que j'appelle les "sachants non académiques", c'est-à-dire avec les militants locaux, qui sont aussi des experts de terrain. Seul ce dialogue permettra de produire un savoir de transformation ». Serge Morand en est bien sûr d'accord et souligne le « déficit de crédibilité dont souffre la science auprès des citoyens » : « Il est impératif de créer un vrai dialogue entre science et société, qui permette de se nourrir mutuellement, pour que triomphe la force de changement, dont nous avons besoin de toute urgence. »

Tous les hommes et femmes de science qui ont accepté de me confier leurs paroles ont ainsi salué le courage et l'engagement des citoyen(ne)s qui, partout dans le monde, « bricolent, expérimentent, essaient des alternatives locales, visant à renverser le globalisme », pour reprendre les mots de Bruce Wilcox. « L'histoire nous enseigne que les changements sociaux majeurs, comme l'abolition dc l'esclavage ou le droit de vote des femmes, sont toujours survenus grâce aux citoyens qui se sont levés et ont dit :

“Ça suffit !” », a commenté Samuel Myers. Quant à Felicia Keesing, la spécialiste des tiques, elle a cité Eleanor Roosevelt, l’épouse du président américain des années 1930 : « Où commencent les droits de l’homme universels ? Tout près de chez nous, en des lieux si près et si petits qu’ils ne figurent sur aucune carte du monde… »

Postface à l'édition de poche

Un virus *Made in China* ?

Onze mois se sont écoulés depuis que j'ai terminé l'écriture de ce livre. Et un constat s'impose : les inquiétudes exprimées par les scientifiques, tout au long de ces pages, se sont confirmées. Comme le soulignait le professeur David Brook (voir chapitre 6), le virus SARS-CoV-2 « est désormais présent partout dans le monde » et tout indique qu'effectivement « nous ne pourrons jamais nous en débarrasser ». En d'autres termes : il va falloir apprendre à vivre avec le coronavirus qui, comme tous les virus à ARN (grippe, sida, etc.), présente une extraordinaire capacité à muter et à se recombiner. Depuis son émergence, le virus défie les autorités sanitaires, en enchaînant les variants et relançant chaque fois une nouvelle vague épidémique : le variant alpha, identifié en Angleterre, puis le bêta originaire d'Afrique du Sud, suivi du gamma brésilien, puis du delta indien à partir du printemps 2021. Pas besoin d'une boule de cristal pour prédire que d'autres suivront.

Même si, près de deux ans après le début de la pandémie, beaucoup reste à apprendre sur ses origines et ses effets, plusieurs des hypothèses majeures et des pistes évoquées par mes interlocuteurs dans ce livre ont été largement confirmées, et il m'a paru important d'en proposer ici un bref « état des lieux » accompagnant cette réédition.

L'hypothèse de la biodiversité est confirmée

Au moment où Serge Morand écrivait sa préface, le 30 novembre 2020, plus de 60 millions de personnes avaient été officiellement infectées dans le monde et près de 1,5 million en étaient décédées. Le 23 octobre 2021, selon les données fournies par l'université Johns Hopkins, le nombre des personnes contaminées s'élevait à plus de 240 millions et, en dix-huit mois, la covid-19 a fait près de 5 millions de victimes. Pas l'ombre d'un doute, nous avons bien affaire à une pandémie, plus meurtrière qu'une « grippette », puisque son taux de létalité[a] est d'environ 2 % – soit vingt fois plus que celui d'une « banale » grippe saisonnière, qui tue quand même entre 290 000 à 650 000 humains chaque année. Notons que les données de Johns Hopkins peuvent être sous-évaluées, puisqu'il est fort probable que le nombre de personnes infectées dans le monde soit bien supérieur, en raison d'un nombre élevé de cas asymptomatiques, par définition difficiles à quantifier ; ce qui pourrait signifier que le taux de létalité du

a Nombre de décès rapporté au nombre total des infections, à distinguer du taux de mortalité, qui désigne le nombre de décès rapporté à toute la population.

SARS-CoV-2 est en fait plus bas. Mais si l'on s'en tient au bilan officiel, on peut dire que le taux de létalité de la pandémie de covid-19 est similaire à celui de la « grippe espagnole », estimé à 2,5 %. Laquelle a tué, selon les sources, de 50 à 100 millions de personnes entre mars 1918 et juillet 1921, sur une population mondiale totale de 1,8 milliard (contre 7,7 milliards aujourd'hui). On le voit : le bilan du virus H1N1 au lendemain de la Grande Guerre fut bien plus sévère que celui du SARS-CoV-2. La différence, dont on ne peut que se réjouir, tient à l'extraordinaire capacité de contagion et à l'extrême pathogénicité de la souche grippale, qui a tué dans certaines contrées du monde (comme en Inde) jusqu'à 50 % des personnes contaminées, majoritairement âgées de vingt à trente-cinq ans. C'est là une autre différence notoire avec le coronavirus, qui épargne généralement les jeunes – pour la plupart asymptomatiques –, sauf s'ils présentent des facteurs de comorbidité, désormais bien identifiés : obésité, diabète, hypertension, maladies chroniques et auto-immunes.

Depuis que mon livre est sorti en février 2021, j'ai donné de multiples interviews et fait de nombreuses conférences. Et je dois dire que le chapitre 5, intitulé « Les maladies non transmissibles : l'hypothèse de la biodiversité », a particulièrement retenu l'attention de mes interlocuteurs et lecteurs (50 000 à ce jour). Onze mois plus tard, les données confirment ce que les scientifiques avaient alors prudemment avancé : contrairement aux craintes exprimées régulièrement dans la presse, il n'y a pas eu d'hécatombe en Afrique, notamment dans les zones rurales, présentant une riche biodiversité. J'ai pu le constater de mes propres yeux, lorsque je me suis rendue au Gabon en avril 2021, pour tourner le documentaire qui accompagnera mon livre. J'y ai rencontré (physiquement !) le virologue Gaël Maganga (voir chapitre 3), que j'ai suivi au fin fond de la forêt tropicale qui recouvre plus de 90 % du pays. Je n'oublierai jamais les milliers de chauves-souris que nous avons filmées dans une grotte, après dix heures de route sur des pistes défoncées, puis deux heures de marche en pleine jungle. Le chercheur de Franceville y traque régulièrement le virus Ebola, dont le taux de létalité peut atteindre 90 % – selon les souches –, mais aussi les coronavirus. « Dans mon laboratoire, nous avons identifié deux coronavirus qui font partie de la même famille que le SARS-CoV-2, celle des bêta-coronavirus, m'a-t-il expliqué. Ils ne sont pas dangereux pour les humains, mais peuvent leur conférer une immunité partielle, lors d'une exposition à travers des animaux sauvages ou domestiques qui ont été en contact avec les chauves-souris. »

Lors de ce voyage, nous avons aussi filmé dans un village de chasseurs, du côté de Lastourville, où les autorités coutumières et les familles ont évoqué la covid-19 comme une lointaine maladie qui « frappe les pays riches ». De fait, le Gabon enregistrait, au moment où j'écris ces lignes, 34 000 personnes infectées – principalement dans la capitale Libreville, mais aussi à Franceville – avec 213 morts pour une population de 2 millions d'habitants. Si on se fonde sur les données de l'université Johns Hopkins, le taux de mortalité de la covid-19 y était de 0,01 % (ou 10 morts pour 100 000 habitants), et le taux de létalité de 0,6 %. « C'est très faible, m'a commenté Gaël Maganga, ce qui confirme l'hypothèse de la biodiversité : les villageois gabonais sont protégés par leur contact permanent avec un environnement très biodivers, que ce soit en termes de végétation, d'animaux sauvages ou domestiques, ou de microbes et parasites de toutes sortes. Dans les zones rurales, le problème ce n'est pas la covid-19, mais le paludisme, qui continue de tuer beaucoup de mes concitoyens... »

Même constat en Thaïlande, où je devrai pouvoir enfin rencontrer Serge Morand à la fin décembre 2021 (le tournage dans ce pays a été maintes fois repoussé, en raison de la quinzaine imposée à tous les visiteurs, ce qui est rédhibitoire pour une maison de production). L'écologue de la santé confirme lui aussi l'« hypothèse de la biodiversité » : fin octobre 2021, la Thaïlande, qui compte 70 millions d'habitants, enregistrait 1 850 000 personnes infectées et 18 000 morts. Le taux de mortalité de la covid-19 y était donc de 0,026 % (26 morts pour 100 000 habitants) et son taux de létalité de 0,9 %. Lors de notre tournage dans le district de Tha Wang Pha (province de Nan), où Serge Morand a installé un laboratoire, nous avons prévu de filmer une intervention du docteur Kittipong Chaisiri destinée aux *ossomos*, les volontaires en charge de la santé communautaire. Le parasitologue thaïlandais atteste l'effet protecteur de l'exposition précoce aux oxyures, ainsi que l'efficacité des recommandations gouvernementales : « Ne pas déparasiter systématiquement, notamment les enfants, pour que leur système immunitaire soit renforcé. » Lors d'une conversation téléphonique en octobre 2021, Serge Morand a aussi évoqué des études à paraître qui montrent que le taux de morbidité de la covid-19 dans les pays caractérisés par une forte prévalence du paludisme est très bas :

« Tout indique, m'a-t-il expliqué, que l'exposition au paludisme confère une immunité croisée et un effet protecteur, dont les mécanismes n'ont pas encore été mis au jour. » En attendant, une chose est sûre : en Thaïlande (comme au Gabon), les cas sévères de covid-19 ont surtout été enregistrés dans les grandes villes, principalement à Bangkok, où le microbiote des habitants souffre des mêmes déficiences que celui de leurs congénères d'Atlanta, de Mexico ou de Rio de Janeiro.

L'obésité est le premier facteur de risque

Dans le chapitre 6, Erik Karlsson, virologue à l'Institut Pasteur du Cambodge, nous a expliqué comment « l'obésité accroît la vulnérabilité aux virus », en provoquant une perturbation de la réponse antivirale, « en raison d'un état inflammatoire chronique qui inhibe le système immunitaire ». Avec ses collègues du St. Jude Children's Research Hospital, il a montré que « les sujets en surpoids ont un risque accru de développer une forme sévère de la grippe ». Ce constat vaut aussi clairement pour la covid-19. De fait, les pays qui enregistrent une surmortalité sont aussi ceux où le taux d'obésité, tant chez les adultes que chez les enfants, est le plus élevé. On pense bien sûr aux États-Unis, où 39,6 % des adultes sont obèses et 18,5 % des enfants de deux à dix-neuf ans. Fin octobre 2021, la première puissance mondiale enregistrait 740 000 morts, pour une population de 330 millions d'habitants. Dans un article publié en septembre 2021, le *Washington Post* calculait qu'un Américain sur cinq cents est décédé à cause du coronavirus, en soulignant que les victimes étaient majoritairement des « personnes de couleur », afro-américaines ou latino-américaines : « La pandémie a mis en évidence des siècles de différences sociales, environnementales, économiques et politiques qui érodent la santé et raccourcissent la vie des personnes de couleur, les exposant à un risque plus élevé de maladies chroniques qui rendent leur système immunitaire vulnérable au coronavirus[a]. » En cause, bien évidemment, la malbouffe qui sévit d'abord dans les communautés les plus pauvres des États-Unis, lesquelles vivent aussi dans des environnements bétonnés, avec un accès aux soins très limité.

Même tableau au Mexique, qui présente le record mondial pour l'obésité infantile (31 %) et la deuxième place pour les adultes (27 %). Avec un bilan de 286 000 morts, le pays affichait le même taux de mortalité (0,2 %) que son grand voisin du Nord, qui a exporté chez lui un modèle agricole et alimentaire désastreux. En mars 2021, je suis allée filmer avec mon équipe Gerardo Suzán (voir chapitre 4), qui a pointé du doigt l'Accord de libre-échange nord-américain (ALENA) signé en 1992 entre les États-Unis, le Canada et le Mexique : « Les produits subventionnés de l'industrie agroalimentaire états-unienne ont envahi mon pays, a déploré l'écologue de la santé. Cela a provoqué la faillite de millions de petits paysans et la transformation brutale des habitudes alimentaires. En termes de santé publique, cela s'est traduit par une explosion de la malnutrition,

a Dan Keating, « The pandemic marks another grim milestone : 1 in 500 Americans have died of covid-19 », *The Washington Post*, 15 septembre 2021.

de l'obésité et du diabète, qui sont des facteurs de comorbidité de la covid-19[a]. » Spécialiste de l'effet dilution, Gerardo Suzán aimerait conduire une étude dans les communautés indigènes, par exemple celle d'Oaxaca, qui ont résisté à l'invasion de la malbouffe et qui vivent dans un environnement riche en biodiversité, « pour voir si elles ont moins souffert de la covid-19, ce qui confirmerait l'hypothèse de la biodiversité, y compris alimentaire ».

L'obésité, qui frappe 1,4 milliard de personnes dans le monde, n'épargne pas bien sûr les pays européens. En France, le taux ne cesse de croître pour atteindre aujourd'hui 17 % des adultes. Fin octobre 2021, le pays de la gastronomie dénombrait 118 000 morts de la covid-19, avec un taux de mortalité de 0,17 %, soit 170 décès pour 100 000 habitants, soit sept fois plus qu'en Thaïlande à population presque égale (68 millions d'habitants contre 70). Dans l'Allemagne voisine, qui compte 83 millions d'habitants, dont 24 % d'adultes obèses, le nombre des victimes s'élevait à 95 000, soit un taux de mortalité de 0,11 % (111 morts pour 100 000 habitants). Comment expliquer cette différence ? Très certainement par le nombre de lits de réanimation dont disposent les deux pays : d'après l'INSEE, la France en compte 6 pour 1 000 habitants, contre 8 outre-Rhin. C'est pourquoi lors de la première vague, l'Allemagne a accepté de prendre en charge des patients que les hôpitaux français ne pouvaient pas accueillir…

---

a Pour plus d'informations sur l'impact de l'ALENA au Mexique, lire mon livre ou voir mon film *Les Moissons du futur* (2012). J'ai aussi réalisé un documentaire intitulé *Les Déportés du libre échange* (disponible en DVD).

Le virus s'est peut-être échappé du laboratoire P4 de Wuhan

« Élucider les origines du SARS-CoV-2 est crucial pour mieux faire face à l'épidémie actuelle et réduire les risques de futures pandémies. Malheureusement, plus d'un an après l'apparition des premiers cas, les origines de la pandémie sont toujours inconnues. » Voilà ce qu'écrivaient en mars 2021 une trentaine de scientifiques dans une lettre ouverte publiée conjointement par le *Wall Street Journal* et *Le Monde*, où ils appelaient à une « enquête indépendante sur l'origine de la pandémie en Chine[a] ». Et deux ans après son apparition dans la ville de Wuhan, on ne savait toujours pas comment le SARS-CoV-2 avait émergé.

Pour le premier SARS, apparu également en Chine en 2003, une équipe de l'université de Hong Kong avait identifié exactement le même coronavirus dans des civettes palmistes masquées, qui avaient servi d'hôtes intermédiaires entre les chauves-souris rhinolophes et les humains (voir chapitre 2). Rien de tel pour la covid-19. Rapidement évoquée, la piste du pangolin a été définitivement abandonnée. Depuis, de nouveaux éléments ont conduit à envisager sérieusement une fuite accidentelle du laboratoire P4 (comme pathogène de classe 4) de l'Institut de virologie de Wuhan,

a Les auteurs comprenaient Jamie Metzl, membre du Conseil de sécurité nationale de la Maison Blanche sous l'administration Clinton et ancien collaborateur de Joe Biden, les virologues Bruno Canard et Étienne Decroly, et les généticiens Jean-Michel Claverie et Virginie Courtier (Stéphane FOUCART, « Covid-19 : des scientifiques appellent à une enquête indépendante sur les origines de la pandémie en Chine », *Le Monde*, 4 mars 2021).

qui a été créé en 1956 sous la houlette de l'Académie chinoise des sciences. En 2003, au moment où le premier SARS défrayait la chronique, l'Institut a décidé d'y installer un laboratoire de haute sécurité, avec la collaboration de la France. Une partie de son personnel s'est formée dans un laboratoire similaire à Lyon[a]. Finalement, pour des raisons notamment de sécurité, la France s'est retirée du projet, mais le P4 a ouvert ses portes officiellement en 2015[b]. Sa direction a été confiée à la virologue Shi Zhengli, surnommée « Batwoman » (la femme chauve-souris), car c'est elle qui avait déterminé que le réservoir du SARS était un chiroptère. À cette époque, la scientifique chinoise collaborait avec EcoHealth Alliance, fondée par l'Anglo-Américain Peter Daszak dans le cadre du programme PREDICT (voir chapitre 1). En février 2020, celle que les Chinois ont surnommée « Lady of Evil » (la dame du mal) en raison des soupçons qui pèsent sur son laboratoire, a révélé dans *Nature* qu'elle avait trouvé dans la virothèque constituée avec EcoHealth Alliance un virus proche à 96 % du SARS-CoV-2[c]. Celui-ci provenait de prélèvements effectués en 2012 dans une mine de cuivre désaffectée, peuplée de chauves-souris et où six mineurs avaient succombé à une pneumonie sévère aux symptômes très proches

a Il s'agit du laboratoire P4 Jean Mérieux, financé en partie par la Fondation Mérieux et géré par l'INSERM.

b Lire et écouter l'émission de Philippe RELTIEN, « Le laboratoire P4 de Wuhan ; une histoire française », France Culture, 17 avril 2020.

c Peng ZHOU, Zheng-Li SHI *et al.*, « A pneumonia outbreak associated with a new coronavirus of probable bat origin », *Nature*, vol. 579, n° 7798, mars 2020, p. 270-273.

de ceux de la covid-19. Dès lors, comment expliquer que l'Institut de Wuhan ait mis hors ligne, dès septembre 2019, toutes les bases de données issues de ses recherches dans le P4 ? Ce qui revenait à entraver sérieusement toute recherche ultérieure sur les liens éventuels entre le virus de 2012 et celui de 2019.

Ce manque de transparence a suscité bien des rumeurs, d'autant plus légitimes que Shi Zhengli et ses partenaires américains pratiquent ce que les virologues appellent le « *gain of function* » (« acquisition de fonction »). Cette technique très controversée consiste à manipuler des virus en laboratoire pour augmenter leur pathogénicité ou leur transmissibilité, au motif que cela pourrait servir à préparer rapidement des vaccins ou traitements le jour où l'agent pathogène sortirait naturellement du bois. On retrouve ici les arguments brandis par les promoteurs des programmes PREDICT et Global Virome (voir conclusion), qui s'inscrivent dans la démarche très lucrative de la *preparedness* (voir chapitre 1).

Le premier à avoir pratiqué l'« acquisition de fonction » est Ron Fouchier, un professeur de microbiologie du centre médical Erasmus de Rotterdam (Hollande). En septembre 2011, il a annoncé lors d'une conférence européenne sur la grippe à Malte qu'il avait fabriqué un virus de grippe aviaire à partir d'un virus H5N1, très mortel, dans lequel il avait ajouté trois nucléotides d'un virus H1N1, très transmissible. Dans le chapitre 1, j'ai raconté l'incroyable panique qu'avait déclenchée un épisode de grippe H5N1 déclaré dans un élevage intensif de poulets à Séoul. Finalement l'« épidémie » n'avait fait qu'une centaine de victimes dans le monde. « Le H5N1 ne saute jamais d'homme à homme, m'a expliqué Benjamin Roche lors de notre entretien du 26 mai 2020. En 2003, les victimes étaient des ouvriers agricoles qui avaient été en contact direct avec des poulets infectés ; la plupart sont morts. C'est toute la différence avec la grippe aviaire porcine H1N1, beaucoup moins pathogène mais qui, grâce à son adaptation aux cochons, se transmet facilement de mammifère à mammifère, donc d'humain à humain. Pour faire son "exploit", Ron Fouchier a utilisé des furets, qui constituent un modèle expérimental parfait pour la grippe. » De fait, comme le rapporte l'historien et philosophe Frédéric Keck dans un excellent article publié en 2015, « le furet est, avec l'homme, le seul mammifère à éternuer quand il est infecté » par la grippe : « Le microbiologiste hollandais avait infecté un furet avec le virus mutant. Il avait ensuite prélevé des échantillons nasaux sur ce furet qu'il avait transférés à un autre furet, répétant dix fois la même opération dite de *passaging*. Au bout de la dixième génération, le virus H5N1 s'était adapté à l'organisme du mammifère, de telle sorte que deux furets mis dans deux cages adjacentes se transmettaient le virus H5N1 par simple voie aérienne[a]. » Et en mouraient…

Au même moment, un biologiste de l'université de Tokyo, Yoshihiro Kawaoka, parvenait aux mêmes résultats en combinant sur sa paillasse les virus H5N1 et H1N1, de manière à créer un agent grippal à la fois hautement pathogène et transmissible. Publiées dans *Nature* et *Science*, ces deux « innovations » avaient

a Frédéric KECK, « L'alarme d'Antigone », *Terrain*, vol. 64, 2015, p. 3-19.

provoqué un tollé international, y compris dans la communauté des biologistes, en raison des risques d'échappée accidentelle des laboratoires. De fait, cette inquiétude est tout à fait fondée, ainsi que l'ont montré Marc Lipsitch et Alison Galvani, épidémiologistes à l'université de Harvard et de Yale. Dans une étude publiée en 2014 dans *PLoS Med*, ils citent un rapport confidentiel rapportant qu'« aux États-Unis, entre 2004 et 2010, la proportion d'accidents en P3[a], par laboratoire et par an, était de 0,2 %, ce qui signifie que des pathogènes mutants étudiés dans dix laboratoires sur dix ans auraient 20 % de chance d'en échapper[b] ». Et les deux chercheurs de conclure que rien ne pouvait justifier la création de virus pathogènes en laboratoire, car le risque de fuite accidentelle était supérieur à celui de leur apparition dans la nature. En décembre 2013, cinquante-six scientifiques, dont trois prix Nobel, adressaient une lettre à la Commission européenne reprenant cette argumentation. « Le problème, c'est que l'étude de Fouchier était financée par l'Union européenne, a taclé Benjamin Roche. Quant à l'hypothèse que ce genre de manipulation pourrait servir à créer un vaccin, c'est carrément du *bullshit* [une connerie], car la probabilité que le mutant créé en

a Un laboratoire P3 est une installation confinée dans laquelle sont analysés des agents pathogènes dits de « classe 3 », qui peuvent provoquer des maladies graves chez les humains, pour lesquelles il existe des mesures préventives efficaces et un traitement (comme la tuberculose ou le sida). C'est la différence avec les agents pathogènes étudiés dans les P4.

b Marc LIPSITCH et Alison GALVANI, « Ethical alternatives to experiments with novel potential pandemic pathogens », *PLoS Med*, vol. 11, n° 5, 2014.

laboratoire émerge un jour quelque part est quasiment nulle. Ce genre d'innovation ne sert pas à grand-chose, sauf à montrer que les scientifiques peuvent être des gens très irresponsables… »

En attendant, concernant le SARS-CoV-2, l'énigme qui interpelle les experts indépendants est sa très haute capacité de transmission entre humains. Dans le chapitre 2 de ce livre, le professeur Malik Peiris, de l'Institut Pasteur de Hongkong, rappelait que le coronavirus de 2003 « était très différent de celui de la covid-19, qui est contagieux avant même que les personnes ne développent des symptômes et le reste quelques jours après les premiers symptômes. De ce point de vue, on peut dire que le SARS-CoV-2 se comporte comme le virus de la grippe, ce qui rend son contrôle plus difficile »…

Les silences et conflits d'intérêts de Peter Daszak

« Tant que nous ne saurons pas ce que contenaient les congélateurs du laboratoire P4 de Wuhan, les types de manipulations de virus pratiquées, la liste des accidents répertoriés, nous ne pouvons raisonnablement exclure la piste de l'accident par infection involontaire et à son insu d'une personne travaillant dans le P4 », écrivait très justement Serge Morand dans la préface de ce livre. Et de mentionner « la culture du secret des laboratoires de virologie de haute sécurité, le manque de transparence et les conflits d'intérêts » qui constituent de puissants freins à la manifestation de la vérité. Quand on lit ces lignes, on pense bien évidemment à l'Institut de Wuhan et à ses tutelles chinoises, mais beaucoup moins à ses partenaires américains, dont Peter Daszak, avec qui la « Batwoman » a signé nombre d'articles scientifiques depuis le début des années 2010[a].

« N'oublions pas que EcoHealth Alliance, dans le cadre de PREDICT, finance une partie des travaux du P4, qui pratique du *gain of function* sur des coronavirus, m'a dit l'Américain Bruce Wilcox, qui vit en Thaïlande (voir chapitre 3), lors de notre entretien le 8 juin 2020. Peter sait très bien ce qui s'est passé dans ce laboratoire… Si le SARS-CoV-2 était un virus de chauve-souris non manipulé, pourquoi les autorités chinoises auraient-elles interdit l'accès aux archives du P4 ? De plus, ce virus présente une capacité de transmission aux humains inhabituelle pour un coronavirus. Donc, la probabilité qu'il se soit échappé du P4 est extrêmement haute. D'ailleurs, l'article que Peter a cosigné dans *The Lancet* en mars dernier peut être interprété comme une tentative de se protéger… » À l'époque, quand Bruce Wilcox avait prononcé ces mots, je m'étais dit qu'il y allait un peu fort. Mais des révélations postérieures tendent à prouver qu'il avait raison.

Reprenons les faits : le 7 mars 2020, vingt-sept scientifiques, dont Denis Carroll, cofondateur du programme Global Virome Project (voir la conclusion), et Peter Daszak, qui apparaît comme le cinquième auteur, signent une « déclaration en soutien aux scientifiques et professionnels de la santé de Chine qui combattent la

---

a Comme cet article, cosigné par dix-neuf scientifiques chinois, dont Shi Zhengli et Peter Daszak : Xing-Yi GE *et al.*, « Isolation and characterization of a bat SARS-like coronavirus that uses the ACE2 receptor », *Nature*, vol. 503, 30 octobre 2013, p. 535-538.

covid-19[a] ». Quand on sait le manque de transparence des autorités chinoises, on ne peut être que surpris par le ton pour le moins déférent de ce texte : « Nous avons observé comment les scientifiques et les professionnels de santé publique de Chine ont travaillé avec diligence et efficacité pour identifier rapidement l'agent pathogène responsable de cette épidémie, mettre en place des mesures significatives pour réduire son impact et partager leurs résultats en toute transparence avec la communauté scientifique mondiale. Cet effort est vraiment remarquable » (*sic*). Et d'ajouter, sans peur du ridicule : « Le partage rapide, ouvert et transparent des données sur cette épidémie est maintenant menacé par des rumeurs et de fausses informations sur son origine. Nous sommes solidaires pour condamner fermement ces théories conspirationnistes qui suggèrent que la covid-19 n'est pas d'origine naturelle. » Fin 2020, cet article avait été téléchargé 75 000 fois et représentait l'une des publications les plus populaires pour son éditeur. À la fin de la déclaration, les auteurs affirment qu'ils n'ont pas de conflits d'intérêts. Mais la réalité est tout autre.

C'est ce qu'a révélé l'ONG étatsunienne US Right to Know (URK), dont la spécialité est de recourir au Freedom of Information Act, une loi qui permet d'obtenir la déclassification de documents administratifs dès lors que les activités concernées sont en partie financées par de l'argent public – c'est ainsi que URK avait eu accès à des centaines de milliers de rapports,

a Charles CALISHER *et al.*, « Statement in support of the scientists, public health professionals, and medical professionals of China combatting covid-19 », *The Lancet*, 7 mars 2020.

courriels et documents internes de Monsanto, dans l'affaire du glyphosate[a]. Dans un article publié en ligne le 18 novembre 2020, l'ONG démontre, documents à l'appui, que la déclaration du *Lancet* a été « organisée par des salariés de EcoHealth Alliance, qui a reçu des millions de dollars d'argent public pour manipuler génétiquement des coronavirus avec des scientifiques de l'Institut de virologie de Wuhan[b] ». Par ailleurs, elle souligne que EcoHealth Alliance n'apparaît qu'une seule fois dans le journal britannique, associé au « coauteur Peter Daszak », alors que trois autres cosignataires « ont des liens directs avec l'organisation ». Enfin, elle dévoile que l'auteur principal de la fameuse déclaration n'est autre que Peter Daszak, ainsi que le prouvent plusieurs courriels, accessibles sur le site d'URK. Dans l'un d'entre eux, adressé à la virologue Linda Saif, l'une des signataires, Daszak demande que le texte « ne soit pas identifiable comme provenant d'une organisation ou d'une personne », mais comme une « simple lettre de scientifiques de renom », car il veut « éviter l'apparence d'une déclaration politique[c] ». Et l'Anglo-Américain de préciser son objectif : « Le point de vue des experts est qu'il n'y a actuellement aucune preuve que le virus a été manipulé génétiquement pour pouvoir se propager plus rapidement parmi les humains. » Dans une autre série de courriels déclassifiés, on découvre

---

a J'avais présenté ces « Monsanto Papers » dans mon film et livre *Le Roundup face à ses juges*, La Découverte, Paris, 2017.

b Sainath SURYANARAYANAN, « EcoHealth Alliance orchestrated key scientists' statement on "natural origin" of SARS-CoV-2 », *US Right to Know*, 18 novembre 2020.

c Courriel de Peter Daszak à Linda Saif, 6 février 2020.

aussi que « plusieurs scientifiques qui ont signé une déclaration niant que le SARS-CoV-2 ait pu être fabriqué dans un laboratoire reconnaissent en privé que cette origine est possible[a] ».

Dans les échanges de courriels, où perce une inquiétude sourde, le débat porte essentiellement sur la présence dans le SARS-CoV-2 d'une séquence de quatre acides aminés – appelée « site de clivage de la furine » (SCF) – qui normalement n'existe pas dans les bêta-coronavirus/ligne B, dont fait partie le virus de la covid-19. Or, ce SCF favorise l'infection des cellules humaines. D'où l'hypothèse qu'il ait été inséré intentionnellement dans le génome du virus. Dans un courriel, daté du 21 février 2020, la microbiologiste Susan Weiss termine par ces mots : « C'est effrayant de penser qu'il ait pu être manipulé génétiquement. » Cela n'empêchera pas la scientifique de cosigner, cinq jours plus tard, un article dans *Emerging Microbes & Infections*, niant catégoriquement cette possibilité[b]...

Du Pentagone à l'OMS

Reste qu'une chose est sûre : les services secrets américains étaient au courant des travaux pas très transparents conduits par EcoHealth Alliance à l'Institut de virologie de Wuhan. C'est ainsi que

---

a Shannon MURRAY, « Scientists who authored article denying lab engineering of SARS-CoV-2 privately acknowledged possible lab origin, emails show », *US Right to Know*, 11 août 2021.

b Shan-Lu LIUI *et al.*, « No credible evidence supporting claims of the laboratory engineering of SARS-CoV-2 », *Emerging Microbes & Infections*, 26 février 2020.

le président Trump, qui se démenait alors contre le « virus chinois », a piqué une grosse colère. Le 24 avril 2020, il annonçait tambour battant que la subvention du National Health Institute à EcoHealth Alliance, qui s'élevait à 3,7 millions de dollars annuels (sur cinq ans) était supprimée ! Aussitôt, les grands médias étatsuniens, CNN en tête, prenaient la défense de Peter Daszak, qui vaillamment défendait son job : « Empêcher les virus de faire du mal aux Américains en les confiant à ceux qui conçoivent des vaccins et des traitements[a]. » Quatre mois plus tard, l'aide était rétablie, sûrement aussi sur les conseils des mêmes services secrets. Car contrairement à ce qu'indique le site Web d'EcoHealth Alliance, qui a le statut d'organisation non gouvernementale, les travaux de Peter Daszak et de ses collègues ne sont pas financés exclusivement par des institutions de santé publique des États-Unis, mais pour plus de moitié par le Pentagone. C'est ce qu'a révélé le journal *Independent Science News*, en fournissant la liste des « contrats » et « subventions » émanant d'institutions militaires, soit 39 millions de dollars (sur un total de 61 millions) de 2013 à 2020[b]. Dans l'article de Sam Husseini, on découvre aussi que le « conseiller politique » d'EcoHealth Alliance est un certain

---

a Kim Hjelmgaard, « What about covid-20 ? U.S. cuts funding to group studying bat coronaviruses in China », *USA Today*, 9 mai 2020.

b Sam Husseini, « Peter Daszak's EcoHealth Alliance has hidden almost $40 million in Pentagon funding and militarized pandemic science », *Independent Science News*, 16 décembre 2020 ; pour la liste de contrats, voir : « Spending by transaction », *USASpending.gov*, <s.421.fr/hG-durY3>.

David Franz, qui dirigea Fort Detrick, une institution militaire spécialisée dans la guerre biologique et la biosécurité. Et voilà comment nous nous retrouvons dans le premier chapitre de ce livre…

Pourtant, malgré ses accointances militaires, Peter Daszak a fait parfois chou blanc, ainsi que l'a révélé le collectif DRASTIC[a], qui réunit depuis février 2020 une trentaine de chercheurs internationaux enquêtant sur les origines du SARS-CoV-2. Grâce à un lanceur d'alerte, DRASTIC a eu accès à une demande de subvention d'EcoHealth Alliance auprès de la DARPA (Defense Advanced Research Projects Agency), qui dépend du Pentagone (voir chapitre 1). Le projet de recherche, développé avec l'Institut de virologie de Wuhan, s'inscrivait clairement dans le *gain of function*, puisqu'il s'agissait ni plus ni moins que de créer en laboratoire des coronavirus chimériques, hautement pathogènes pour les humains, dans le but de créer un vaccin universel contre tous les types de coronavirus. DRASTIC a d'ailleurs suggéré que le SARS-CoV-2 était un vaccin en préparation[b]. Le projet a été retoqué par la DARPA… Pour André Goffinet, professeur à l'Institut de neuroscience de Louvain (Belgique), membre du collectif, l'hypothèse d'une fuite accidentelle d'un virus modifié dans le P4 de Wuhan est

a Pour Decentralized Radical Autonomous Search Team Investigating Covid-19 (équipe de recherche autonome radicale décentralisée enquêtant sur la covid-19).

b « How EcoHealth Alliance and the Wuhan Institute of Virology collaborated on a dangerous bat coronavirus project : "The DARPA DEFUSE Project" », DRASTIC Research, 20 septembre 2021, <s.42l.fr/vEQ1bZ0P>.

l'explication « la plus plausible[a] » de la pandémie qui bouleverse le monde depuis le début 2020.

Pendant tout ce temps, l'aura internationale de Peter Daszak lui a permis d'accéder à des postes clés au sein des principales institutions internationales. En juillet 2020, il est nommé coordinateur de l'atelier sur « la biodiversité et les pandémies » mis en place par l'IPBES (voir chapitre 3). Publié en octobre 2020, son rapport élude purement et simplement l'hypothèse d'un accident de laboratoire. En septembre 2020, *The Lancet* nomme Daszak à la tête d'une commission mise en place pour investiguer sur l'origine de la pandémie. Et puis, début 2021, il se retrouve parmi les dix experts désignés par l'Organisation mondiale de la santé et le gouvernement chinois pour « enquêter » à Wuhan sur l'origine du SARS-CoV-2. Cette mission, qui a rendu ses conclusions le 9 février 2021, a été fortement critiquée pour son manque d'impartialité et le périmètre très restreint de son mandat. Comme on pouvait s'y attendre, ses experts ont écarté d'un revers de main l'hypothèse d'un accident de laboratoire, au profit d'une thèse chinoise, qui prétend que le coronavirus a été introduit à Wuhan par le biais de produits surgelés importés… Mais pour l'ambitieux Anglo-Américain, le vent semble avoir commencé à tourner : en octobre 2021, il a été finalement écarté de la commission du *Lancet* sur l'origine du coronavirus. Dans un article publié par le *British Medical Journal*, le journaliste Paul Thacker explique que son

---

a Cité par Manon AUBLAN, « Coronavirus : qu'est-ce que "DRASTIC", le collectif indépendant qui enquête sur l'origine de l'épidémie ? », *20 Minutes*, 29 mars 2021.

éviction est due à « une accumulation de preuves que Daszak n'a pas toujours été franc sur sa recherche et ses liens financiers avec l'Institut de virologie de Wuhan. Il est maintenant sous haute surveillance de la part des scientifiques, des médias et du Congrès des États-Unis[a] ».

« Une gestion à court terme de la crise sanitaire »

« Toute cette histoire est lamentable », a soupiré Serge Morand, quand en octobre 2021 nous avons échangé sur ce qui était peut-être en passe de devenir l'« affaire Daszak ». Et l'écologue de la santé d'ajouter : « La biosécurité est définitivement une impasse, qui nous détourne des vraies solutions. Malheureusement, si l'hypothèse de la fuite du P4 de Wuhan est officiellement confirmée, ce sera du pain bénit pour ceux qui veulent que le monde continue de tourner comme avant. » De fait, plus on dépensera d'argent pour étudier les virus zoonotiques dans des laboratoires P4, plus le risque qu'ils s'échappent accidentellement est élevé ; et moins nos gouvernements seront encouragés à prendre les mesures qui permettent de préserver la biodiversité et donc, de protéger efficacement la santé planétaire. Ce sentiment est partagé par Richard Ostfeld et Felicia Keesing, que j'ai filmés en train de traquer les tiques dans les forêts de l'État de New York en septembre 2021, ou par Rodolphe Gozlan, que j'ai accompagné dans le parc amazonien

a Paul THACKER, « Covid-19 : *Lancet* investigation into origin of pandemic shuts down over bias risk », *British Medical Journal*, 1er octobre 2021.

de Guyane en mars 2021. À l'unisson, ils déplorent une « gestion à court terme de la crise sanitaire », qui « hormis les vaccins n'a rien à proposer pour réduire les facteurs écologiques de l'émergence de maladies infectieuses ». Quant à Serge Morand, il interprétait en octobre 2021 l'avènement des passes sanitaires et l'injonction coercitive à la vaccination comme une confirmation des dérives de la biosécurité : toujours plus de contrôle des animaux et des humains, plutôt qu'une vision holistique et à long terme de la santé qui ne soit pas fondée sur la « guerre aux agents pathogènes » mais sur la collaboration entre tous les organismes vivants contribuant à l'équilibre de notre « maison commune ».

« Le monde d'après ressemble au monde d'avant », a aussi regretté le professeur Jakob Zinsstag, que je devrais filmer en Éthiopie au début de l'année 2022, où il conduit un programme « One Health » exemplaire. « Espérons que ton livre contribuera à éveiller les consciences des citoyens et des politiques ! » Je l'espère aussi sincèrement.

Pour finir, je voudrais remercier tous ceux et celles qui ont pris la peine de m'écrire une lettre ou un courriel, après la lecture de mon livre. Comme le professeur Didier Sicard, ancien chef de service de médecine interne à l'hôpital Cochin, qui a présidé le Comité consultatif national d'éthique de 1999 à 2008. Datée du 10 février 2021, sa missive commençait par ces mots, qui m'ont mis du baume au cœur : « Bravissimo… Je suis bluffé par votre ouvrage *La Fabrique des pandémies*. Je l'ai lu d'un trait avec l'émotion d'un lecteur qui non seulement partage totalement vos réflexions mais découvre que ses intuitions étaient fondées. L'écriture en est lumineuse, simple, intelligente, tellement plus que la plupart des articles scientifiques souvent pénalisés par leur complexité. C'est un ouvrage fondateur d'une vraie réflexion humaniste et porteur d'un futur aussi passionnant qu'inquiétant[a]... » Du coup, nous nous sommes rencontrés, car il a accepté de tourner une petite vidéo appelant à soutenir la production du film qui accompagnera ce livre[b]. Et comme d'autres lecteurs et lectrices, il m'a demandé des nouvelles de mon père, qui a rejoint ma mère fin février 2021. C'est donc à mes chers parents que je dédie l'édition poche de ce livre.

---

a On peut lire l'intégralité de la lettre sur mon blog : « Le soutien "inconditionnel" du Prof. Didier Sicard à *La Fabrique des pandémies* », blog.m2rfilms.com.

b Si tout se passe bien, le film est programmé le 22 mai 2022, lors de la Journée internationale de la biodiversité, d'abord sur Ushuaïa TV, puis sur France Télévisions (fin octobre 2021, il manquait encore 20 % du budget...).

Notes

Notes de l'introduction

1. Luc FERRY, *Le Nouvel Ordre écologique. L'arbre, l'animal et l'homme*, Grasset, Paris, 1992.

2. Edgar MORIN, *Connaissance, Ignorance, Mystère*, Fayard, Paris, 2017, p. 11.

Notes du chapitre 1

1. Frank MACFARLANE BURNET, « Viruses », *Scientific American*, vol. 184, n° 5, 1951, p. 51.

2. Frank MACFARLANE BURNET, *Natural History of Infectious Disease*, Cambridge University Press, Cambridge, 1962, p. 18.

3. Cité par Patrick ZYLBERMAN, *Tempêtes microbiennes. Essai sur la politique de sécurité sanitaire dans le monde transatlantique*, Gallimard, Paris, 2013, p. 41.

4. Mirko GRMEK, *L'Histoire du sida. Début et origine d'une pandémie actuelle*, Payot, Paris, 1989.

5. « *Pneumocystis* pneumonia, Los Angeles », *Morbidity and Mortality Weekly Report*, vol. 30, n° 21, 1981, <frama.link/0eYzwT65>.

6. Marie-Monique ROBIN, *Les Cent Photos du siècle*, Éditions du Chêne, Paris, 1999, p. 85.

7. Lawrence ALTMAN, « Fearful of outbreaks, doctors pay new heed to emerging viruses », *The New York Times*, 9 mai 1989.

8. INSTITUTE OF MEDICINE, *Emerging Infections. Microbial Threats to Health in the United States*, National Academy Press, Washington, 1992.

9. Le roman a été publié en français sous le titre *La Variété Andromède* (Robert Laffont, Paris, 1970).

10. Laurie GARRETT, *The Coming Plague. Newly Emerging Diseases in a World out of Balance*, Farrar, Straus and Giroux, New York, 1995.

11. Stephen MORSE (dir.), *Emerging Viruses*, Oxford University Press, Oxford, 1993.

12. Cité par Patrick ZYLBERMAN, *Tempêtes microbiennes*, *op. cit.*, p. 92.

13. Kenneth ALIBEK, *Biohazard. The Chilling True Story of the Largest Covert Biological Weapons Program in the World. Told from the Inside by the Man who Ran it*, Hutchinson, Londres, 1999 (trad. fr. : *La Guerre des germes*, Presses de la Cité, Paris, 2000).

14. Michael OSTERHOLM, « Preparing for the next pandemic », *Foreign Affairs*, juillet-août 2005.

15. Patrick ZYLBERMAN, *Tempêtes microbiennes*, *op. cit.*, p. 183.

16. Lorna WEIR et Eric MYKHALOVSKIY, *Global Public Health Vigilance. Creating a World on Alert*, Routledge, Londres, 2012.

Notes du chapitre 2

1. Kate JONES *et al.*, « Global trends in emerging infectious diseases », *Nature*, vol. 451, 21 février 2008.

2. Créé en 1904 par l'Infectious Diseases Society of America, *The Journal of Infectious Diseases* n'a rien à voir avec la revue *Emerging Infectious Diseases*, fondée comme nous l'avons vu en 1995, par le Center for Disease Control d'Atlanta.

3. Jan SCHIPPER *et al.*, « The status of the world's land and marine mammals : diversity, threat, and knowledge », *Science*, n° 322, 10 octobre 2008.

4. Nicole GOTTDENKER *et al.*, « Anthropogenic land use change and infectious diseases : a review of the evidence », *EcoHealth*, vol. 11, 2014, p. 619-632.

5. Nicole GOTTDENKER *et al.*, « Association of anthropogenic land use change and increased abundance of the Chagas disease vector *Rhodnius pallescens* in a rural landscape of Panama », *American Journal of Tropical Medicine and Hygiene*, vol. 84, n° 1, 5 janvier 2011, p. 70-77.

6. Christina FAUST *et al.*, « Pathogen spillover during land conversion », *Ecology Letters*, vol. 21, n° 4, avril 2018, p. 471-483.

7. Jean-François GUÉGAN, « Maladies infectieuses émergentes : des processus complexes, difficiles à prédire », *Biologie aujourd'hui*, vol. 210, n° 4, 2016, p. 205-209.

8. Jesus OLIVERO *et al.*, « Recent loss of closed forests is associated with Ebola virus disease outbreaks », *Scientific Reports*, vol. 7, n° 1, 2017.

9. Aaron MORRIS *et al.*, « Deforestation-driven food-web collapse linked to emerging tropical infectious disease, *Mycobacterium ulcerans* », *Science Advances*, vol. 2, n° 12, décembre 2016.

10. Soushieta JAGADESH *et al.*, « Emerging human infectious diseases of aquatic origin : a comparative biogeographic approach using Bayesian spatial modelling », *International Journal of Health Geographics*, vol. 18, n° 23, 2019.

11. Aaron MORRIS *et al.*, « Complex temporal climate signals drive the emergence of human water-borne disease », *Emerging Microbes Infections*, vol. 3, n° 8, août 2014.

12. Soushieta JAGADESH *et al.*, « In search for the hotspots of Disease X : a biogeographic approach to mapping the predictive risk of WHO's Blueprint priority diseases », *International Journal of Infectious Diseases*, déc 2020.

13. Pierre IBISCH *et al.*, « A global map of roadless areas and their conservation status », *Science*, n° 354, 2016, p. 1423-1427.

14. Serge MORAND, Marie MCINTYRE et Matthew BAYLIS, « Domesticated animals and human infectious diseases of zoonotic origins : domestication time matters », *Infection Genetics Evolution*, vol. 24, juin 2014, p. 76-81.

15. Malik PEIRIS *et al.*, « Interventions to reduce zoonotic and pandemic risks from avian influenza in Asia », *The Lancet Infectious Diseases*, vol. 16, n° 2, février 2016.

Notes du chapitre 3

1. Raymond DASMANN, *A Different Kind of Country*, Macmillan, New York, 1968.

2. Michael SOULÉ et Bruce WILCOX (dir.), *Conservation Biology. An Evolutionary-Ecological Perspective*, Sinauer Associated Inc, Sunderland, 1980.

3. Eugene ODUM, *The Fundamentals of Ecology*, Saunders, Philadelphie, 1953.

4. Bruce WILCOX, « *In situ* conservation of genetic resources : determinants of minimum area requirements », *in* J. A. MCNEELY et K. R. MILLER (dir.), *National Parks, Conservation and Development. Proceedings of the World Congress on National Parks*, Smithsonian Institution Press, Washington, 1984, p. 18-30.

5. Bruce WILCOX et Rita COLWELL, « Emerging and reemerging infectious diseases : biocomplexity as an interdisciplinary paradigm », *EcoHealth*, vol. 2, n° 244, 2005.

6. Kris MURRAY *et al.*, « Pathogeography : leveraging the biogeography of human infectious diseases for global health management », *Ecography*, février 2018.

7. Robert DUNN, Jonathan DAVIES, Nyeema HARRIS et Michael GAVIN, « Global drivers of human pathogen richness and prevalence », *Proceedings of the Royal Society B*, n° 277, 2010, p. 2587-2597.

8. Serge MORAND *et al.*, « Infectious diseases and their outbreaks in Asia-Pacific : biodiversity and its regulation loss matter », *PLoS One*, 25 février 2014.

9. Éric Leroy et Gaël Maganga, « Diversité des modalités de transmission du virus Ebola à l'homme », *Bulletin de l'Académie vétérinaire de France*, vol. 171, n° 2, 2018.

10. Éric Leroy *et al.*, « Ebola in West Africa : the outbreak able to change many things », *Clinical Microbiology and Infection*, vol. 20, n° 10, septembre 2014.

11. Christine Johnson *et al.*, « Global shifts in mammalian population trends reveal key predictors of virus spillover risk », *Proceedings of the Royal Society B*, 8 avril 2020.

12. Raina Plowright, « Reproduction and nutritional stress are risk factors for Hendra virus infection in little red flying foxes (*Pteropus scapulatus*) », *Proceedings Biological Sciences*, 7 avril 2008.

13. Raina Plowright *et al.*, « Urban habituation, ecological connectivity and epidemic dampening : the emergence of Hendra virus from flying foxes (*Pteropus spp.*) », *Proceedings of the Royal Society B*, 11 mai 2011.

14. Devlin Kuyek, « De nouvelles recherches suggèrent que l'élevage industriel, et non les marchés de produits frais, pourrait être à l'origine du covid-19 », GRAIN, <grain.org/e/6441>, 1er avril 2020.

15. Kristian Andersen *et al.*, « The proximal origin of SARS-CoV-2 », *Nature Medicine*, n° 26, 17 mars 2020, p. 450-452.

16. Ye Qiu *et al.*, « Predicting the angiotensin converting enzyme 2 (ACE2) utilizing capability as the receptor of SARS-CoV-2 », *Microbes and Infection*, vol. 22, n° 4-5, mai-juin 2020, p. 221-225.

17. Alice Latinne *et al.*, « Origin and cross-species transmission of bat coronaviruses in China », Preprint, 31 mai 2020.

18. Alice Latinne *et al.*, « Characterizing and quantifying the wildlife trade network in Sulawesi, Indonesia », *Global Ecology and Conservation*, vol. 21, mars 2020.

19. Kevin Olival *et al.*, « Population genetics of fruit bat reservoir informs the dynamics, distribution, and diversity of Nipah virus », *Molecular Ecology*, 25 octobre 2019.

20. Nguyen QUYNH HUONG *et al.*, « Coronavirus testing indicates transmission risk increases along wildlife supply chains for human consumption in Viet Nam », Preprint, 2013-2014.

Notes du chapitre 4

1. Leslie LINTHICUM, « Cracking a deadly “mystery flu” », *Albuquerque Journal*, 12 mai 2013.

2. James MILLS, « Biodiversity loss and emerging infectious disease : an example from the rodent-borne hemorrhagic fevers », *Biodiversity*, vol. 7, n° 1, février 2006, p. 9-17.

3. Richard OSTFELD et Felicia KEESING, « Biodiversity and disease risk : the case of Lyme disease », *Conservation Biology*, vol. 14, 2000, p. 722-728.

4. Mark JANNOT, « Meet the tick hunters », *Elemental*, 24 juin 2019.

5. Richard OSTFELD, *Lyme Disease. The Ecology of a Complex System*, Oxford University Press, Oxford, 2011.

6. Brian ALLAN, Felicia KEESING et Richard OSTFELD, « Effect of forest fragmentation on Lyme disease risk », *Conservation Biology*, vol. 17, 2003, p. 267-272.

7. Richard OSTFELD et Robert HOLT, « Are predators good for your health ? Evaluating evidence for top-down regulation of zoonotic disease reservoirs », *Frontiers in Ecology and the Environment*, vol. 2, n° 1, février 2004, p. 13-20.

8. Andy DOBSON *et al.*, « Sacred cows and sympathetic squirrels : the importance of biological diversity to human health », *PloS Med*, vol. 3, n° 6, juin 2006.

9. Kathleen LOGIUDICE *et al.*, « The ecology of infectious disease : effects of host diversity and community composition on Lyme disease risk », *Proceedings of the National Academy of Sciences of the United States of America*, vol. 100, n° 2, 21 janvier 2003, p. 567-571.

10. Felicia KEESING *et al.*, « Impacts of biodiversity on the emergence and transmission of infectious diseases », *Nature*, vol. 468, 2010, p. 647-652.

11. Qinfeng GUO *et al.*, « Tree diversity regulates forest pest invasion », *Proceedings of the National Academy of Sciences of the United States of America*, vol. 116, n° 15, 9 avril 2019, p. 7382-7386.

12. James ROHR *et al.*, « Emerging human infectious diseases and the links to global food production », *Nature Sustainability*, vol. 2, 2019, p. 445-456.

13. Neal HALSTEAD *et al.*, « Agrochemicals increase risk of human schistosomiasis by supporting higher densities of intermediate hosts », *Nature Communications*, vol. 9, n° 83, 2018.

14. Matthew MALISHEV et David CIVITELLO, « Modelling how resource competition among snail hosts affects the mollusciciding frequency and intensity needed to control human schistosomes », *Functional Ecology*, vol. 34, n° 8, août 2020.

15. David CIVITELLO *et al.*, « Biodiversity inhibits parasites : broad evidence for the dilution effect », *Proceedings of the National Academy of Sciences of the United States of America*, vol. 112, 2015, p. 8667-8671.

16. Peter JOHNSON *et al.*, « Biodiversity decreases disease through predictable changes in host community competence », *Nature*, vol. 494, février 2013, p. 230-234.

17. John SWADDLE, « Increased avian diversity is associated with lower incidence of human West Nile infection : observation of the dilution effect », *PloS One*, n° 6, 25 juin 2008.

18. Scott CARVER *et al.*, « A temporal dilution effect : hantavirus infection in deer mice and the intermittent presence of voles in Montana », *Oecologia*, vol. 166, n° 3, juillet 2011, p. 713-721.

19. John ORROCK, « Biogeographic and ecological regulation of disease : prevalence of *Sin nombre* virus in island mice is related to island area, precipitation, and predator richness », *American Nature*, vol. 177, n° 5, mai 2011, p. 691-697.

20. Taal LEVI *et al.*, « Deer, predators, and the emergence of Lyme disease », *Proceedings of the National Academy of Sciences of the United States of America*, vol. 109, n° 27, 3 juillet 2012, p. 10942-10947.

21. Cayla KING, « Does genetic diversity limit disease spread in natural host populations ? », *Heredity*, vol. 109, n° 4, juin 2012, p. 199-203.

22. Daniel SALKELD *et al.*, « A meta-analysis suggesting that the relationship between biodiversity and risk of zoonotic pathogen transmission is idiosyncratic », *Ecology Letters*, n° 16, 2013, p. 679-686.

23. Peter JOHNSON, Richard OSTFELD et Felicia KEESING, « Frontiers in research on biodiversity and disease », *Trends in Ecology and Evolution*, vol. 18, 2015, p. 1119-1133.

24. Simon LEVIN, « The problem of pattern and scale in ecology : the Robert H. MacArthur award lecture », *Ecology*, 1er décembre 1992.

25. Richard OSTFELD et Felicia KEESING, « Effects of host diversity on infectious disease, annuals reviews », *Annual Review of Ecology, Evolution and Systematics*, vol. 43, 2012, p. 157-182.

26. Felicia KEESING, Robert HOLT et Richard OSTFELD, « Effects of species diversity on disease risk », *Ecology Letters*, vol. 9, 2006, p. 485-498.

27. Angela LUIS, Amy KUENZI et James MILLS, « Species diversity concurrently dilutes and amplifies transmission in a zoonotic host-pathogen system through competing mechanisms », *Proceedings of the National Academy of Sciences of the United States of America*, vol. 15, n° 31, 31 juillet 2018, p. 7979-7984.

28. Gerardo SUZÁN *et al.*, « The effect of habitat fragmentation and species diversity loss on hantavirus prevalence in Panama », *Annals of the New York Academy of Sciences*, vol. 1149, n° 1, décembre 2008, p. 80-83.

29. Gerardo SUZÁN *et al.*, « Experimental evidence for reduced rodent diversity causing increased hantavirus prevalence », *PloS One*, vol. 4, n° 5, février 2009, e5461.

Notes du chapitre 5

1. Joshua LEDERBERG et Alexa MCCRAY, « Ome sweet'omics. A genealogical treasury of words », *The Scientist*, vol. 15, n° 8, 2001.

2. Tari HAAHTELA, « Why medical community should take biodiversity loss seriously ? », *Porto Biomedical Journal*, vol. 2, n° 1, 2017, p. 4-5.

3. Tari HAAHTELA, « A biodiversity hypothesis », *Allergy*, vol. 74, n° 8, août 2019, p. 1445-1456.

4. Erky VARTIAINEN *et al.*, « Allergic diseases, skin prick test responses, and IgE levels in North Karelia, Finland, and the Republic of Karelia, Russia », *Journal of Allergy and Clinical Immunology*, vol. 109, 2002, p. 643-648.

5. Leena VON HERTZEN *et al.*, « Growing disparities in atopy between the Finns and the Russians : a comparison of 2 generations », *Journal of Allergy and Clinical Immunology*, vol. 117, 2006, p. 151-157.

6. Tiina LAATIKAINEN *et al.*, « Allergy gap between Finnish and Russian Karelia on increase », *Allergy*, vol. 66, n° 7, juillet 2011, p. 886-892.

7. Lena VON HERTZEN *et al.*, « Microbial content of drinking water in Finnish and Russian Karelia implications for atopy prevalence », *Allergy*, vol. 62, n° 3, mars 2007, p. 288-292.

8. Graham ROOK, « Regulation of the immune system by biodiversity from the natural environment : an ecosystem service essential to health », *Proceedings of the National Academy of Sciences of the United States of America*, vol. 110, 2013, p. 18360-18367.

9. Tari HAAHTELA *et al.*, « The biodiversity hypothesis and allergic disease : world allergy organization position statement », *World Allergy Organization Journal*, vol. 6, n° 3, 2013.

10. Ylva M. SJÖGREN *et al.*, « Altered early infant gut microbiota in children developing allergy up to 5 years of age », *Clinical and Experimental Allergy*, vol. 39, n° 4, avril 2009, p. 518-526.

11. Ilkka HANSKI *et al.*, « Environmental biodiversity, human microbiota, and allergy are interrelated », *Proceedings of the National Academy of Sciences of the United States of America*, vol. 109, n° 21, 22 mai 2012, p. 8334-8339.

12. Erika VON MUTIUS et Donata VERCELLI, « Farm living : effects on childhood asthma and allergy », *Nature Reviews Immunology*, vol. 10, n° 12, décembre 2010, p. 861-868.

13. Gabriela WLASIUK et Donata VERCELLI, « The farm effect, or : when, what and how a farming environment protects from asthma and allergic disease », *Current Opinion in Allergy and Clinical Immunology*, vol. 12, n° 5, octobre 2012, p. 461-466 ; Bianca SCHAUB et Donata VERCELLI, « Environmental protection from allergic diseases : from humans to mice and back », *Current Opinion in Immunology*, vol. 36, octobre 2015, p. 88-93.

14. Donata VERCELLI, « Discovering susceptibility genes for asthma and allergy », *Nature Reviews, Immunology*, vol. 8, n° 3, mars 2008, p. 169-182.

15. Rick MAIZELS, « Regulation of immunity and allergy by helminth parasites », *European Journal of Allergy and Clinical Immunology*, 12 juin 2019.

16. Rick MAIZELS, « Parasitic helminth infections and the control of human allergic and autoimmune disorders », *Clinical Microbiology and Infection*, vol. 22, n° 6, juin 2016, p. 481-486 ; Rick MAIZELS *et al.*, « Regulation of the host immune system by helminth parasites », *Journal of Allergy and Clinical Immunology*, n° 138, 2016, p. 666-675.

17. Serge MORAND et Claire LAJAUNIE, *Biodiversité et Santé. Les liens entre le vivant, les écosystèmes et les sociétés*, ISTE Éditions, Londres, 2018.

18. John FLEMING et Thomas COOK, « Multiple sclerosis and the hygiene hypothesis », *Neurology*, vol. 67, n° 11, 12 décembre 2006, p. 2085-2086.

19. Yvonne MARIN *et al.*, « Dynamic changes in human-gut microbiome in relation to a placebo-controlled anthelminthic trial in Indonesia », *PLoS Neglected Tropical Diseases*, vol. 12, n° 8, 9 août 2018.

20. Linda WAMMES *et al.*, « Helminth therapy or elimination : epidemiological, immunological, and clinical considerations », *The Lancet Infectious Disease*, vol. 11, novembre 2014, p. 1150-1162.

21. Kristjana ÁSBJÖRNSDÓTTIR *et al.*, « Assessing the feasibility of interrupting the transmission of soil-transmitted helminths through mass drug administration : the DeWorm3 cluster rando-

mized trial protocol », *PLoS Neglected Tropical Diseases*, vol. 12, n° 1, 18 janvier 2018.

22. Smaïla OUÉDRAOGO *et al.*, « Maternal anemia at first antenatal visit : prevalence and risk factors in a malaria-endemic area in Benin », *American Journal of Tropical Medicine and Hygiene*, vol. 87, n° 3, septembre 2012, p. 418-424.

23. Michael MIREKU *et al.*, « Impact of helminth infection during pregnancy on cognitive and motor functions of one-year-old children », *PloS Neglected Tropical Diseases*, vol. 9, n° 3, 10 mars 2015.

24. Harriet MPAIRWE, « Anthelminthic treatment during pregnancy is associated with increased risk of infantile eczema : randomised-controlled trial results », *Pediatric Allergy and Immunology*, vol. 22, 2011, p. 305-312.

25. Moustapha MBOW *et al.*, « Covid-19 in Africa : dampening the storm ? », *Science*, vol. 369, n° 6504, 7 août 2020, p. 624-626.

26. Voir <https://ourworldindata.org/coronavirus>.

27. Geoffrey DONOVAN *et al.*, « Vegetation diversity protects against childhood asthma : results from a large New Zealand birth cohort », *Nature Plants*, vol. 4, juin 2018, p. 358-364.

28. Geoffrey DONOVAN *et al.*, « Association between exposure to the natural environment, rurality, and attention-deficit hyperactivity disorder in children in New Zealand : a linkage study », *The Lancet Planetary Health*, vol. 3, n° 5, mai 2019.

29. Geoffrey DONOVAN *et al.*, « An empirical test of the biodiversity hypothesis : exposure to plant diversity is associated with a reduced risk of childhood acute lymphoblastic leukemia », *Social Science Research Network*, janvier 2020.

30. Geoffrey DONOVAN *et al.*, « Relationship between exposure to the natural environment and recovery from hip or knee arthroplasty : a New Zealand retrospective cohort study », *British Medical Journal Open*, vol. 9, 2019.

31. Voir <https://coronavirus.jhu.edu/region/france>.

Notes du chapitre 6

1. Abigail WOODS, Michael BRESALIER et Angela CASSIDY, *Animals and the Shaping of Modern Medicine. One Health and its Histories*, Palgrave Macmillan, Cham, 2018.

2. Calvin SCHWABE, *Veterinary Medicine and Human Health*, Williams & Wilkins, Baltimore, 1964.

3. Jakob ZINSSTAG *et al.*, « Mainstreaming One Health », *Ecohealth*, vol. 9, 2012, p. 107-110.

4. Esther SCHELLING *et al.*, « Seroprevalences of zoonotic diseases in nomads and their livestock in Chari-Baguirmi, Chad », *Médecine tropicale*, vol. 64, n° 5, mars 2004, p. 474-477.

5. Jakob ZINSSTAG, « Cost-effective control strategies for animal and zoonotic diseases in pastoralist populations », *Revue scientifique et technique*, vol. 35, n° 2, novembre 2016, p. 673-681.

6. Jakob ZINSSTAG *et al.*, « Transmission dynamics and economics of rabies control in dogs and humans in an African city », *Proceedings of the National Academy of Sciences of the United States of America*, vol. 106, n° 35, 2009, p. 14996-15001 ; Monique LECHENNE *et al.*, « The importance of a participatory and integrated One Health approach for rabies control : the case of N'Djamena, Chad », *Tropical Medecine and Infectious Diseases*, vol. 2, n° 3, août 2017, p. 43.

7. UN INTERAGENCY COORDINATION GROUP (IACG) ON ANTIMICROBIAL RESISTANCE, *No Time to Wait. Securing the Future from Drug-resistant Infections. Report to the Secretary-General of the United Nations*, OMS, Genève, 2019.

8. Andrea MEISSER, Esther SCHELLING et Jakob ZINSSTAG, « One Health in Switzerland : a visionary concept at a crossroads ? », *Swiss Medical Weekly*, 13 mai 2011.

9. Jakob ZINSSTAG *et al.*, « Biological threats from a "One Health" perspective », *Revue scientifique et technique*, vol. 36, n° 2, août 2017, p. 671-680.

10. ANONYMOUS, « The FAO-OIE-WHO collaboration : sharing responsibilities and coordinating global activities to address health risks at the animal-human-ecosystems interfaces. A tripartite concept note », avril 2010.

11. Stéphane DE LA ROCQUE, Serge MORAND et Guy HENDRICKX (dir.), *Changement climatique. Impact sur l'épidémiologie et les stratégies de contrôle des maladies animales*, OIE, Paris, 2008.

12. Marie MCINTYRE *et al.*, « Systematic assessment of the climate sensitivity of important human and domestic animals pathogens in Europe », *Scientific Reports*, vol. 7, n° 1, décembre 2017.

13. Matthew BAYLIS *et al.*, « The role of climate change in a developing threat : the case of bluetongue in Europe », *Revue scientifique et technique (International Office of Epizootics)*, vol. 36, n° 2, août 2017, p. 467-478.

14. Cyril CAMINADE *et al.*, « Global risk model for vector-borne transmission of Zika virus reveals the role of El Niño 2015 », *Proceedings of the National Academy of Sciences of the United States of America*, vol. 114, n° 1, janvier 2017, p. 119-124.

15. Kenneth LINTHICUM *et al.*, « Climate and satellite indicators to forecast Rift Valley fever epidemics in Kenya », *Science*, vol. 285, n° 5426, 16 juillet 1999, p. 397-400.

16. Assaf ANYAMBA *et al.*, « Climate teleconnections and recent patterns of human and animal disease outbreaks », *PLoS Neglected Tropical Diseases*, vol. 6, n° 1, janvier 2012.

17. Assaf ANYAMBA *et al.*, « Global disease outbreaks associated with the 2015-2016 El Niño event », *Scientific Reports*, vol. 1, n° 9, 13 février 2019.

18. Serge MORAND, Matthew BAYLIS *et al.*, « Climate variability and outbreaks of infectious diseases in Europe », *Scientific Reports*, vol. 3, n° 1774, 2013.

19. Ricardi CAVICCHIOLLI *et al.*, « Scientists' warning to humanity : microorganisms and climate change », *Nature Reviews Microbiology*, vol. 17, n° 9, 17 septembre 2019, p. 569-586.

20. Charles ELTON, *The Ecology of Invasions by Animals and Plants*, Methuen & Co, Londres, 1958, p. 31.

21. Daniel BROOKS et Deborah MCLENNAN, *Phylogeny, Ecology and Behaviour*, The University of Chicago Press, Chicago, 1991.

22. Eric HOBERG et Daniel BROOKS, « Evolution in action : climate change, biodiversity dynamics and emerging infectious

disease », *Philosophical Transactions of the Royal Society B*, vol. 370, n° 1665, 5 avril 2015.

23. Anna OMAZIC *et al.*, « Identifying climate-sensitive infectious diseases in animals and humans in Northern regions », *Acta Veterinaria Scandinavica*, vol. 61, n° 53, 2019.

24. Giulo GRANDI *et al.*, « First records of adult *Hyalomma marginatum* and *H. rufipes* ticks (Acari : Ixodidae) in Sweden », *Ticks and Tick-born Diseases*, vol. 11, n° 3, mai 2020.

25. Gretta PECL *et al.*, « Biodiversity redistribution under climate change : impacts on ecosystems and human well-being », *Science*, vol. 355, n° 63332, 31 mars 2017.

26. « New report calls for urgent action to avert antimicrobial resistance crisis », OMS, 29 avril 2019.

27. Rodolphe GOZLAN et Marine COMBE, « L'aquaculture, le réchauffement climatique et l'antibiorésistance », *Asie Pacific News*, 28 avril 2020.

28. Miriam REVERTER *et al.*, « Aquaculture at the crossroads of global warming and antimicrobial resistance », *Nature Communications*, vol. 11, n° 1870, avril 2020.

29. Sarah WHITMEE *et al.*, « Safeguarding human health in the Anthropocene epoch : report of the Rockefeller Foundation-*Lancet* Commission on planetary health », *The Lancet*, vol. 386, 14 novembre 2015.

30. THE GLOBAL CLIMATE AND HEALTH ALLIANCE, « Over 40 million health professionals urge G20 leaders to put public health at the core of Covid-19 recovery », 25 mai 2020, <frama.link/gLbR0b_o>.

31. Anthony MCMICHAEL, *Planetary Overload. Global Environmental Change and Human Health*, Cambridge University Press, New York, 1993.

32. Anthony COSTELLO *et al.*, « Managing the effects of climate change. The UCL Lancet commission », <thelancet.com/climate-and-health/2009>, mai 2009.

33. Johan ROCKSTRÖM *et al.*, « Planetary boundaries : exploring the safe operating space for humanity », *Nature*, vol. 461, 2009, p. 472-475.

34. Samuel MYERS, « Planetary health : protecting human health on a rapidly changing planet », *The Lancet*, vol. 390, n° 10114, 13 novembre 2017.

35. Will STEFFEN *et al.*, « The trajectory of the Anthropocene : the great acceleration », *The Anthropocene Review*, vol. 2, n° 1, 2015.

36. Justin BRASHARES *et al.*, « Bushmeat hunting, wildlife declines, and fish supply in West Africa », *Science*, vol. 306, n° 5699, 12 novembre 2004, p. 1180-1183.

37. Samuel MYERS *et al.*, « Effect of increased concentrations of atmospheric carbon dioxide on the global threat of zinc deficiency : a modelling study », *The Lancet Global Health*, vol. 3, n° 10, octobre 2015.

38. Matthew SMITH *et al.*, « Effects of decreases of animal pollinators on human nutrition and global health : a modelling analysis », *The Lancet*, vol. 386, juillet 2015, p. 1964-1972.

39. Pauline SCHEELBEEK *et al.*, « Drinking water salinity and raised blood pressure : evidence from a cohort study in coastal Bangladesh », *Environmental Health Perspective*, vol. 125, n° 5, 30 mai 2017.

40. Rebecca HONCE *et al.*, « Obesity-related microenvironment promotes emergence of virulent influenza virus strains », *mBio*, vol. 11, n° 2, mars 2020.

41. Patricia SHERIDAN *et al.*, « Obesity is associated with impaired immune response to influenza vaccination in humans », *International Journal of Obesity*, vol. 36, n° 8, août 2012, p. 1072-1077.

Notes du chapitre 7

1. Shahid NAEEM *et al.*, « Empirical evidence that declining species diversity may alter the performance of terrestrial ecosystems », *Philosophical Transactions of the Royal Society B*, vol. 347, n° 1321, 28 février 1995, p. 249-262.

2. David TILMAN et John DOWNING, « Biodiversity and stability in grasslands », *Nature*, vol. 367, 27 janvier 1994, p. 363-365.

3. Shahid NAEEM *et al.*, « Biodiversity and human well-being : an essential link for sustainable development », *Proceedings of the Royal Society B*, 14 décembre 2016.

4. Philip WEINSTEIN, « Can human health outcomes be used as bioindicators of ecosystem function ? », *Medical Hypotheses*, vol. 74, n° 2, février 2010, p. 268-269.

5. Bonnie DERNE *et al.*, « Ciguatera fish poisoning and environmental change : a case for strengthening health surveillance in the Pacific ? », *Pacific Health Dialog*, vol. 16, n° 2, septembre 2010, p. 99-108.

6. Peter SPELDEWINDE *et al.*, « The hidden health burden of environmental degradation : disease comorbidities and dryland salinity », *EcoHealth*, vol. 8, mars 2011, p. 82-92.

7. Emily FLIES *et al.*, « Another emerging mosquito-borne disease ? Endemic Ross River virus transmission in the absence of marsupial reservoirs », *BioScience*, vol. 68, n° 4, avril 2018, p. 288-293.

8. Lara O'SULLIVAN *et al.*, « Deforestation, mosquitoes, and ancient Rome : lessons for today », *BioScience*, vol. 58, n° 8, septembre 2008, p. 756-760.

9. Voir Serge MORAND et Claire LAJAUNIE, *Biodiversité et Santé*, *op. cit.*, p. 173.

10. Fay JOHNSTON *et al.*, « Estimated global mortality attributable to smoke from landscape fires », *Environmental Health Perspective*, vol. 120, n° 5, 2012, p. 695-701.

11. Geoffrey DONOVAN *et al.*, « The relationship between trees and human health : evidence from the spread of the Emerald ash borer », *American Journal of Preventive Medicine*, vol. 44, n° 2, février 2013, p. 139-145.

12. Valentine SEYMOUR, « The human-nature relationship and its impact on health : a critical review », *Frontiers in Public Health*, vol. 4, n° 260, novembre 2016. Du grec « bio » (la vie) et « phile » (qui aime), la biophilie désigne le fait d'aimer le vivant. L'hypothèse de la biophilie a été proposée par le biologiste et entomologiste Edward Osborne Wilson, dans son livre *Biophilia*, Harvard University Press, Cambridge, 1984.

13. Thomas PIENKOWSKI *et al.*, « Empirical evidence of the public health benefits of tropical forest conservation in Cambodia : a generalised linear mixed-effects model analysis », *The Lancet Planetary Health*, vol. 1, n° 5, août 2017, p. 180-187.

14. Luis CARRASCO *et al.*, « Global economic trade-offs between wild nature and tropical agriculture », *PLoS Biology*, 21 juillet 2017.

15. Rong LANG *et al.*, « Converting natural forest to rubber plantations affects soil CO_2 and CH_4 fluxes », *Land Degradation and Development*, vol. 30, n° 18, juillet 2019 ; Marc COTTER *et al.*, « Biodiversity and ecosystem services. A case study for the assessment of multiple species and functional diversity levels in a cultural landscape », *Ecological Indicators*, vol. 75, avril 2017, p. 111-117.

16. David RAPPORT, « Sustainability science : an ecohealth perspective », *Sustainability Science*, vol. 2, n° 1, 2007, p. 77-84.

17. Peter BIRD et David RAPPORT, *State of the Environment Report for Canada*, Canadian Government Pub Centre, Québec, 1986.

18. Les actes de la conférence ont été rassemblés dans un ouvrage qui a signé la naissance officielle du concept de « diversité bioculturelle » : Luisa MAFFI (dir.), *On Biocultural Diversity. Linking Language, Knowledge, and the Environment*, Smithsonian Institution Press, Washington, 2001 ; voir aussi Luisa MAFFI, « Cultural and biological diversity ? », *Annual Review of Anthropology*, n° 29, 2005, p. 599-617.

19. WWF INTERNATIONAL, TERRALINGUA ET UNEP, « Indigenous and traditional peoples in the world's terrestrial ecoregions », 2000, <frama.link/0BvdqSXC>.

20. Luisa MAFFI, « Language : a resource for nature », *Nature and Resources. The UNESCO Journal on the Environment and Natural Resources Research*, vol. 34, n° 4, juin 1998, p. 12-21.

21. Michael HUFFMAN *et al.*, « Current evidence of self-medication in primates : a multidisciplinary perspective », *Yearbook of Physical Anthropology*, n° 40, 1997, p. 171-200 ; et Michael HUFFMAN *et al.*, « Self-medicative behavior in the African Great

Apes : an evolutionary perspective into the origins of human traditional medicine », *Bioscience*, n° 51, 2001, p. 651-661.

22. Sabrina KRIEF *et al.*, « Ethnomedicinal and bioactive properties of plants ingested by wild chimpanzees in Uganda », *Journal of Ethnopharmacology*, vol. 101, 2005, p. 1-15 ; voir aussi Sabrina KRIEF, *Chimpanzés, mes frères de la forêt*, Actes Sud, Arles, 2019.

23. Jean-Marc DUBOST *et al.*, « From plant selection by elephants to human and veterinary pharmacopeia of mahouts in Laos », *Journal of Ethnopharmacology*, vol. 244, 2019.

24. Sabrina KRIEF et Florence BRUNOIS-PASINA, « L'interspécificité du *pharmakôn* dans le parc Kibale (Ouganda) : savoirs partagés entre humains et chimpanzés ? », *Cahiers d'anthropologie sociale*, vol. 1, n° 14, 2017, p. 112-134.

25. Gilbert COCHET et Béatrice KREMER-COCHET, *L'Europe réensauvagée. Vers un nouveau monde*, Actes Sud, Arles, 2020.

26. Edgar MORIN, *Connaissance, Ignorance, Mystère*, *op. cit.*

Notes de la conclusion

1. Safa MOTESHARREI *et al.*, « Human and nature dynamics (HANDY) : modeling inequality and use of resources in the collapse or sustainability of societies », *Ecological Economics*, n° 101, 2014, p. 90-102.

2. James BRANDER et Scott TAYLOR, « The simple economics of Easter Island : a Ricardo-Malthus model of renewable resource use », *The American Economic Review*, vol. 88, n° 1, mars 1998, p. 119-138.

3. Safa MOTESHARREI, Jorge RIVAS et Eugenia KALNAY, « A novel approach to carrying capacity », *Annual Review on Earth and Planetary Sciences*, vol. 48, 2020, p. 657-683.

4. Mrinalini WATSA, « Rigorous wildlife disease surveillance », *Science*, vol. 369, n° 6500, 10 juillet 2020, p. 145-147.

5. Honglei SUN *et al.*, « Prevalent Eurasian avian-like H1N1 swine influenza virus with 2009 pandemic viral genes facilitating human infection », *Proceedings of the National Academy of*

Sciences of the United States of America, vol. 117, n° 29, 21 juillet 2020, p. 17204-17210.

6. Monchai DUANGJINDA *et al.*, « Impacts of avian influenza outbreaks on indigenous chicken genetic resources in Thailand », *World's Poultry Science Journal*, vol. 68, n° 3, septembre 2012, p. 503-512.

7. Dennis CARROLL, Peter DASZAC *et al.*, « The Global Virome Project », *Science*, vol. 359, n° 6378, 23 février 2018, p. 872-874 ; Dennis CARROLL, Peter DASZAC *et al.*, « Building a global atlas of zoonotic viruses », *Bulletin of the World Health Organization*, vol. 96, n° 4, 1er avril 2018, p. 292-294.

8. Edward HOLMES, Andrew RAMBAUT et Kristian ANDERSEN, « Pandemics : spend on surveillance, not prediction », *Nature*, vol. 558, n° 7709, juin 2018, p. 180-182.

9. Parviez HOSSEINI *et al.*, « Does the impact of biodiversity differ between emerging and endemic pathogens ? The need to separate the concepts of hazard and risk », *Philosophical Transactions of the Royal Society B*, vol. 372, n° 1722, juin 2017.

10. Sabrina KRIEF *et al.*, « Agricultural expansion as risk to endangered wildlife : pesticide exposure in wild chimpanzees and baboons displaying facial dysplasia », *The Science of the Total Environment*, novembre 2017, vol. 598, p. 647-656.

11. Petra SPIRHANZLOVA *et al.*, « Composition and endocrine effects of water collected in the Kibale National Park in Uganda », *Environmental Pollution*, vol. 251, août 2019, p. 460-468.

12. Raphaël MATHEVET, John THOMPSON, Serge MORAND, Didier BABIN, François BOUSQUET et Meriem BOUAMRANE, « Le temps de la solidarité écologique est venu », *Libération*, 7 mai 2020.

13. Safa MOTESHARREI *et al.*, « Modeling sustainability : population, inequality, consumption, and bidirectional coupling of the Earth and human systems », *National Science Review*, vol. 3, n° 4, décembre 2016, p. 470-494.

14. Serge MORAND, « Emerging diseases, livestock expansion and biodiversity loss are positively related at global », *Biological Conservation*, vol. 248, août 2020.

15. Une étude a montré que, parmi les grandes cultures oléagineuses, la production d'huile de noix de coco était, avec celle de maïs, la plus néfaste pour la biodiversité animale et végétale : Erik MEIJAARD *et al.*, « Coconut oil, conservation and the conscientious consumer », *Current Biology*, vol. 30, n° 13, juillet 2020.

16. Vanessa EZENVA *et al.*, « Interdisciplinarity and infectious disease : an Ebola case study », *PloS Pathogens*, vol. 11, n° 8, 6 août 2015.

17. OECD, « Global science forum addressing societal challenges using transdisciplinary research », 15 juillet 2020.

Table des matières

Soutenez le prochain film de Marie-Monique Robin en renvoyant ce bulletin accompagné d'un chèque, ou en vous connectant sur le site de M2R Films

LA FABRIQUE DES PANDÉMIES

Protéger la biodiversité c'est protéger notre santé
Avec la complicité de Serge Morand (CNRS) et de Juliette Binoche

BULLETIN DE SOUSCRIPTION

À renvoyer soigneusement rempli et accompagné de votre chèque,
À : M2R Films 17 rue Ribot, 93380 PIERREFITTE/SEINE

NOM .... Prénom ....

Adresse postale (Destinée à l'envoi de votre DVD en édition spéciale, après la sortie télé du film)

....

....

Adresse électronique (Destinée à recevoir la newsletter des échos de production du film)

....@..

En souscrivant vous aurez accès au contenu des articles dans l'Espace Membres du site m2rfilms.com
pour suivre les échos de la production au fil des mois

CHOISISSEZ VOTRE FORMULE DE SOUTIEN

❑ Souscription **FORMULE DVD**

Préachetez le DVD et bénéficiez d'une édition spéciale qui sera envoyée à votre adresse au moment de la sortie télé

(30€ PAR SOUSCRIPTION/DVD)

❑ Souscription **FORMULE CINÉ**

En plus du DVD et de votre accès à l'Espace Membres, vous êtes invité à une présentation du film en avant-première au cinéma

(À PARTIR DE 100 €)

Chèque joint à l'ordre de M2R Films
INDIQUEZ LE MONTANT DE VOTRE SOUTIEN

Je soussignée Marie-Monique Robin,
prends personnellement l'engagement
de rembourser intégralement les souscripteurs
dans tous les cas où la production
du film n'aboutirait pas, quelle qu'en soit la cause.

Composition et mise en pages
FACOMPO, Lisieux

Imprimé en France par

MAURY IMPRIMEUR
à Malesherbes (Loiret)
en décembre 2021

POCKET - 92 avenue de France, 75013 PARIS

N° d'impression : 259333
S32602/01